普通高等教育"十三五"规划教材

石油化工卓越工程师规划教材（试用）

过程设备失效分析

徐书根　宋明大　编著

王威强　主审

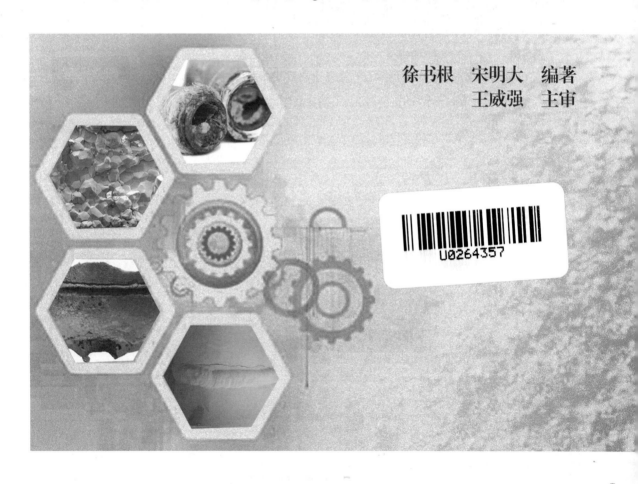

中国石化出版社

内 容 提 要

《过程设备失效分析》主要介绍过程设备失效分析的基础知识和失效案例。全书分为6章。第1章为绪论,介绍了失效与失效分析的概念、失效分析的意义与发展;第2章为过程设备缺陷及失效分析测试方法;第3章为过程设备的断裂失效模式及判断;第4章为过程设备典型腐蚀失效模式及特征;第5章为过程设备的失效分析的思路与方法;第6章为过程设备失效分析案例。

本书紧扣过程设备失效分析,紧密结合工程案例,深入浅出地讲述过程设备失效及失效分析的相关知识,可作为高等院校过程装备与控制工程专业及其他相关专业教材,也可供相关工程技术人员学习与参考。

图书在版编目(CIP)数据

过程设备失效分析 / 徐书根, 宋明大编著. —北京:
中国石化出版社, 2017.11
普通高等教育"十三五"规划教材
石油化工卓越工程师规划教材：试用
ISBN 978-7-5114-4721-0

Ⅰ. ①过… Ⅱ. ①徐… ②宋… Ⅲ. ①化工过程-化
工设备-失效分析-高等学校-教材 Ⅳ. ①TQ051

中国版本图书馆 CIP 数据核字(2017)第 272545 号

中国石化出版社出版发行
地址:北京市朝阳区吉市口路 9 号
邮编:100020　电话:(010)59964500
发行部电话:(010)59964526
http://www.sinopec-press.com
E-mail:press@sinopec.com
北京柏力行彩印有限公司印刷
*
787×1092 毫米 16 开本 13 印张 320 千字
2017 年 11 月第 1 版　2017 年 11 月第 1 次印刷
定价:30.00 元

前　言

　　过程装备与控制工程是为适应先进过程工业的发展而设置的学科交叉型专业。以其专业内涵而言，主要培养学生掌握过程装备设计、制造、运行和管理等方面的相关知识。过程设备服役条件具有特殊性，内部盛装的介质往往具有毒性或易燃易爆，并且受到介质压力、温度、腐蚀性的影响。在苛刻的运行环境中，过程设备一旦失效，最终结果一般会造成内部介质的泄漏，导致人员伤亡、财产损失和环境危害，后果非常严重。因此，掌握过程设备失效模式、找出失效原因并提出有效的对策，具有重要的工程价值。

　　随着专业卓越工程师计划和工程教育专业认证的推进，对教材的工程性和研究性提出了更高的要求，有必要编写一部通俗易懂、案例丰富、有鲜明专业特色的过程设备失效分析教材，供过程装备与控制工程及其相关专业的师生使用。

　　在本书的编写过程中，参考并博取了专家学者及所列参考文献中的基础知识、学术观点和学术心得。本书所涉及的过程设备，以金属设备为主，其失效分析依赖于金属材料的失效机理及金相和断口特征，现场宏观照片和金相及断口照片是反映其失效的主要依据。因此，尽量选用清晰度高的一手图片，是本书的一大特色和亮点。另外，为了各章节的篇幅均衡，在内容的编排中，将断裂失效、腐蚀失效单独分列成章，并将失效案例单独列为一章，方便使用过程中基础知识的学习和案例的分析使用。

　　全书分6章：第1章为绪论，介绍了失效与失效分析的概念、失效分析的意义与发展；第2章为过程设备缺陷及失效分析测试方法；第3章为过程设备的断裂失效模式；第4章为过程设备的腐蚀失效模式；第5章为过程设备的失效分析的思路与方法；第6章为过程设备失效分析案例，涵盖了书中所讲授的绝大多数的失效模式及分析方法。

　　本书第1~第4章、案例6.4、案例6.6、案例6.10和案例6.11由中国石油大学(华东)徐书根编写，第5章、案例6.1、案例6.5、案例6.7和案例6.8由山东省特种设备检验研究院有限公司宋明大编写，案例 6.2、案例 6.3、案例 6.9 和案例 6.12 由山东大学王威强编写。王威强为本书的编排提出了宝贵的意见，并担任本书主审。研究生孟维歌、韦洋、王胜昆、孙志伟、黄生军、张元和王冲等为本书的资料收集、稿件校对和图片整理等做了许多工作。

本书在编写过程中得到了中国石油大学（华东）赵延灵、蒋文春和王振波的帮助指导，在此表示衷心的感谢！

由于编者水平有限，书中难免有疏漏和不妥之处，恳请读者批评指正。

目　　录

第1章　绪　论

在化工、石油化工、电力等过程工业中使用的设备具有共同的特点，如大部分设备由容器及其连接管道构成。这些容器大部分为回转壳体，所承受的载荷复杂多样，如整体分布的内部压力载荷，局部承受的机械载荷，还有由于温度梯度形成温差应力载荷。高温和低温造成设备材料性能的变化，设备内部的介质环境对材料本身具有腐蚀作用。在载荷、温度和介质环境的作用下，过程设备的失效形式非常复杂。这些设备的断裂、泄漏甚至爆炸所造成的后果往往是灾难性的。研究与掌握过程设备的失效规律，可以大大提高过程设备的设计水平、材料的冶炼水平、加工制造水平、检验水平及科学管理水平，从而促进工业部门技术水平的提高，保障安全生产。

1.1　失效与失效分析的概念

过程设备及其构件在使用过程中，由于载荷、时间、温度、环境介质和操作等因素的作用，失去其原有功能的现象时有发生。这种丧失其规定功能的现象称为失效。失效是一个非常宽泛的概念，可以认为凡是不能正常发挥原有功能的情况都应视为失效。在过程设备中，失效包含两个层次，一是完全丧失规定的功能，如压力容器发生爆炸，回转壳体已经不复存在；二是还能运行，但是已经达不到规定的功能，如容器因为腐蚀减薄，虽然还可以使用，但是其承载压力却大大降低；容器出现裂纹，虽然还有一定的使用寿命，但是安全可靠性大大降低。

"失效"与"事故"两者紧密相联而概念有所差异。"失效"偏重于指产品本身的功能状态，而"事故"是强调失效事件的后果，即偏重于造成的损失和危害。失效事件不一定都造成事故，一旦造成事故就很严重，甚至是灾难性的。如容器出现裂纹，但是在还未泄漏或者爆破之前被发现，及时停车处理，这对容器而言，已经出现了失效，但是未造成严重事故。

我国过程设备数量巨大。根据质检总局《关于2016年全国特种设备安全状况情况的通报》，截至2016年年底，全国共有锅炉53.44万台，压力容器359.97万台，气瓶14235万只，压力管道47.79万公里。

过程设备及其构件的失效是经常发生的，某些突如其来的断裂失效还往往带来灾难性的破坏，给生命财产造成巨大的损失，这在国内外工业发展史上是屡见不鲜的。

1984年12月3日凌晨，在印度博帕尔市的美国联合碳化物公司所属的一家化工厂，由于安全装置失灵，系统升压导致储罐管路破裂，泄出大量毒气。该市50万居民中有20万人受到毒气的侵害，直接致死2000余人，2万人需要住院治疗。有关方面要求美国公司赔偿150亿美元的损失费。

1984 年，墨西哥某厂液化石油气的 6 台大型球形储罐和 48 台大型卧式储罐在一起事故中先后全部被炸毁，500 多人被烧死，5000 多人受伤，1000 多人下落不明，该事故至今原因不明。

2005 年 3 月 21 日 21 时 26 分，山东某化肥厂多层包扎尿素合成塔爆炸，造成 4 人死亡，32 人重伤，经济损失 2900 多万元。

2007 年 11 月 17 日 13 时许，山东某化肥厂的氨分离器出口到冷交换器进口间长约 14.3m 的 $\phi 273 \times 40mm$ 20 钢高压钢管发生粉碎性破裂，事故造成企业直接经济损失 500 万元。

对设备及其构件在使用过程中发生各种形式失效的特征及规律进行分析研究，从中找出产生失效的主要原因及防止失效的措施，称为失效分析。一旦失效发生后，能否在短期内找出失效的原因，做出正确的判断，从而找到解决问题的途径，这表明了一个国家或科技人员的科学技术水平与管理水平。

过程设备失效给社会和人类带来的损失与威胁，迫使人们与失效进行长期的斗争。失效总是首先从设备或构件最薄弱的部位开始，而且在失效的部位必然会保存着失效过程的信息，通过对失效件的分析，明确失效类型、找出失效原因，采取改进和预防措施，防止类似的失效在设计寿命范围内再发生，对设备及其构件在以后的设计、选材、加工及使用都有指导意义，这就是失效分析的目的。失效分析是与失效做斗争的有效方法。失效分析的目的不在于造出具有无限使用寿命的装备，而是确保装备在给定的寿命期限内不发生早期失效，或只需要更换易损构件，或把装备的失效限制在预先规定的范围之内，希望对失效的过程进行监测、预警，以便采取紧急措施，避免机毁人亡的灾难。

失效分析与事故分析所追求的目标是基本一致的，即都希望弄清造成失效或事故的原因。但两者又有一定的区别，失效分析着重技术上的分析，弄清原因以获得杜绝事故的指导性意见；而事故分析是以失效分析为基础，弄清原因之后再分清责任，并进行事故处理。

1.2 过程设备常见的失效模式

过程设备失效模式有多种分类方法。如按照失效时变形的大小、失效时金属在晶体中的断裂途径、失效与时间的关系、失效的机理或形态综合分类等。但是由于失效是一个较为广义的概念，一种失效模式分类方法很难涵盖所有的失效模式，这里主要介绍两种失效模式分类方法。

1.2.1 根据失效时间特点分类

根据过程设备失效的时间特点，失效可分为突发型失效和退化型失效。突发型失效又称短期失效，是指设备在丧失功能之前基本保持所需功能，但由于某种原因在某个时刻突然失效，如韧性断裂、脆性断裂和失稳等。退化型失效是随着工作时间的延长，设备的性能参数逐渐下降，直到超过某一临界值而导致的失效。退化型失效还可以分为两类：一类是由长期载荷引起的，如蠕变断裂和腐蚀断裂等；另一类是由循环载荷引起的，如疲劳断裂等。

1.2.2 根据失效机理或形态综合分类

不局限于断裂、腐蚀等狭义的失效，过程设备失效模式根据失效机理或形态综合分类，分为：过度变形失效、断裂失效、表面损伤失效、失稳失效和密封失效五类。

（1）过度变形失效

由于设备或其构件的变形大到足以影响其正常工作而引起的失效，称为过度变形失效。过度变形失效可以分为3类：弹性变形失效、塑性变形失效和蠕变变形失效。例如，露天立置的塔在风载荷等的作用下，若发生过大的弯曲变形导致塔盘的倾斜，会影响塔的正常传热传质工作。如果塔盘刚度不足，过度挠曲而使塔盘上流体分布明显不均匀，会引起气体穿过塔盘时分布不均，严重时会影响传质或传热过程的正常功能。即便塔盘的变形仍在弹性范围内，此时也应判为失效，即过量弹性变形失效。又如杆类零件过度伸长或弯曲变形，壳体部件局部鼓凸或凹陷，法兰盘明显扭转，以至能明显观察到有残余塑性变形，最终导致不安全或密封处的泄漏，则应判为过量塑性变形失效。

在本书中，设备的弹性和塑性变形在韧性断裂失效章节做了简单介绍，蠕变变形失效与蠕变断裂一并进行讲述，因此未单独列出章节进行介绍。

（2）断裂失效

从断裂表现出的形态、或引起断裂的原因、或断裂的机理进行综合考虑的混合分类方法，可以分为韧性断裂、脆性断裂、疲劳断裂、蠕变断裂和腐蚀环境断裂等。断裂是过程设备重要的失效模式，在本书中会重点讲解。

（3）表面损伤失效

主要包括表面摩擦和表面腐蚀两类。表面损伤失效既涉及环境、载荷和应力性质，也和材料的性能有关。磨损失效有其独特的损失机理，本书中仅介绍过程设备中常见的冲蚀，并归入腐蚀失效大类中进行讲解。

（4）失稳失效

在压应力作用下，过程设备突然失去其原有的规则几何形状引起的失效称为失稳失效。弹性失稳的一个重要特征是弹性挠度与载荷不成比例，且临界压力与材料的强度无关。主要取决于设备的尺寸和材料的弹性性质，但当设备中的应力水平超过材料的屈服强度而发生非弹性失稳时，临界压力还与材料的强度有关。失稳失效特征明显，比较容易判断，一般可以通过设计和正确操作加以避免，且在过程装备设计中有较为详尽的介绍，因此本书不再介绍。

（5）密封失效

除了上述针对设备本身的失效模式外，密封失效或者称之为泄漏失效，在过程设备中非常普遍。密封失效引起介质的泄漏，不仅会造成中毒、爆炸和燃烧等事故，而且会造成环境污染。动密封失效在泵和压缩机等流体机械中较为普遍；静密封失效一般是由于法兰密封系统的失效引发的宏观现象，同样设备本身的穿孔和穿透性裂纹也会带来泄漏失效。因此，从失效机理上说，密封失效并非一种独立的失效机理，是其他失效模式带来的一种宏观后果。

需要指出，在多种因素作用下，过程设备有可能同时发生多种形式的失效，即交互失效，如腐蚀介质和交变应力同时作用时引发的腐蚀疲劳、高温和交变应力同时作用时引发的蠕变疲劳等。

1.3 过程设备的失效原因

过程设备及其构件在设计寿命内发生失效，失效的原因是多方面的，大体上认为是由设计不合理、选材不当及材料缺陷、制造工艺不合理、使用操作和维修不当等四方面引起的，可以是单方面的原因，也可能是交错影响，要具体分析。

1.3.1 设计不合理

由于设计上考虑不周密或认识水平的限制，构件或设备在使用过程中失效时有发生，其中结构或形状不合理，构件存在缺口、小圆弧转角、不同形状过渡区等高应力区，未能恰当设计引起的失效比较常见。

例如，受弯曲或扭转载荷的轴类零件在变截面处的圆角半径过小就属设计缺点。又如，容器碟形封头的设计，按 GB 150 规定的强度公式进行强度尺寸计算，原要求过渡区尺寸 $r/D \geqslant 0.06\%$，后修订为按 $r/D \geqslant 0.10\%$ 进行结构设计，减少过渡区失效的发生。无折边锥形封头使用范围半锥角 $\alpha \leqslant 30°$ 也是失效得来的教训。不久前某酒精厂蒸煮锅上封头采用 $\alpha = 80°$ 的无折边锥形封头，在 0.5MPa 的工作压力下操作发生爆炸引起事故。

某厂引进的大型再沸器，结构为卧式 U 形管束换热器，由于管束上方汽液通道截面过小，形成汽液流速过高，造成管束冲刷腐蚀失效。

总之，设计中的过载荷、应力集中、结构选择不当、安全系数过小(追求轻巧和高速度)及配合不合适等都会导致构件及设备失效。过程设备的设计要有足够的强度、刚度、稳定性，结构设计要合理。

分析设计原因引起失效尤其要注意：对复杂构件未作可靠的应力计算；或对构件在服役中所承受的非正常工作载荷的类型及大小未作考虑；甚至于对工作载荷确定和应力分析准确的构件来说，如果只考虑拉伸强度和屈服强度数据的静载荷能力，而忽视了脆性断裂、低循环疲劳、应力腐蚀及腐蚀疲劳等机理可能引起的失效，都会在设计上造成严重的错误。

1.3.2 选材不当及材料缺陷

过程设备的材料选择要遵循使用性能原则、加工工艺性能原则及经济性原则，使用性能原则是首先要考虑的。特定环境中的构件，对可预见的失效模式要为其选择足够的抵抗失效的能力。如对韧性材料可能产生的屈服变形或断裂，应该选择足够的拉伸强度和屈服强度；但对可能产生的脆性断裂、疲劳及应力腐蚀开裂的环境条件，选用高强度的材料往往适得其反。在符合使用性能的原则下选取的结构材料，对构件的成形要有好的加工工艺性能。在保证构件使用性能、加工工艺性能要求的前提下，经济性也是必须考虑的。

选材不当引起的过程设备的失效已引起很大的重视，但仍有发生。如构件高温蠕变失效屡见不鲜，某厂的火管锅炉，壳体材料为 16MnR，火管材料为 10G 无缝钢管，流体入口温度超过 1000℃，出口温度为 240℃，压力为 4MPa。这种结构的火管，经一段时间使用后，局部过热而烧穿。如此高温的炉管选用 10G 钢是不合理的，后改用 Cr、Mo 元素含量高的合金钢管子。又如，某厂原使用引进的管壳式热交换器一台，壳体及管子均为 18-8 奥氏体不锈钢，基于生产需要按原图纸再加工一台，把壳体改为低碳钢与 18-8 铬镍复合钢板，管子仍为 18-8 铬镍钢，投入使用即发生壳体横向开裂，分析原因表明，管壳因材料热膨胀系数差异引起过大的轴向温差应力，是热交换器壳体材料选用复合钢板后又未对换热器结构作改进所造成的失效。

过程设备所用原材料一般经冶炼、轧制、锻造或铸造，在这些原材料制造过程中所造成的缺陷往往也会导致早期失效。冶炼工艺较差会使金属材料中有较多的氧、氢、氮，并有较多的杂质和夹杂物，这不仅会使钢的性能变脆，甚至还会成为疲劳源，导致早期失效。轧制工艺控制不好，会使钢材表面粗糙、凹凸不平，产生划痕、折叠等。铸件容易产生疏松、偏析、内裂纹，夹杂沿晶间析出引起脆断，因此过程设备要求强度高的重要构件较少用铸件。由于锻造可明显改善材料的力学性能，因此，许多受力零部件尽量采用锻钢，如高颈对焊法兰、整锻件开孔补强等。而锻造过程中也会产生各种缺陷，如过热、裂纹等，使构件在使用过程中失效。

1.3.3 制造工艺不合理

过程设备及其构件往往要经过机加工（车、铣、刨、磨、钻等）、冷热成形（冲、压、卷、弯等）、焊接、装配等制造工艺过程。若工艺规范制订欠合理，则金属设备或构件在这些加工成形过程中，往往会留下各种各样的缺陷。如机加工常出现的圆角过小、倒角尖锐、裂纹、划痕；冷热成形的表面凹凸不平、不直度、不圆度和裂纹；在焊接时可能产生的焊缝表面缺陷（咬边、焊缝凹陷、焊缝过高）、焊接裂纹、焊缝内部缺陷（未焊透、气孔、夹渣），焊接的热影响区更因在焊接过程经受的温度不同，使其发生不同的组织转变，有可能产生组织脆化和裂纹等缺陷；组装的错位、不同心度、不对中及强行组装留下较大的内应力等。所有这些缺陷如过超过限度则会导致构件以及设备早期失效。

1.3.4 使用操作不当和维修不当

使用操作不当是过程设备失效的重要原因之一，如违章操作，超载、超温、超速；缺乏经验、判断错误；无知和训练不够；主观臆测、责任心不强、粗心大意等都是不安全的行为。某时期统计260次压力容器和锅炉事故中，操作事故194次，占74.5%。

过程设备是要进行定期维修和保养的，如对过程设备的检查、检修和更换不及时或没有采取适当的修理、防护措施，也会引起过程设备早期失效。

1.4 过程设备失效分析的意义

1.4.1 深化对设备失效机理的认识

失效分析是对事物认识的一个复杂过程，通过多学科交叉分析，找到失效的原因，不仅可以防止同样的失效再发生，而且能更进一步完善装备构件的功能，并促进与之相关的各项工作的改进。

对金属材料构件各种失效机理的认识都是通过对装备构件发生的各种失效进行分析，提高对客观规律的认识。失效、认识（失效分析）、提高、再失效、再认识、再提高，由此促进科学技术的发展。

1.4.2 提高过程设备的质量

装备及其构件的质量是非常重要的，以质量求信誉，以质量求效益，通过对装备构件的失效分析，是提高质量的有力措施。

装备构件的质量往往是通过各种试验检测进行考核。试验室内再好的模拟试验也不可能做到与装备构件服役条件完全相同。任何一次失效都可视为在实际使用条件下对装备构件质量检查所做的科学试验，失效越是意想不到的，越能给人们意想不到的启示，引导分析复杂多变的过程及影响因素下装备构件质量的偏差，找出被忽略的质量问题。由此从设计、材料、制造等各方面进行改进，便可提高装备及其构件的质量。

1.4.3 具有高经济效益和社会效益

装备及构件失效带来直接及间接的经济损失，进行失效分析找出失效原因及防止措施，使同样的失效不再发生，这无疑减少了损失，带来了经济效益；提高装备构件质量，使用寿命增加，维修费用降低及高的产品质量信誉等都带来经济效益；失效分析能分清责任，为仲裁和执法提供依据；失效分析揭示了规章、制度、法规及标准的不足，为其修改提供依据。科学技术是生产力，失效分析有力地推动科学技术的发展，在这个方面失效分析给整个社会带来的经济效益和社会效益是难以估计的。

1.4.4 为事故责任裁决提供依据

过程设备的失效原因可能来自于设计、制造、检验、安装和使用维护的任何一方。当发生设备失效时，究竟哪一方或者哪几方需要为事故负责，需要负何种程度的责任，都需要失效分析给出失效的直接原因和根本原因。因此，失效分析可为裁决事故责任、侦破犯罪案例、开展技术保险业务、修改和制订产品质量标准等提供可靠的科学技术依据。

1.5 失效分析的发展

1.5.1 初级失效分析阶段

应该说从人类使用工具开始，失效就与产品相伴随。由于远古时代的生产力极为落后，产品也极为简陋，出现失效之后的解决办法只是更换。因此，失效是与产品相伴随的，但失效分析不是随着产品的出现而出现的。公元前 2025 年到世界工业革命前可以看作失效分析的第一阶段，即与简单手工生产基础相适应的失效分析的初级阶段。这个时期是简单的手工生产时期，金属制品规模小且数量少，其失效不会引起重视，失效分析基本上处于现象描述和经验阶段。

1.5.2 近代失效分析阶段

以蒸汽动力和大机器生产为代表的工业革命给人类带来巨大物质文明的同时，也不可避免地给人类带来了前所未闻的灾难。约在 170 年前，越来越多的蒸汽锅炉爆炸事件发生，在总结这些失效事故的经验教训后，英国于 1862 年建立了世界上第一个蒸汽锅炉监察局，把失效分析作为仲裁事故的法律手段和提高产品质量的技术手段。随后在工业化国家中，对失效产品进行分析的机构相继出现，在这一时期，失效分析也大大推动了相关学科，特别是强度理论和断裂力学学科的创立和发展。

通过对大量锅炉爆炸和桥梁断裂事故的研究，Charpy 发明了摆锤冲击试验机，用以检验金属材料的冲击韧性；Wohler 通过对 1852～1870 年期间火车轮轴断裂失效的分析研究，揭示出金属的"疲劳"现象，并成功地研制了世界上第一台疲劳试验机；20 世纪 20 年代，Griffith 通过对大量脆性断裂事故的研究，提出了金属材料的脆断理论；在 1940～1950 年间发生的北极星导弹爆炸事故、第二次世界大战期间的"自由轮"脆性断裂事故，大大推动了人们对带裂纹体在低应力下断裂的研究，从而在 20 世纪 50 年代中后期产生了断裂力学这一新型学科。然而由于科学技术的限制，这一时期虽然有失效分析的专门机构，但其分析手段仅限于宏观痕迹以及对材质的宏观检验，未能从微观上揭示失效的本质，断裂力学仍未能在工程材料断裂中很好地应用。

1.5.3 现代失效分析阶段

20 世纪 50 年代，由于科学技术发展突飞猛进，作为失效分析基础学科的材料科学与力学的迅猛发展，断口观察仪器的长足进步，特别是分辨率高、放大倍数大、景深长的扫描电子显微镜的先后问世，为失效分析技术向纵深发展创造了条件，铺平了道路，并取得了辉煌的成果。随后大量现代物理测试技术的应用，如电子探针 X 射线显微分析、X 射线及紫外线光电子能谱分析、俄歇电子能谱分析等，促使失效分析登上了新的台阶。失效分析现处在第三阶段的历史发展时期，这是现代失效分析阶段。

随着科学技术和制造水平的不断进步，尤其是断裂力学、损伤力学、产品可靠性及损伤容限设计思想的应用和发展，使得产品的可靠性越来越高，产品失效引起的恶性事故数量相对减少但危害及影响越来越大，产品失效的原因很少是由于某一特定的因素所致，呈现复杂的多因素特征，这就需要从设计、力学、材料、制造工艺及使用等方面进行系统的综合性的分析，也就需要有从事设计、力学、材料等各方面的研究人员共同参与，其解决办法是从降低零件所受的外力(包括环境等)与提高零件所具有的抗力两方面入手，以达到提高产品使用可靠性的目的。

从 20 世纪 80 年代中后期开始，失效分析开始逐渐形成一个分支学科，而不再是材料科学技术的一个附属部分。这一时期失效分析领域发展的主要标志是失效分析的专著大量出现，全国性的失效分析分会相继成立。1987 年成立了中国机械工程学会失效分析工作委员会，1994 年成立了中国航空学会失效分析专业分会和中国科协工程联失效分析与预防中心。空军的内部刊物《飞行事故和失效分析》杂志于 1990 年创刊，一些材料和机械类期刊，如《压力容器》和《金属热处理》中也大都设立了失效分析专栏。德国成立了阿利安兹技术中心(AZT)，是专门从事失效分析及预防的商业性研究机构。失效分析方面的英文国际期刊《Engineering Failure Analysis》也于 1994 年创刊。中国的失效分析方面的期刊《失效分析与预防》于 2006 创刊，是南昌航空大学和中国航空工业第一集团公司北京航空材料研究院合办的关于失效分析与预防的学术刊物。

这一时期失效分析的主要特点就是集断裂特征分析、力学分析、结构分析、材料抗力分析以及可靠性分析为一体，逐渐发展成为一门专门的学科。

1.6 我国失效分析的现状和差距

1.6.1 失效分析的重视与普及程度有待提高

失效分析是一门边缘学科，它与多种学科和技术有关。失效分析工作在中国起步较晚，科技人员特别是化工企业管理人员没有充分认识到失效分析的重要性，对失效分析工作的重视程度远低于国外发达国家。目前国内全面开展失效分析工作的行业很少，涉及的领域有限，有限数量的专业机构在从事失效分析研究和服务工作。

失效分析是从失败入手，着眼于成功和发展；从过去入手，着眼于未来和进步的科学技术领域，并且正向失效学这一分支学科方向发展。重视这一分支学科的发展，有意识地运用它已有的成就来分析、解决和攻克相关领域中的失效问题，是人们走上成功，科技发展少走弯路的捷径之一。面对这样一个现状，需要现有的失效分析科技工作者不断宣传失效分析的作用，普及失效分析的基础知识，让越来越多的人了解失效分析、认识到失效分析的重要性，同时失效分析科技工作者和相关研究机构需要加强联合，这样才能扩大失效分析队伍的整体影响。

1.6.2 失效分析人员水平差别较大

失效分析是一门综合性的技术学科，涉及材料学、力学、摩擦学、腐蚀学和机械制造工艺等。失效过程是一个十分复杂的过程，特别是一个大系统的失效，一般工作条件复杂、可疑点较多、难度也大，对失效分析人员的要求是知识面要广，并具有一定深度，以及丰富的实践经验。失效分析是从结果推断失效原因的过程，常常是一果多因，因而失效分析工作需要正确的分析思路和程序，它可以帮助分析人员快速、准确地查明失效的原因和机理。鉴于失效分析工作的重要性、复杂性和特殊性，失效分析人员应在实践中逐步培养，从事失效分析工作的科技人员需要具有敏锐的观察力和熟练的分析技术。

目前我国失效分析专家和工程师数量还远远不能满足需要，分析人员的水平和能力参差不齐。因此，迫切需要加强失效分析技术人员的培训，失效分析人员的能力和水平是在工作实践中不断提高的，也需要加强失效分析技术人员间的技术交流，这样可以不断提高失效分析人员素质和水平，提高整个行业及国家的失效分析能力和水平。

1.6.3 加强失效分析新技术和新方法的研究

失效分析的发展趋势：简单的断口分析逐步发展为综合分析；单一服役条件下失效的诊断逐步发展为复杂服役条件下失效的诊断；由定性分析向定量分析过渡；变事后分析为事先分析；从单一模式的安全评定向多参数、全过程的安全评定发展；使失效分析从"手艺"技术向失效学学科体系发展；变失效诊断为失效模式、原因和机理的诊断；从失效预测向剩余寿命、安全状况和可靠性的预测过渡；失效预防向工程预防、抗失效设计和专家系统发展。

因此，需要不断引入新分析手段和分析方法。随着科学技术的进步，新材料、新工艺和新技术不断应用，会有新的失效模式不断出现，国内研究单位常常忽视了研制阶段的失效分析工作，特别是在研究产品可能出现的失效模式和应采取的措施方面资金和技术力量投入少。

因此，在新材料、新工艺和新技术研发的同时，应该加强失效模式的研究，变被动的事后分析为主动的事先的诊断和预防。

1.6.4 设立注册失效分析专家制度和成立专门失效分析机构

借鉴国外设立注册失效分析专家（注册失效分析师）和成立专门失效分析机构进行事故原因分析的经验，设立我国自己的涵盖多领域的注册失效分析专家（注册失效分析师）制度，成立失效分析机构，接受政府、事发单位或相关方、保险公司委托，有偿开展事故和特种设备失效的事前、事中和事后研究。对于政府委托而言，其费用主要来源于安全生产与职业卫生风险抵押金或强制保险以及违法罚款。这样做不仅有利于事故或失效分析理论水平的提高和经验的积累，也有利于分析的公正性和独立性，以及对于事故和失效分析结果的可追溯性。政府设立基金主要支持失效分析机构等单位从事失效分析的科学研究工作。政府在事故调查与处理过程中的主要责任是组织抢险救援、调查过程的监督、事故性质的认定、各方赔偿和责任追究，而对事故原因的分析则主要依赖于注册失效分析专家和失效分析机构。

作为一个合格的失效分析工作者，必须具备扎实的失效分析专业基础知识，其中包括过程设备用材的金属学知识和与失效相关的材料测试方法。本章主要是把与失效及失效分析密切相关、且使用频数较高的重要内容提纲挈领地作简单的介绍，以便理解后续相关的失效分析知识。

2.1 过程设备常见缺陷

过程设备在制造过程或在服役期间的失效，其原因与设备用材在制造和使用过程中材料的微观组织缺陷和宏观缺陷密切相关。常见材料的微观组织缺陷主要有金相组织在温度作用下的劣化、轧制缺陷和非金属夹杂。宏观缺陷主要表现为焊接缺陷和机械加工缺陷。了解这些缺陷的成因和形貌，能够帮助确定过程设备的失效原因。

2.1.1 金相组织缺陷

1）脱碳

钢材加热时，金属表层的碳原子被烧损，造成金属表层的碳成分低于内层，这种现象就称为脱碳。其中，降低了含碳量的表面层叫做脱碳层。一般的锻造和轧制都是在大气中进行的，加热及锻、轧过程中钢件表层会强烈烧损而出现脱碳层，如图 2-1 所示。

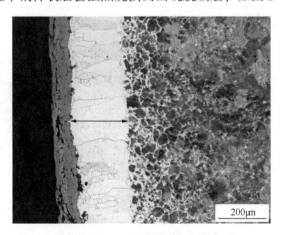

图 2-1 钢的脱碳层

脱碳层的硬度、强度降低，受力时易开裂而成为裂源。大多数零件，特别是要求强度高、受弯曲力作用的零件，要避免脱碳层。因此，锻、轧的钢件应进行去除脱碳层的切削加工。

2）珠光体球化

压力容器用碳素钢和低合金钢，在常温下的组织一般为铁素体加珠光体。珠光体晶粒中的铁素体及渗碳体是呈薄片状相互间夹的。片状珠光体是一种不稳定的组织，当温度较高时，原子活动力增强，扩散速度增加，片状渗碳体便逐渐转变为珠状，再积聚成大球团，这种现象即为珠光体球化，如图2-2所示。材料发生珠光体球化后，其屈服点、抗拉强度、冲击韧性、蠕变极限和持久极限均会下降。

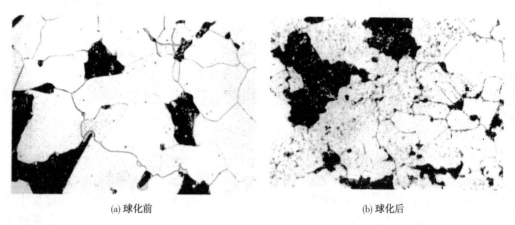

(a) 球化前   (b) 球化后

图2-2　珠光体球化前后对比

3）石墨化

钢在高温、应力长期作用下，由珠光体内渗碳体分解出游离石墨的现象叫做石墨化，如图2-3所示。在渗碳体的不断分解下，这些石墨不断聚集长大，形成石墨球。时间愈长，石墨化愈严重。石墨化现象只在高温下发生，低碳钢当温度在450℃以上、0.5Mo钢约在480℃以上长期工作后都可能发生石墨化。此时，钢会发生不同程度的脆化，强度与塑性降低，石墨化严重时可导致高温运行设备发生失效。

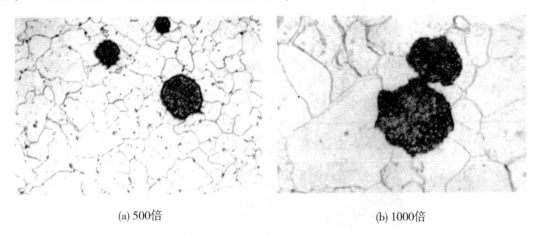

(a) 500倍   (b) 1000倍

图2-3　过热器管（20钢）的石墨化

钢的石墨化一般要进行分级，以区别其危害性。我国根据钢中石墨化的发展程度，一般将石墨化分为四级：

1级：轻度石墨化；2级：明显石墨化；3级：显著石墨化；4级：严重石墨化。

4）魏氏体组织

在热轧或停锻温度较高时，由于奥氏体晶粒粗大，在随后的冷却过程中先析出物沿晶界析出，并以一定方向向晶粒内部生长，或平行排列，或成一定角度，这种过热组织称为魏氏体组织，如图2-4所示。先析出物与钢的成分有关，亚共析钢为铁素体，过共析钢为渗碳体。

魏氏体组织因其组织粗大而使材料脆性增加，强度下降。比较重要的工件不允许魏氏体组织存在。

5）带状组织

如果钢在铸态下存在严重的偏析和夹杂物，或热变形加工温度低，则在热加工后钢中常出现沿变形方向呈带状或层状分布的显微组织，称为带状组织。

对于工具钢，锻造和轧制的目的不仅是毛坯成形，更重要的是使其内部的碳化物碎化和分布均匀。如果不是采用多方向锻造和小的锻造比，锻件就会出现网络状或带状分布的碳化物，如图2-5所示。由于网状和带状组织破坏了材料性能的均匀性和连贯性，常成为工具、模具过早失效的内在因素。

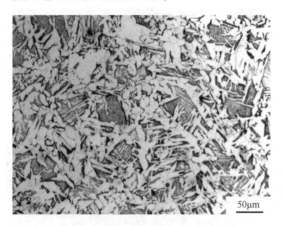

图2-4　魏氏体组织

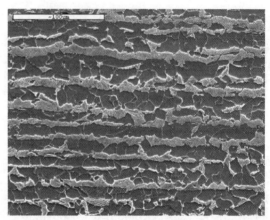

图2-5　带状组织

2.1.2　夹杂物

1）脆性夹杂物

脆性夹杂物一般指不具有塑性变形能力的简单氧化物（如 Al_2O_3、Cr_2O_3、ZrO_2 等）、双氧化物（如 $FeO \cdot Al_2O_3$、$MgO \cdot Al_2O_3$、$CaO \cdot 6Al_2O_3$ 等）、氮化物［如 TiN、$Ti(CN)$、AlN、VN 等］和不变形的球状（或点状）夹杂物（如球状铝酸钙和含 SO_2 较高的硅酸盐等）。

对于变形率低的脆性夹杂物，在钢加工变形的过程中，夹杂物与钢基体相比变形甚小，由于夹杂物和钢基体之间变形性的显著差异，势必造成在夹杂物与钢基体的交界面处产生应力集中，导致微裂纹产生或夹杂物本身开裂，如图2-6所示。夹杂物严重地破坏了钢基体均匀的连续性，如图2-7所示。

2）塑性夹杂物

塑性夹杂物在钢经受热加工变形时具有良好的塑性，沿着钢的塑性流变方向延伸成条带状，属于这类的夹杂物有含 SO_2 较低的铁锰硅酸盐、硫化锰（MnS）、（Mn，Fe）S 等。

硫化锰（MnS）是具有高变形率的夹杂物，与钢基体的变形相等，从室温一直到很宽的温

图 2-6　裂纹优先在较大的夹杂物与钢基体交界处产生

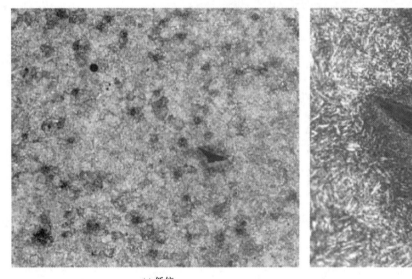

(a) 低倍

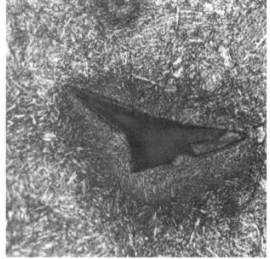

(b) 高倍

图 2-7　夹杂物

度范围内均保持良好的变形性。由于 MnS 与钢基体的变形特征相似，所以在夹杂物与钢基体之间的交界面处结合很好，产生裂纹的倾向性较小，并沿加工变形的方向呈条带状分布，如图 2-8 所示。

3）半塑性变形的夹杂物

一般指各种复合的铝硅酸盐夹杂物。复合夹杂物中的基体，在热加工变形过程中会产生塑性变形，但分布在基体中的夹杂物(如铝酸钙、尖晶石型的双氧化物等)不会发生变形。基体夹杂物随着钢基体的变形而延伸，而脆性夹杂物不变形，仍保持原来的几何形状，因此将阻碍邻近的塑性夹杂物自由延伸，而远离脆性夹杂物的部分沿着钢基体的变形方向自由延伸，如图 2-9 所示。

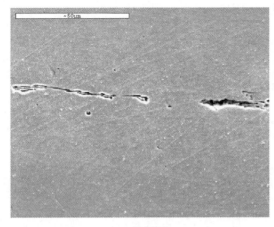

(a) 抛光态

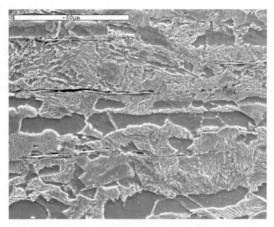

(b) 4%硝酸酒精浸蚀后

图 2-8　硫化锰夹杂物

(a) 形貌

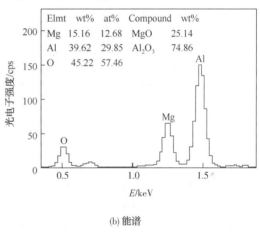

(b) 能谱

Elmt	wt%	at%	Compound	wt%
Mg	15.16	12.68	MgO	25.14
Al	39.62	29.85	Al_2O_3	74.86
O	45.22	57.46		

图 2-9　GCr15 钢中的镁铝尖晶石夹杂物

2.1.3　焊接缺陷

1）焊缝内部缺陷

（1）裂纹

裂纹是焊接接头中最危险的缺陷，也是过程设备（特别是低合金高强度焊接压力容器）中遇到最多、对安全危害最大的焊接缺陷。容器的破坏事故多数是由裂纹引起的。

在焊接生产中由于采用的钢种和结构的类型不同，可能遇到各种裂纹。裂纹有时分布在焊缝上，有时分布在焊接热影响区；有时出现在焊缝的表面上，也有时出现在焊缝的内部；有时宏观就可以看到，有时必须用显微镜才能发现；有横向裂纹，纵向裂纹，也有时出现在断弧的地方形成弧坑裂纹。总而言之，在焊接生产中所遇到的裂纹是多种多样的。如果按产生裂纹的本质来看，大体上可分为热裂纹、再热裂纹、冷裂纹和层状撕裂。为了清楚起见，现将各种裂纹的基本特征和裂纹出现的温度区间等列于表 2-1。

表 2-1　各种裂纹分类

裂纹分类		基本特征	敏感的温度区间	被焊材料	位置	裂纹走向
热裂纹	结晶裂纹	在结晶后期，由于低熔共晶形成的液态薄膜削弱了晶粒间的联结，在拉伸应力作用下发生开裂	在固相线温度以上稍高的温度（固液状态）	杂质较多的碳钢、低中合金钢、奥氏体钢、镍基合金及铝	焊缝上，少量在热影响区	沿奥氏体晶界
	多边化裂纹	已凝固的结晶前沿，在高温和应力的作用下，晶格缺陷发生移动和聚集，形成二次边界，在高温下处于低塑性状态，在应力作用下产生的裂纹	固相线以下再结晶温度	纯金属及单相奥氏体合金	焊缝上，少量在热影响区	沿奥氏体晶界
	高温液化裂纹	在焊接热循环峰值温度的作用下，在热影响区和多层焊的层间发生重熔，在应力作用下产生的裂纹	固相线以下稍低温度	含 S、P、C 较多的镍铬高强钢、奥氏体钢、镍基合金	热影响区及多层焊的层间	沿晶界开裂
再热裂纹		厚板焊接结构消除应力处理过程中，在热影响区的粗晶区存在不同程度的应力集中时，由于应力松弛所产生附加变形大于该部位的蠕变塑性，则产生再热裂纹	$600 \sim 700℃$ 回火处理	含有沉淀强化元素的高强钢、珠光体钢、奥氏体钢、镍基合金等	热影响区的粗晶区	沿晶界开裂
冷裂纹	延迟裂纹	在淬硬组织、氢和拘束应力的共同作用下而产生的具有延迟特征的裂纹	M_s 点以下	中、高碳钢，低、中合金钢，钛合金等	热影响区，少量在焊缝	沿晶或穿晶
	淬硬脆化裂纹	主要是由淬硬组织，在焊接应力作用下产生的裂纹	M_s 点附近	含碳较高的 Ni-Cr-Mo 钢、马氏体不锈钢、工具钢	热影响区，少量在焊缝	沿晶或穿晶
	低塑性脆化裂纹	在较低的温度下，由于被焊接材料的收缩应变，超过了材料本身的塑性储备而产生的裂纹	$400℃$ 以下	铸铁、堆焊硬质合金	热影响区及焊缝	沿晶或穿晶
层状撕裂		主要是由于钢板的内部存在有分层的夹杂物（沿轧制方向），在焊接时会产生垂直于轧制方向的应力，致使在热影响区或稍远的地方，产生"台阶"式层状开裂	$400℃$ 以下	含有杂质的低合金高强钢厚板结构	热影响区附近	穿晶或沿晶

① 热裂纹

热裂纹在高温下产生，而且都是沿奥氏体晶界开裂。根据热裂纹的形态、产生机理和温度区间等因素不同，热裂纹又分为结晶裂纹、高温液化裂纹和多边化裂纹三类。下面主要介绍一下结晶裂纹的形成原因和形貌特征。

焊缝在结晶过程中，固相线附近由于凝固金属收缩时，残余液相不足，致使沿晶界开裂，故称结晶裂纹。这种裂纹在显微镜下观察时，可以发现具有晶间破坏的特征，多数情况下在焊缝的断面上发现有氧化的色彩，说明这种裂纹是在高温下产生的。

结晶裂纹主要出现在含杂质较多的碳钢焊缝中（特别是含硫、磷、硅、碳较多的钢种焊缝）和单相奥氏体钢、镍基合金，以及某些铝及铝合金的焊缝中。图2-10所示为结晶裂纹形貌。

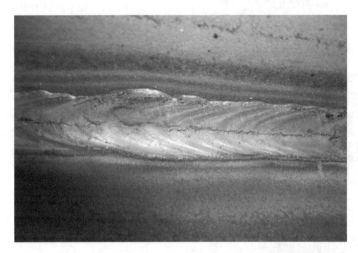

图2-10　结晶裂纹形貌

② 再热裂纹

厚板结构焊后再进行消除应力热处理，其目的是消除焊后的残余应力，改善焊接接头的金相组织和力学性能。但对于某些钢种（含有沉淀强化元素的）在进行消除应力热处理的过程中，在焊接热影响区的粗晶部位可能产生裂纹。这种裂纹是在重新加热（热处理）过程中产生的，故称再热裂纹，又称消除应力处理裂纹，国外简称SR裂纹（Stress Relief Cracking）。

对于产生再热裂纹的机理，一般认为：含有沉淀硬化相的焊接接头中，如存在较大的残余应力，并有不同程度的应力集中时，在热处理温度的作用下，由于应力松弛而导致较大的附加变形，与此同时在焊接热影响区的粗晶部位会析出沉淀硬化相（钼、钒、铬、铌、钛等碳化物），如果粗晶部位的蠕变塑性不足以适应应力松弛所产生的附加变形时，则会沿晶界发生开裂。再热裂纹与热裂纹虽然都是沿晶界开裂，但是再热裂纹产生的本质与热裂纹不同，再热裂纹只在一定的温度区间（约550~650℃）敏感，而热裂纹是发生在固相线附近。

再热裂纹多发生在低合金高强钢、珠光体耐热钢、奥氏体不锈钢，以及镍基合金的焊接接头中。图2-11所示为再热裂纹形貌。

③ 冷裂纹

在相当低的温度，大约在钢的马氏体转变温度（即M_s点）附近，由于拘束应力、淬硬组织和氢的作用，在焊接接头产生的裂纹属冷裂纹。冷裂纹顾名思义是在焊接后较低的温度下

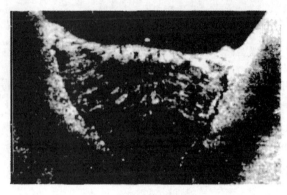
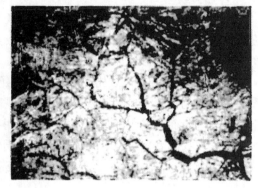

(a) 裂纹产生部位　　　　　　　　　　　(b) 裂纹沿晶开裂

图 2-11　再热裂纹形貌

产生的，有时在焊后立即出现，也有时要经过一段时间才出现，具有延迟特征。

图 2-12　14MnMoVN 钢根部冷裂纹

冷裂纹通常具有沿晶和穿晶的混合形态，其断裂行径主要由焊接接头的金相组织、应力状态及氢的含量等来确定。图 2-12 为 14MnMoVN 钢根部冷裂纹形貌。冷裂纹的断口形貌比较复杂，一般低合金高强钢焊接热影响区出现的冷裂纹，断口形貌主要是准解理、沿晶和少量韧窝。冷裂纹一般具有延迟的特征，因此冷裂纹的断裂过程也是分阶段进行的，大致可分为三个阶段，即启裂、扩展和最后断裂，与此相对应的断口形貌也发生变化。

冷裂纹主要发生在高、中碳钢，低、中合金高强钢的焊接热影响区，但有些金属，如某些超高强钢、钛及钛合金等，有时冷裂纹也会发生在焊缝金属中。延迟裂纹主要发生在焊趾、焊接热影响区和焊缝根部。焊趾部位的裂纹走向通常与焊道平行，由焊趾表面向母材深处扩展。根部裂纹是延迟裂纹中比较常见的一种，主要发生在氢含量较高、预热温度不足的情况下，裂纹通常起源于焊缝根部应力集中最大的部位。

④ 层状撕裂

焊接结构的层状撕裂属于低温开裂，常用的低合金高强钢，撕裂温度不超过 400℃。层状撕裂与一般的冷裂纹不同，主要是由于轧制钢材的内部存在有分层的夹杂物(特别是硫化物夹杂物)和在焊接时产生的垂直轧制方向的应力，致使焊接热影响区附近或稍远的地方产生呈"台阶"状的层状开裂，并穿晶扩展。层状撕裂常发生在装焊过程或结构完工之后，是一种难以修复的结构破坏，甚至会造成灾难性事故。

层状撕裂主要发生在屈服强度较高的低合金高强钢(或调质钢)的厚板结构中，如采油平台、厚壁容器、潜艇等，且材质含有不同程度的夹杂物。层状撕裂在 T 形接头、十字接

16

头和角接头比较多见。图 2-13 所示为层状撕裂形貌。

图 2-13　层状撕裂形貌

（2）气孔

气孔是在焊接过程中，熔池金属中的气体在金属凝固时没来得及逸出，而在焊缝金属中（内部或表面）残留下来所形成的孔穴。在焊接过程中产生气孔是很普遍的现象，几乎从碳钢到高合金钢、有色金属都有产生气孔的可能。气孔产生的根本原因是高温时金属溶解了较多的气体（如 H_2、N_2）；另外，在进行冶金反应时又产生了相当多的气体（如 CO、H_2O）。气孔的形貌如图 2-14（a）所示。根据具体的来源和特征，气孔可以分为氢气孔和 CO 气孔。

① 氢气孔

对于低碳钢和低合金钢，在多数情况下，氢气孔出现在焊缝的表面，气孔的断面形状如同螺钉状，在焊缝的表面看呈喇叭口形，而气孔的四周有光滑的内壁。镁铝合金的氢气孔也常出现在焊缝内部。

氮气孔也多在焊缝表面，但多数情况下是成堆出现的，与蜂窝相似。在焊接生产过程中由氮气引起的气孔较少。氮的来源主要是由于保护不好，有较多的空气侵入熔池所致。

② CO 气孔

CO 气孔主要是在焊接碳钢时，由于冶金反应产生了大量的 CO，在结晶过程中，来不及逸出而残留在焊缝内部形成气孔。气孔沿结晶方向分布，有些像条虫状卧在焊缝内部。

（3）夹杂

焊缝中的夹杂是指由于焊接冶金反应产生的，焊后残留在焊缝中的非金属杂质（如氧化物、硫化物等）。夹杂物的组成及分布形式多种多样，随被焊金属的成分、焊接方法与材料的不同而变化。

当焊缝或母材中有夹杂物存在时，不仅降低焊缝金属的韧性，增加低温脆性，同时也增加了热裂纹和层状撕裂的倾向。因此，在焊接生产中应设法防止焊缝中的夹杂物。夹杂的形貌如图 2-14（b）所示。焊缝中常遇到的夹杂主要有以下 3 种：

① 氧化物夹杂

在手工电弧焊和埋弧自动焊低碳钢时，氧化物夹杂主要是 SiO_2，其次是 MnO、TiO_2 和

Al_2O_3等，一般多以硅酸盐的形式存在。这种夹杂物如果密集地以块状或片状分布时，在焊缝中会引起热裂纹，在母材中也易引起层状撕裂。焊接过程中熔池的脱氧越完全，焊缝中的氧化物夹杂越少。

② 硫化物夹杂

硫在铁中的溶解度随温度的下降而降低，当熔池中含有较多的硫时，在冷却过程中硫将从固溶体中析出而成为硫化物夹杂。硫化物夹杂主要来源于焊条药皮或焊剂，经冶金反应进入熔池，但也有时因为母材或焊丝中含硫量偏高而形成硫化物夹杂。

焊缝中的硫化物夹杂，主要有两种，即 MnS 和 FeS。MnS 的影响较小，而 FeS 的影响较大。因 FeS 是沿晶界析出，并与 Fe 或 FeO 形成低熔共晶，是引起热裂纹的主要原因之一。

③ 氮化物夹杂

焊接低碳钢和低合金钢时，氮化物夹杂主要是 Fe_4N。Fe_4N 是焊缝在时效过程中由过饱和固溶体中析出的，并以针状分布在晶粒上或贯穿晶界。

夹杂物的危害程度与其分布状态有关。一般来说，显微夹杂物细小而分布又比较均匀时，对塑性与韧性影响较小，因此，需要加以防止的是宏观的大颗粒夹杂物。

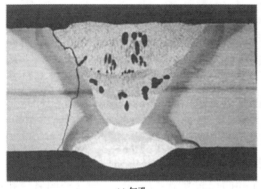 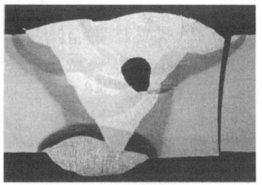

(a) 气孔　　　　　　　　　　　　　　　　(b) 夹杂

图 2-14　对接接头中的体积型缺陷

（4）未焊透

焊接时，接头根部未完全熔透而留下空隙的现象称为未焊透。未焊透减小了焊缝的有效工作截面，在根部尖角处产生应力集中，容易引起裂纹，导致结构破坏。未焊透是不允许存在的，特别是在交变载荷(压力交变和温度交变)情况下，在未焊透根部会引发疲劳裂纹，在特定介质环境中未焊透缺陷根部也会引发应力腐蚀。对面焊对接接头中未焊透缺陷如图 2-15 所示。

（5）未熔合

未熔合指熔焊时，焊道与母材之间或焊道与焊道之间，未能完全熔化结合的部分。未熔合间隙很小，可视为片状缺陷，或称为平面缺

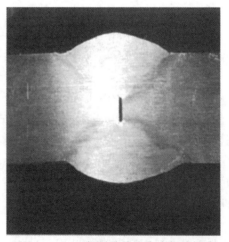

图 2-15　双面焊对接接头中未焊透缺陷

陷的一种，类似于裂纹，易造成严重的应力集中，是危险性缺陷，也是不允许存在的。自动钨极惰性气体保护焊的未熔合缺陷如图 2-16 所示。

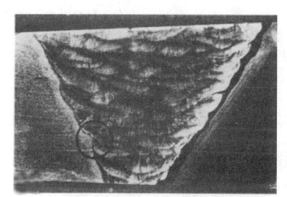

(a) 左侧母材为Incoloy 800镍合金；
　　右侧母材为2.25Cr-1.0Mo 合金钢；
　　填充金属是ERNiCr-3

(b) 圆圈区域的局部放大（75×）

图 2-16　自动钨极惰性气体保护焊的未熔合缺陷

（6）过热

过热是指在焊缝和热影响区中，有过热组织或晶粒显著粗大的区域。过热的危害在于会显著降低焊接接头的塑性和韧性，容易发生焊接接头的开裂。

（7）过烧

过烧现象，主要是由于加热温度太高，不但奥氏体晶粒剧烈长大，而且在晶界上出现熔融的液态金属和易熔共晶氧化物。过烧产生的晶间氧化物，不仅破坏了金属组织的连续性，还破坏了连接强度，使塑性和韧性显著降低。

2）焊缝外部缺陷

（1）形状缺陷

焊缝形状缺陷就是焊缝外观质量粗糙，鱼鳞波高低、宽窄发生突变，焊缝与母材非圆滑过渡。形状缺陷容易造成应力集中，对承受动载荷的焊接结构，削弱了焊接接头的承载能力，影响焊缝表面的美观。

（2）尺寸缺陷

尺寸缺陷是指焊缝的几何尺寸不符合施工图样或技术标准制定，过高、过低、过宽或过窄，以及焊脚尺寸偏小、不均等。焊缝尺寸小，会使工作截面减少；焊缝尺寸过高或过大，会削弱某些承受动载荷结构的疲劳强度，同时也浪费了焊接材料和焊接工作时间，是不经济的。

（3）咬边

咬边是由于焊接参数选择不正确或操作工艺不正确，沿着焊趾的母材部位产生的凹陷或沟槽。咬边不仅会减小母材金属的工作截面，还会在咬边处产生应力集中，深度大于0.5mm 的咬边应予以消除。

（4）弧坑

弧坑是电弧焊时，由于断弧或收弧不当，在焊道末端形成的低洼部分。弧坑减少了焊缝的工作截面。在弧坑处熔化金属少、填充金属不足，熔池进行的物理化学反应不充分，容易产生偏析和杂质积聚。因此，在弧坑处往往有气孔、夹杂、裂纹等焊接缺陷，通常大于0.5mm 的弧坑应予以清除。

（5）烧穿

烧穿是在焊接过程中，由于焊接参数的选择不当，操作工艺不良或者工件装配不好，熔化金属从焊缝背面流出，形成穿孔的现象。

烧穿影响了焊缝表面质量。在烧穿的下面，常有气孔、夹杂、凹坑、疏松、未焊透、焊瘤等缺陷。

（6）焊瘤

焊瘤是在焊接过程中，熔化金属流淌到焊缝以外未熔化的母材上所形成的金属堆积。焊瘤的危害在于它的下面往往伴随着未熔合、未焊透等缺陷；由于焊缝填充金属的堆积，焊缝的几何形状突然变化，易造成应力集中。如管子内部形成焊瘤，将减小管路介质的流通截面。

（7）电弧擦伤

电弧擦伤是由于偶然不慎，使焊条或焊把与焊件接触，或地线与焊线接触不良，瞬时引起的电弧在焊件表面产生的留痕。由于电弧擦伤处快速冷却，硬度高、质脆，易成为破坏源点。不锈钢件也会因擦伤而降低抗蚀性，因而严重擦伤应打磨掉。

2.1.4 机械加工缺陷

1）划痕

在生产、运输等过程中，钢材表面受到机械刮伤形成的沟痕，称划痕，也称刮伤或擦伤。其深度不等，通常可看到沟底，长度自几毫米到几米，连续或断续分布于钢材的全长或局部，多为单条，也有双条和多条的划痕。

划痕缺陷的存在能降低金属的强度；对薄钢板，除降低强度外，还会像切口一样造成应力集中而导致断裂；尤其是在压制时，它会成为裂纹或裂纹扩展的中心。对于压力容器来说，表面是不允许有严重的划痕存在的，否则会成为使用过程中发生事故的起点。

2）表面粗糙

加工表面粗糙度不符合工艺图纸或设计图纸要求，使用中会降低疲劳性能和零件使用寿命。刀刃不光洁也会增大切削变形，使刃口锯齿状缺陷全部复印到已加工表面，增大加工表面粗糙度。

3）鳞片状毛刺

以较低或中等切削速度切削塑性金属时，加工表面往往会出现鳞片状毛刺，尤其对圆孔采用拉削方法时更易出现，若拉削出口毛刺没有去除，则将成为使用中应力集中的根源。

4）倒角半径小

零件倒角半径小，尤其是横截面形状发生急骤的变化，会在局部发生应力集中而产生微裂纹并扩展成疲劳裂纹，导致疲劳断裂。

5）加工精度不符合

切削加工后，构件尺寸、形状或位置、精度不符合工艺图纸或设计要求，不仅直接影响工件装配质量，而且影响工件正常工作时应力状态分布，从而降低工件抗失效性能。

6）表面机械损伤

切削加工过程中，构件表面相互碰撞造成的擦伤、碰伤和压伤等，损伤处会成为应力集中的根源，最终造成零件或设备的失效。

2.2　失效分析检测方法

在失效分析过程中，往往需要对失效样品进行成分、断口和裂纹、力学性能，以及耐蚀性能进行观察和检测，以便确定失效类型，探讨失效的原因。这里简要介绍常见的一些测试手段和测试设备。

2.2.1　成分分析

材料的性能首先决定于其化学成分。在失效分析中，常常需要对失效金属构件的材料成分、表面沉积物、氧化物、腐蚀物、夹杂物和第二相等进行定性或定量的化学分析，以便为失效分析结论提出依据。

化学成分分析按其任务可分为定性分析和定量分析；按其原理和所使用的仪器设备又可分为化学分析和仪器分析。化学分析是以化学反应为基础的分析方法，仪器分析则是以被测物的物理或物理化学性质为基础的分析方法，由于分析时常需要用到比较复杂的分析仪器，故称仪器分析法。

1）化学分析法

化学分析法多采用各种溶液及各种液态化学试剂，故又称湿式化学分析。常用的化学分析法有重量分析法、滴定分析法、比色法和电导法。

（1）重量分析法　通常是使被测组分与试样中的其他组分分离后，转变为一种纯粹的、化学组成固定的化合物，称其重量，从而计算被测组分含量的一种分析方法。这种方法的分析速度较慢，现已较少采用，但其准确度高，目前在某些测定中仍用作标准方法。

（2）滴定分析法　用一种已知准确浓度的试剂溶液（即标准溶液），滴加到被测组分的溶液中去，使之发生反应，根据反应恰好完全时所消耗标准溶液的体积计算出被测组分的含量，此法又称容量法。滴定法操作简单快速、测定结果准确，有较大的使用价值。

（3）比色法　许多物质的溶液是有颜色的，这些有色溶液颜色的深浅和溶液的浓度直接有关。因此可借比较溶液颜色的深浅来测定溶液中该种有色物质的浓度。比色法还可分为目视比色分析法、光电比色分析法和分光光度分析法。后两种方法由于采用了仪器，因而属于仪器分析法。

（4）电导法　利用溶液的导电能力来进行定量分析的一种方法。

2）光谱分析

光谱化学分析是根据物质的光谱测定物质组分的仪器分析方法，通常简称光谱分析。其优点是分析速度快，可同时分析多个元素，即使含量在 0.01% 以下的微量元素也可以分析。整个分析过程比化学分析方法简单得多，因此光谱分析已得到广泛应用，光谱分析主要分为发射光谱分析、原子吸收光谱分析和 X 射线荧光光谱分析。图 2-17 所示为一台直读光谱仪，做好样品后，可以直接进行测试，读出材料所包含的化学成分。

2.2.2 金相分析

金属和合金的性能取决于它的成分和组织结构。金相检验是借助光学显微镜或电子显微镜，观察与识别金属材料的组成相、组织组成物及微观缺陷的数量、大小、形态及分布，从而判断和评定金属材料质量的一种检验方法。图 2-18 为常见的倒置式金相显微镜。

图 2-17　直读光谱仪　　　　　　　　图 2-18　倒置式金相显微镜

金相检验包括试样制备、组织显示、显微镜观察和拍照等 4 个步骤，可看到各种形态的显微组织。就相组织的多少来说，有单相、双相及多相组织。对单相组织，要观察晶粒界，晶粒形状、大小以及晶粒内出现的亚结构；对双相及多相组织，要观察相的相对量、形状、大小及分布等。

当然，对于某些带裂纹构件的失效分析而言，通过金相显微镜观察裂纹的微观扩展形态，是另外一项非常重要的内容。裂纹扩展形态包括裂纹是穿晶扩展还是沿晶扩展，是比较直还是有较多分叉，裂纹尖端是比较细还是比较钝。这些都能为判断开裂的原因提供依据。

这里仅就常用的钢铁的金相显微组织为例作简要说明，如图 2-19 所示：（a）为工业纯铁的金相组织；（b）为 T8 材料的珠光体组织；（c）为正火态的碳素钢 Q245R 的金相组织，铁素体和珠光体相间分布；（d）为固溶态的 S30408 不锈钢的金相组织，单一奥氏体晶粒，有孪晶出现；（e）为 0Cr17Ni4Cu4N 不锈钢的低碳马氏体组织，呈板条状；（f）为灰口铸铁组织；（g）为球墨铸铁组织。

2.2.3 断口分析

断口能够直接反应断裂的机理和过程，因此断口分析是失效分析的重要手段。断口分析可以分为宏观分析和微观分析两类。宏观分析中可以用肉眼或者借助放大镜，观察脆性断裂与韧性断裂断口上的不同，以及一个典型断口上所留下的裂纹萌生、扩展和瞬断区的形貌。微观分析则要借助于扫描电子显微镜。扫描电子显微镜以类似电视摄影显像的方式，利用细聚焦电子束在样品表面扫描时激发出来的各种物理信号来调制成像。扫描电镜主要用于表面

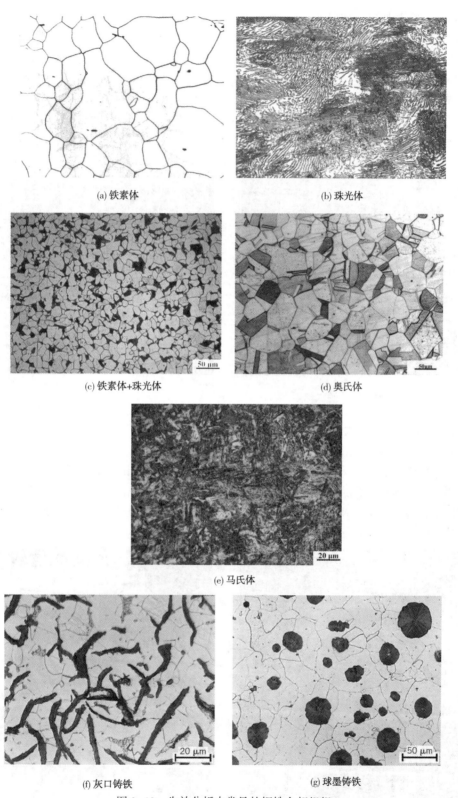

(a) 铁素体

(b) 珠光体

(c) 铁素体+珠光体

(d) 奥氏体

(e) 马氏体

(f) 灰口铸铁

(g) 球墨铸铁

图 2-19　失效分析中常见的钢铁金相组织

形貌的观察，它有如下主要特点：①分辨率高，可达 3~4nm；②放大倍数范围广，从几倍到几十万倍，且可连续调整；③景深大，适用观察粗糙的表面，有很强的立体感；④可对样品直接观察而无需特殊制样；⑤可以加配电子探针（能谱仪或波谱仪）附件，将形貌观察和微区成分分析结合起来。

　　扫描电子显微镜在失效分析工作中具有特殊重要的作用。它的出现对断口分析和断口学的形成起了重要的推动作用。目前显微断口的分析工作大都是用扫描电镜来完成的。扫描电子显微镜如图 2-20 所示。某制氢转化炉炉管应为腐蚀开裂的断口如图 2-21 所示，呈沿晶开裂纹，且断面上有二次裂纹分布，有腐蚀产物覆盖。

图 2-20　扫描电子显微镜

图 2-21　沿晶开裂断口照片

2.2.4　机械性能测试

　　机械性能是反映过程设备承载的一个重要指标。拉伸试验可以有效评价材料在服役后屈服强度、抗拉强度和延伸率等指标是否符合标准要求。硬度测试可以评价材料的硬度是否符合标准要求，并能推算出屈服强度是否满足使用要求。摆锤冲击实验则可以评价压力容器用钢其韧性是否符合标准要求。图 2-22 所示为 20t 电子式万能试验机，图 2-23 所示为电动洛氏硬度计，图 2-24 所示为微机屏显自动冲击试验机。

图 2-22　20t 电子式万能试验机

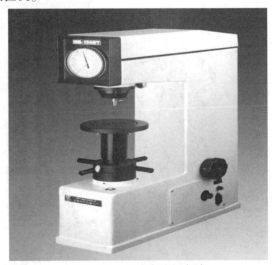

图 2-23　电动洛氏硬度计

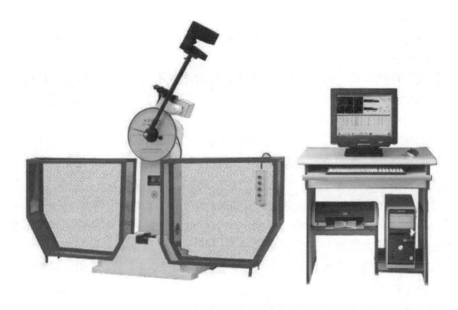

图 2-24　微机屏显自动冲击试验机

2.2.5　残余应力测试

在失效分析中，经常要对失效构件的残余应力进行测定。残余应力是指在无外加载荷作用下，存在于构件内部或在较大尺寸的宏观范围内均匀分布并保持平衡的一种内应力。金属构件经受各种冷热加工(如切削、磨削、装配、冷拔、热处理等)之后，其内部或多或少都存在残余应力。而残余应力的存在对材料的疲劳、耐腐蚀、尺寸稳定性都有影响，甚至在服役过程中引起变形。据统计，约有50%的失效构件受残余应力影响或直接由残余应力导致失效。宏观内应力的测定方法很多，如电阻应变片法、光弹性覆膜法、超声法、中子衍射法、X射线法及冲击压痕法等，所有这些方法实际上都是测定其应变，再通过弹性力学定律由应变计算出应力的数值。目前实际上得到广泛应用的还是X射线应力测定法和冲击压痕法等。图2-25所示为X射线应力测试仪，图2-26所示为冲击压痕残余应力测试仪。需要指出的是，这两种测试设备都只能测试构件表面和近表面的残余应力状态。

图 2-25　X 射线应力测试仪

图 2-26　冲击压痕应力测试仪

2.2.6 耐蚀性能测试

腐蚀性能测试可分为两大类，一类是现场挂片试验，另一类是实验室试验。

1）现场挂片试验

选用与失效构件同材质、经历相同热处理的材料制成平行试样 3～5 件，在构件工作现场有代表性的部位挂片试验，经过一段时间后，取出试样检查，对腐蚀的类型和程度作出判断。现场挂片试验时间一般较长。

2）实验室试验

实验室试验可分为三类，分别是常规模拟试验、加速腐蚀试验和电化学试验。

（1）常规模拟试验

模拟失效构件的工作环境，主要是介质的成分和浓度、pH 值、温度、压力、流速、构件应力状况等，在实验室内挂片试验，定期取出试样观察评定。浸泡试验试样一般为矩形或圆柱形，腐蚀疲劳和应力腐蚀开裂试验试样要考虑便于加载和介质引入等情况。

腐蚀疲劳试验的加载方式和普通的疲劳试验的加载方式相同，介质引入除浸泡法外，还可采用以下几种方式：

① 捆扎法　用棉花、布或其他吸湿纤维包扎在试样表面上。

② 液滴法　在疲劳加载的试样上方安装滴管系统，此法只适用于卧式腐蚀疲劳试验机。

③ 喷雾法　用喷雾装置把腐蚀液以雾状喷射到试样表面。

应力腐蚀开裂试验试样常用几种形式，分别是拉伸试样、弯梁试样、C 形环试样和 U 形弯曲试样。这里仅介绍拉伸试样，采用直径不小于 3mm 的圆柱试样，试样标距一般不小于10mm，用拉伸的方法加载。拉伸试样的应力容易计算，但介质防泄漏困难。对拉伸试样可采用恒载荷加载方式，也可采用慢应变速率的方法加载。后一种加载方式是通过试验机十字头以一个恒定的相当缓慢的位移速度把载荷施加到试样上，以强化的应变状态来加速应力腐蚀开裂过程的发生和发展。分别做出无应力腐蚀开裂环境（如大气或油中）和试验溶液中的应力-应变曲线，通过比较两条曲线在相同应力下的应变量、最大应力值、开裂断口率、应力-应变曲线包围的面积等指标，评定应力腐蚀开裂的敏感性，此法简称为 SSRT 法。图 2-27 为慢应变速率拉伸试验机的实物图。

（2）加速腐蚀试验

加速腐蚀试验属于浸泡试验，但所选用的化学介质不是构件实际环境的介质，而是腐蚀性更强的介质。我国已制定了点腐蚀和不锈钢晶间腐蚀化学介质浸泡试验的标准。此外，氯化铁溶液也用于缝隙腐蚀的加速试验。应力腐蚀

图 2-27　慢应变速率拉伸试验机

开裂的加速试验视材料不同选用不同的溶液。对于不锈钢材料，常采用 45% $MgCl_2$（155℃±1℃）作为试验溶液。

加速腐蚀试验适用于判断不同材料之间抗孔蚀和晶间腐蚀能力的相对大小。由于加速腐蚀试验的介质与构件的工作介质不相同，所以它不能作为材料在工作介质中是否发生孔蚀和晶间腐蚀的量度。

（3）电化学试验

电化学测试技术有多种，这里只介绍与金属构件失效分析关系密切的几种电化学腐蚀测试技术。

① 电极电位测定试验　这类试验是用高阻电压表（如数字电压表）测定试验试样的电极电位。在电化学测试中，试验试样称为研究电极，用 W（或 WE）表示，为了组成测试回路，还需要一个参比电极。图 2-28 为电极电位测定装置。这类试验常用来判断电偶腐蚀。如果接触的异种金属在工作介质中各自的电极电位值相差较大，这一体系就是电偶腐蚀体系。

② 电位线性扫描试验　这类试验是在试验介质的水溶液中，对试样双电层的两端施加一个随时间线性变化的电位信号（图 2-29），记录流经试样的电流密度，分析电流密度相对于电位变化而变化的特点，从中获得与腐蚀有关的信息。电流密度相对于电位变化而变化的曲线称极化曲线，所以电位线性扫描试验也称为极化曲线试验。

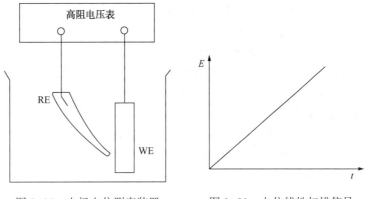

图 2-28　电极电位测定装置　　　图 2-29　电位线性扫描信号

电位线性扫描信号通常由带微机控制的恒电位仪提供，为了对试验试样施加电位信号并记录流经试样的电流密度，常采用三电极电解池，结构如图 2-30 所示。参考电极 RE 是一个电位稳定的电极，恒电位仪施加给研究电极 WE 的电位线性扫描信号就是相对于参考电极的电位而言的。AE 代表辅助电极，由辅助电极和研究电极组成的回路测量流经研究电极的电流。图 2-30 和图 2-31 所示分别为测试原理和恒电位仪接线。

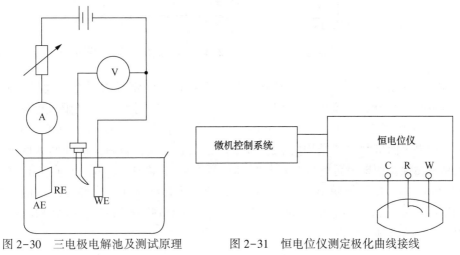

图 2-30　三电极电解池及测试原理　　　图 2-31　恒电位仪测定极化曲线接线

可以用极化曲线估算全面腐蚀体系的腐蚀速度。例如，在非氧化性的酸性溶液中，钢的腐蚀由活化极化控制。将钢试样作研究电极，并控制其电位（E）从自然电位（E_{corr}）开始向正方向或负方向线性扫描，把记录到的电流密度（i）转换成对数（$\lg i$），典型的 $\lg i - E$ 的曲线如图 2-32（实线）所示，将正、负方向扫描所得曲线外推至相交，相交点（图中两虚线交点）的对应值就是 $\lg i_{corr}$（i_{corr} 是研究电极腐蚀速率的电流表示值）。

也可以用极化曲线估计金属材料在介质中孔蚀的敏感性。在孔蚀敏感性的电化学测试中，施加给研究电极的信号是三角波信号（图 2-33），电位正向线性扫描到一定值后再反向扫描到起始值，孔蚀体系典型的极化曲线如图 2-34 所示。图中的 E_b 和 E_p 分别称为孔蚀电位和保护电位，它们是材料孔蚀敏感性的基本电化学参数，E_b 和 E_p 把极化曲线分成三部分：当研究电极的电位 $E > E_b$，将形成新的蚀孔，已有蚀孔继续长大；当 $E_b > E > E_p$ 时，不会形成新的蚀孔，但原有蚀孔将继续长大；当 E 进入钝

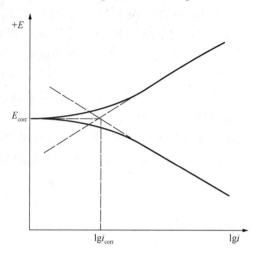

图 2-32　典型的 $\lg i - E$ 曲线

化区，且 $E \le E_p$ 时，原有蚀孔再钝化而不再发展，也不会形成新的蚀孔。所以一个材料的 E_b 和 E_p 值越高，材料就越抗孔蚀。有时极化曲线不够典型，这时可用反向扫描时，电流密度为 10 μA/cm² 及 100 μA/cm² 所对应的电位 E_{b10} 和 E_{b100} 来表示材料的抗孔蚀性能。

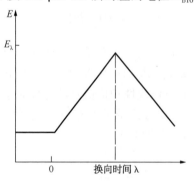

图 2-33　三角波信号

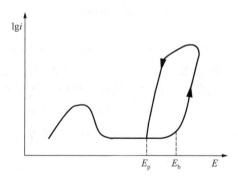

图 2-34　典型的孔蚀体系的阳极极化曲线

③ 恒电流浸蚀试验　这一试验主要用于判断奥氏体不锈钢是否具有晶间腐蚀敏感性。试验溶液是 10% 的草酸，在室温下，用 1 A/cm² 的电流密度对研究电极阳极电解浸蚀 1.5 min，试验装置如图 2-35 所示，然后在 150~500 倍金相显微镜下检查试样表面。对于锻造、轧制材料，如果表面呈"台阶"结构[图 2-36(a)]，则表明这种材料无晶间腐蚀敏感性，不可能发生晶间腐蚀；如果表面呈"沟槽"与"台阶"混合结构[图 2-36(b)]，或全部为"沟槽"结构[图 2-36(c)]，则不能做出结论，需要用其他方法继续验证。这种方法适用于检验奥氏体不锈钢因炭化铬沉淀引起的晶间腐蚀敏感性，不能检验 σ 相引起的晶间腐蚀敏感性，也不适用于检验铁素体不锈钢。

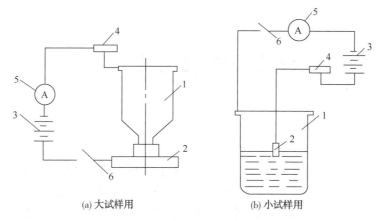

(a) 大试样用   (b) 小试样用

图 2-35 草酸法电解浸蚀装置

1—不锈钢容器；2—试样；3—直流电源；4—变阻器；5—电流表；6—开关

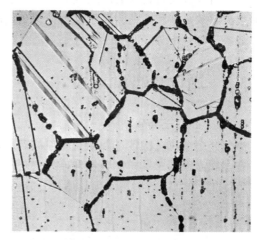

(a) 阶梯组织（500×），晶粒间
呈台阶状，晶界无腐蚀沟

(b) 混合组织（250×），晶界有腐蚀沟，
但没有一个晶粒被腐蚀沟包围

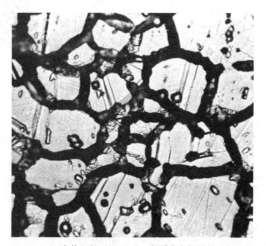

(c) 沟状组织（500×），个别或全部晶粒
被腐蚀沟包围

图 2-36 草酸电解浸蚀试验的"台阶"和"沟槽"结构示意

第3章 过程设备断裂失效

断裂是过程设备常见的失效形式，也是危害性最大的一类失效形式。对设备而言，其服役条件下可能受到力学负荷、热负荷或环境介质的作用。有时只受到一种负荷作用，更多的时候将受到两种或三种负荷的同时作用。为此，在载荷作用下（有时兼有热载及环境介质的共同作用），金属材料被分成两个或几个部分的现象称为完全断裂；内部存在裂纹则为不完全断裂。研究金属材料断裂的宏观和微现特征，断裂机理（裂纹萌生与扩展机理），讨论抑制断裂失效的措施和途径，对于材料设计和使用者进行设备的安全设计与选材、分析机件断裂失效事故都是十分必要的。

3.1 断口基础知识

3.1.1 断口三要素

本节介绍金属一次性过载断裂断口的宏观特征，即宏观断口三要素。

在金属光滑圆棒试样室温拉伸或冲击断口上，通常可分为三个宏观特征区，即如图 3-1（c）所示的纤维区、放射区和剪切唇区。这就是所谓的断口宏观特征三要素。

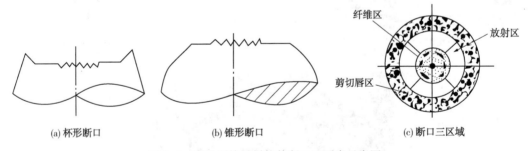

(a) 杯形断口　　　　　　(b) 锥形断口　　　　　　(c) 断口三区域

图 3-1　光滑圆棒试样拉伸断口三要素示意图

纤维区　该区一般位于断口的中央，是材料处于平面应变状态下发生的断裂，呈粗糙的纤维状，属正断型断裂。纤维区的宏观平面与拉伸应力轴相垂直，断裂在该区形核。

放射区　该区紧接纤维区，是裂纹由缓慢扩展转化为快速的不稳定扩展的标志，其特征是放射线花样。放射线发散的方向为裂纹扩展方向。放射条纹的粗细取决于材料的性能、微观结构及试验温度等。

剪切唇区　剪切唇区出现在断裂过程的最后阶段，表面较光滑，与拉伸应力轴的交角约45°，属切断型断裂。它是在平面应力状态下发生的快速不稳定扩展。在一般情况下，剪切唇大小是应力状态及材料性能的函数。

对于带缺口的圆形拉伸试样，断口三要素的分布与光滑圆棒试样不同。试样中心部分，基本上是放射区；纤维状区在试样周围形成环状；裂源在缺口底部萌生，裂纹扩展方向刚好与光滑试样相反，从周围开始向中心扩展。这类断口基本上无剪切唇区，见图3-2。

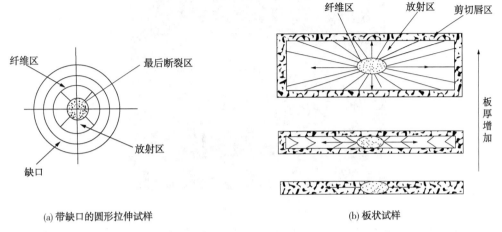

(a) 带缺口的圆形拉伸试样　　　　　　　　　(b) 板状试样

图 3-2　常缺口的圆形拉伸试样与板状试样断口三要素

断口三要素在失效分析中的应用：

① 裂源位置的确定　通常情况下，裂源位于纤维状区的中心部位，因此找到了纤维区的位置就能确定裂源的位置。另一方法是利用放射区的形貌特征，在一般条件下，放射条纹收敛处为裂源位置。

② 裂纹扩展方向的确定　在断口三要素中，放射条纹指向裂纹扩展方向。通常裂纹的扩展方向是由纤维区指向剪切唇区方向。如果是板材零件，断口上放射区的宏观特征为人字条纹，其反方向为裂纹的扩展方向。

③ 断口上有两种或三种要素区时，剪切唇区是最后断裂区。

3.1.2　断裂机理

所谓材料断裂的机理，即指"Mechanism"一词，也可称为"机制"。通常可以称得上独立断裂机理或机制的是微孔聚集(对应于宏观上的韧断)、解理断裂(对应于宏观上的脆断)、疲劳断裂、蠕变断裂等四种。也有混合机制的断裂，如准解理断裂，是解理与微孔聚集两种断裂机制的混合，称混合型的断裂机理，宏观上接近于脆断。由于后面单独讲解疲劳和蠕变断裂，因此这里主要讲述微孔聚集和解理断裂两种机制。

（1）微孔聚集型断裂

微孔聚集型断裂是由于内部材料的分离形成空洞，然后联合而发展成断口面，如图3-3所示。值得注意的是，一旦空洞形成，相联接的材料继续因滑移而变形，空洞就长大直到开始联接，此断裂机理发展成在每侧断口表面上含有海峡形的断口形貌，这样的断口表面称作

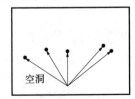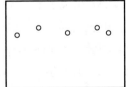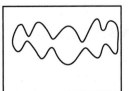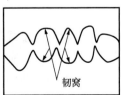

图 3-3　微孔聚集断裂过程示意图

韧窝面，如图3-4所示。

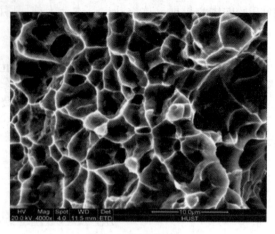

图3-4 韧窝状断口

绝大多数合金的空洞在第二相颗粒处形成，如图3-5所示。通过观察塑性变形早期的试样显微组织，可以发现空洞萌生的原因可能是第二相颗粒与基体交界面结合力较弱，或者是颗粒在变形过程发生断裂，有些颗粒位于所匹配的断口表面的韧窝中，或者当分离时颗粒脱落，导致断口显微组织中有些韧窝是空的。如图3-6所示，可以明显看到韧窝中存在的第二相颗粒。

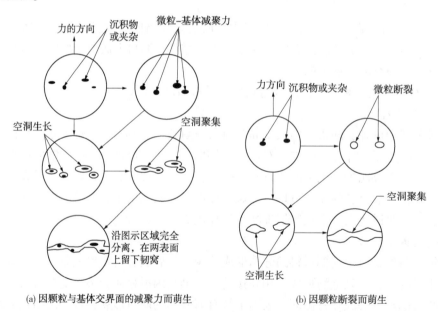

(a) 因颗粒与基体交界面的减聚力而萌生   (b) 因颗粒断裂而萌生

图3-5 第二相颗粒韧窝产生示意图

韧窝形状取决于载荷条件，如图3-7所示。由垂直于断口总平面的正应力所产生的空洞聚集，其形成的韧窝是等轴的。剪切的或撕裂的载荷会形成延伸的韧窝，在剪切的情况下，两表面上的延伸韧窝呈相反的方向。在空洞聚集所致的扭转失效中，其韧窝形式与剪切所形成的韧窝形式相似，但是在足够低的放大倍数下检查此表面会显示转动状或圆形，它说明扭转的方向。

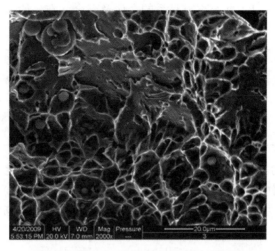

图 3-6　第二相颗粒引发空洞的显微结构

韧窝的尺寸与形状直接与第二相颗粒的尺寸、形状与分布有关，在较大的空洞中有较大的颗粒。通常对于同一种材料，当断裂条件相同时，韧窝尺寸越大，则表明材料的塑性越好。

通常来说宏观尺寸变化较大的韧性断裂，从微观上看其断裂模式是空洞聚集。然而，空洞聚集也能引发宏观尺寸变化很小的脆性断裂，其韧窝相当扁平。高强度材料断口上分布有细小的颗粒是脆性断口扁平韧窝的一个很好的例证。

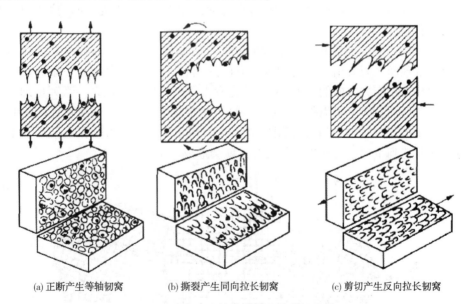

(a) 正断产生等轴韧窝　　　(b) 撕裂产生同向拉长韧窝　　　(c) 剪切产生反向拉长韧窝

图 3-7　断口上韧窝形状与受力的关系

（2）解理断裂

解理断裂是金属在正应力作用下，由于原子结合键的破坏而造成的沿一定的晶体学平面（即解理面）快速分离的过程。解理断裂是脆性断裂的一种机理，属于脆性断裂，但并不是脆断的同义语，有时解理可以伴有一定的微观塑性变形。解理面一般是表面能量最小的晶面。常见的解理面见表3-1。面心立方晶系的金属及合金，在一般情况下不发生解理断裂。

表3-1　常见的解理面

金属	晶系	解理面	金属	晶系	解理面
α-Fe	体心立方	{100}	Ti	密排六方	{0001}
W	体心立方	{100}	Te	六　方	{1010}
Mg	密排六方	{0001}	Bi	菱　形	{111}
Zn	密排六方	{0001}	Sb	菱　形	{111}

铁素体(α-铁)钢的晶胞为体心立方的结构，解理时易沿表面能量最小晶面——疏面发生解理，如图3-8(b)中的{100}晶面，称为主解理面，而图3-8(a)中的{110}晶面为次解理面。由于解理是沿某一结晶面断裂的，因此解理必然是一种穿晶断裂。

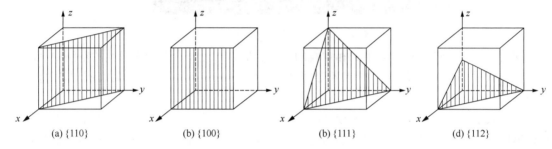

(a) {110}　　　　　(b) {100}　　　　　(c) {111}　　　　　(d) {112}

图3-8　立方晶胞的几种晶面指数图示

面心立方结构的晶体(如奥氏体不锈钢)在任何温度下(包括深度冷冻的温度下)都不会发生解理型的脆断。

如图3-9所示，这三个晶粒内的解理面并非一裂到底，在每个晶粒内的解理面有许许多多，各相邻解理面之间会出现与之相垂直方向的"台阶"，这样裂纹从一端进入某一晶粒后，在承受到最大正应力方向的{100}晶面首先发生解理，同时会出现一系列解理台阶，最终形成的曲折解理面总体上可以保持与拉应力(外加应力)相垂直。形成解理台阶的原因有许多，例如裂纹扩展中碰到了晶格缺陷，而图3-10所示的是当裂纹从某一解理面由右上方向左下方扩展时遇到了原已存在螺旋位错时，就会形成一个台阶。

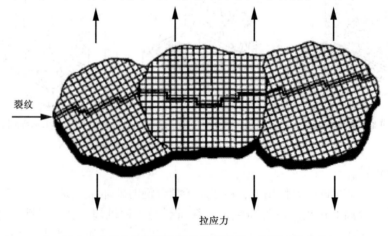

裂纹

拉应力

图3-9　多晶体解理断裂的解理路径、解理面和台阶

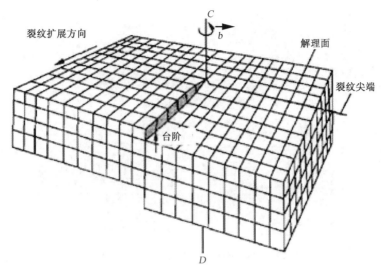

图 3-10　螺旋位错形成的解理台阶

① 解理断裂的宏观形貌特征

解理断裂区通常呈典型的脆性状态，不产生宏观塑性变形。小刻面是解理断裂断口上明显的宏观特征。

解理断口上的"小刻面"即为结晶面，呈无规则取向。当断口在强光下转动时，可见到闪闪发光的特征。图 3-11 为解理断口上见到的小刻面特征。在多晶体中，由于每个晶粒的取向不同，尽管宏观断口表面与最大拉伸应力方向垂直，但在微观上，每个解理"小刻面"并不都是与拉应力方向垂直。实际上解理"小刻面"内部，断裂也很少沿着单一的晶面发生解理。在多数情况下，裂纹要跨越若干个相互平行的位于不同高度上的解理面。如果裂纹沿着两个平行的解理面发展，则在二者交界处形成台阶。

图 3-11　解理断口上的小刻面

解理断口另一宏观特征是具有放射状条纹或人字条纹，如图 3-12 所示。放射条纹的收敛处和人字条纹的尖端为裂纹源。

② 解理断裂的微观形貌特征

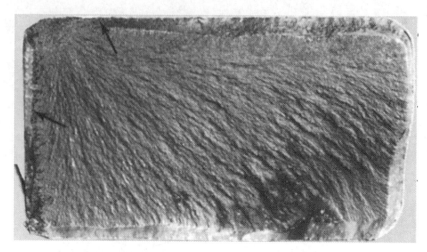

图 3-12　4330 钢疲劳断裂后断口上人字形条纹

在实际使用的金属材料中晶体取向是无序的，解理裂缝沿不同取向，解理面扩展过程中裂缝会相交成具有不同特征的花样，其中最突出最常见的特征是河流花样、舌状花样、扇形花样、鱼骨花样和羽毛花样等。

河流花样　由于实际晶体内部存在着许多缺陷（如位错、析出物、夹杂物等），所以在一个晶粒内的解理并不是只沿着一个晶面，而是沿着一族具有相同的晶面指数，相互平行但位于不同高度的晶面解理。这样，不同高度的解理面之间的裂纹相互贯通便形成解理台阶，许多的解理台阶相互汇合形成河流花样。所以河流花样实际上是断裂面上的微小解理台阶在图像上的表现，河流条纹就是相当于各个解理平面的交割。河流条纹的流向也是裂纹扩展的方向，河流的上游（即河流分叉方向）是裂纹源。图 3-13（a）为河流形成并变粗的示意图，图 3-13（b）则为河流状花样的断口扫描电镜照片，其中河流汇合方向（图中箭头方向）为裂纹的扩展方向。

舌状花样　脆性解理断裂的电子微观断口形貌的另一个特征是出现舌状花样（图 3-14）。它所以称为"舌"，是因其电子金相形态如"舌"的缘故。当材料的脆性大、温度低，临界变

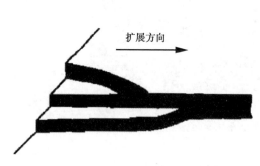

扩展方向

(a) 河流状花样形式示意图

33 μm

(b) 河流状花样断口照片

图 3-13　河流花样

形困难，晶体变形以形变孪晶方式进行。体心立方金属的解理舌状花样形成示意如图3-14(a)所示。当沿主解理面{100}扩展的裂纹A扩展到B，在B处与孪晶面{112}相遇时，裂纹在孪晶面{112}发生次级解理而改变方向，使裂纹从主解理面局部地转移到形变孪晶的晶面上，即扩展到C处，然后沿CD断开，与此同时，主裂纹也从孪晶两侧越过孪晶面而沿DE继续扩展，于是形成解理舌状花样。图3-14(b)、(c)为舌状花样解理断口的扫描电镜照片。

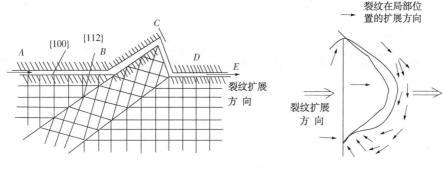

(a) 形成示意

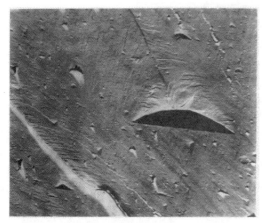

(b) 凸起的舌状花样

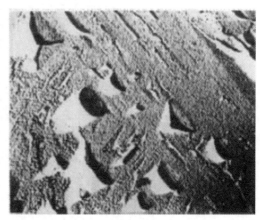

(c) 凹陷的舌状花样

图3-14　解理舌状花样

其他花样　另外还有扇形花样(图3-15)、鱼骨状花样(图3-16)、羽毛花样(图3-17)。

③ 影响解理断裂的因素

影响解理断裂的因素主要有环境温度、介质、加载速度、材料的晶体结构、显微组织、应力大小与状态等。环境温度直接影响解理裂纹扩展时所吸收能量的大小。随着温度的降低，解理裂纹扩展时所吸收的能量减小，更容易导致解理断裂。加载速率不同，不仅影响解理裂纹扩展应力的大小，还影响材料应变硬化指数。通常情况下所遇到的解理断裂，大多数都是体心立方和密排六方晶体材料，而面心立方晶体材料只有在特定的条件下才发生解理断裂。

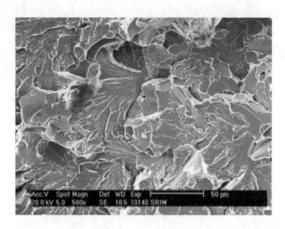

图 3-15 扇形花样

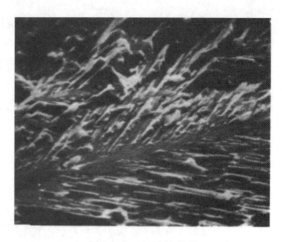

图 3-16 鱼骨状花样

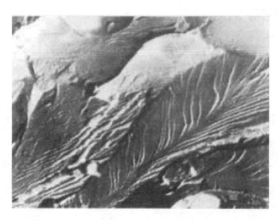

图 3-17 羽毛花样

（3）准解理断裂

在韧性断裂时的断口中常见到属于断口三要素之一的放射纹和人字纹，这部分断口的电子显微镜中形貌特征称之为准解理花样。

准解理（Quasi-Cleavage）是一种看似像解理但也不是完全解理的断口。解理断裂是严格按晶格中的较疏的晶面发生断裂的，准解理则不是严格按结晶学上的晶面断裂的。准解理不是一种独立的断裂机制，是介于解理和空洞聚合之间的一种过渡的断裂形式。准解理的形成过程如图 3-18 所示。首先在不同部位，如回火钢的第二相粒子处，同时产生许多解理裂纹核，然后按解理方式扩展成解理小刻面，最后以塑性方式撕裂，与相邻的解理小刻面相连，形成撕裂棱。

准解理断口宏观形貌比较平整，基本上无宏观塑性变形或宏观塑性变形较小，呈脆性特征。其微观形貌有河流花样、舌状花样及韧窝与撕裂棱等。电镜中典型的准解理断口形貌如图 3-19 所示。

其中，图 3-19(a)中心部位为由夹杂物或第二相引起的裂源，裂纹由中心向四周扩展；其余部位为另一些准解理区。图 3-19(b)母材为 45 钢，焊条为 H08，断口上韧窝与撕裂棱共存，还有少量羽毛解理花样，是准解理型的花样；这是水下湿法焊接焊缝断裂的典型断口

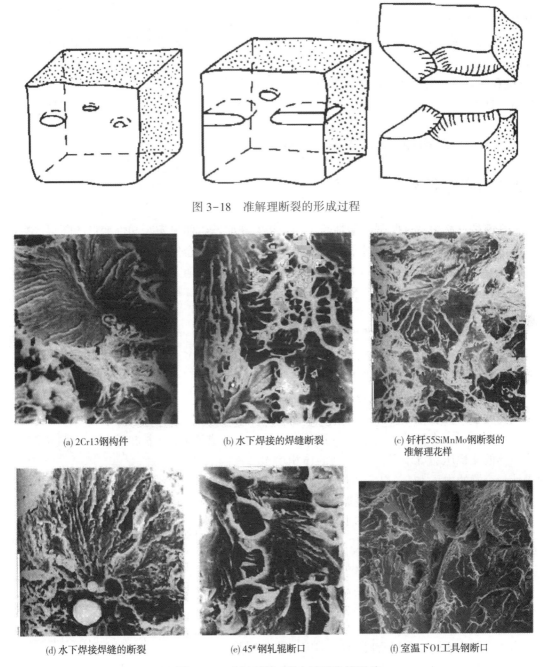

图 3-18　准解理断裂的形成过程

(a) 2Cr13钢构件

(b) 水下焊接的焊缝断裂

(c) 钎杆55SiMnMo钢断裂的准解理花样

(d) 水下焊接焊缝的断裂

(e) 45#钢轧辊断口

(f) 室温下O1工具钢断口

图 3-19　准解理断口的电子显微镜形貌

形貌。图 3-19(c)有少量河流花样、较多撕裂棱线、大小窝坑。图 3-19(d)夹杂物成为准解理断裂的起源，存在大量的韧性撕裂棱、少量韧窝。图 3-19(e)准解理特征的河流花样、撕裂脊线、窝坑均存在。图 3-19(f)表现准解理特征，有撕裂棱和沟槽。

总的来说，准解理断口在电镜中的形貌有如下几个特征：

① 准解理往往起源于晶粒内的第二相质点界面或空洞，而不像解理那样起源于晶界。准解理可以由多个解理核心向四周扩展。

② 有大小不等的平坦小面，类似解理面，但位向不同于解理时解理面一定沿某一固定的结晶学平面，而是可以沿多个结晶平面或非结晶平面断开。

③ 有的呈现由解理台阶所形成的河流花样，但一般准解理的河流花样显得粗、短、弯曲。

④ 有撕裂棱，这是多源的显微裂源（如多个微裂缝或韧窝）在快速扩展时相连发生剧烈的微观塑性变形引起的结果，即相邻小平面合并时隆起的边缘，这就是撕裂棱，或称撕裂岭（脊）。

⑤ 有时会出现少量的韧窝，如图 3-19(b) ~ (e)所示。

3.2 韧性断裂

韧性断裂又称为延性断裂、塑性断裂，是指断裂前发生明显宏观塑性变形的断裂。当韧性较好的材料所承受的载荷超过了该材料的强度极限时，就会发生韧性断裂。韧性断裂是一个比较缓慢的过程，在断裂过程中需要不断地消耗能量，伴随着大量的塑性变形。与脆性断裂不同，几乎所有晶体结构的合金在合适的条件下都会发生韧性断裂，如大部分工程合金的过载断裂就是韧性断裂。

由于断裂前有明显的宏观塑性变形，只要对构件进行例行的检查，在失效前人们就能够察觉到，因此韧性断裂在工程上的危害性比脆性断裂要小得多。另外，韧性断裂的机制比脆性断裂要复杂得多，因此研究进展比较缓慢。

3.2.1 过程设备的超压变形

结构完整的压力容器与管道，只有在超压的情况下才会引起明显的塑性变形并最终发生爆破。用类似于压力试验的方法，一面用加压泵将水（或油）压入被试容器，计量进液量，扣除液体的体积压缩量便可得到容器的体积增量 ΔV，同步计量容器的内压力 p。以 p 为纵坐标，ΔV 为横坐标，可以绘制成容器从升压到最后爆破的完整曲线，即为爆破曲线，图 3-20 为典型的压力容器爆破曲线。爆破曲线一般可划分为以下几个特征阶段：

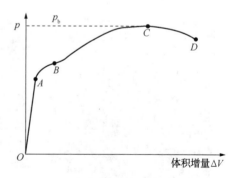

图 3-20 压力容器的爆破曲线

第一阶段为弹性变形阶段(OA)。此阶段压力与进液量（即体积增量）成正比，一旦在中途任何点卸载，p-ΔV 线便沿 $A \rightarrow O$ 线性回复到 O，容器不留下塑性的残余变形。

第二阶段为弹塑性变形阶段(AB)。从 A 点开始曲线逐步偏离线性。由于容器应力分布的复杂性，一些应力较大的区域首先进入材料的屈服状态。随着内压的增大，局部地方的屈服程度加大，而未屈服地方的应力也在提高。局部区域先进入塑性状态，然后薄膜应力作用区的应力也逐渐随压力提高而进入塑性屈服状态。所以 AB 段是一个较为复杂的弹塑性状态区，客观上是存在一个刚开始出现局部屈服的 A 点，直至容器基本上整体都进入屈服的 B 点，但 B 点是一个很难确定的点，要从爆破曲线上判定容器整体进入屈服的压力 p_s 是困难的。

第三阶段是容器大变形强化阶段(BC)。容器整体屈服后，随着压力和应力的不断增大，塑性变形也不断增大，材料处于屈服后不断强化的状态，而容器直径明显增大，呈现鼓胀变形越来越明显的状况。体积增大逐渐加快而压力上升逐渐减慢是本阶段的特点，但压力仍是上升的。

最高压力点(C)处，由于容积增大，容器的壁厚已明显减薄。在C点出现了这样的情况，即材料经塑性变形得到不断的强化而使容器的承压能力上升的效应，已经与壁厚减薄而承载能力下降的效应达到持平的状态，便出现了一种暂时的平衡状态。C点对应的压力是容器所能承受的最高压力，达到C点时再继续进液，此时材料强化效应与体积增大导致壁厚减薄而使承载能力下降的效应相平衡，因此C点所指示的压力被称之为爆破压力p_b。

第四阶段是容器的爆破阶段(CD)。继C点之后再用加压泵强制注入液体，尽管可以使容器的体积不断增大，然而压力却不断下降。这主要是容器的不断变形减薄所造成的，虽然容器材料的"真应力"在增加，材料即使仍具有应变强化能力，但补偿不了因壁厚减薄所造成的承受能力(即压力)降低。这一阶段的主要特征是鼓胀更明显，壁厚更薄，随着进液量的增大其压力不增反降。达到D点时材料的塑性变形能力消耗殆尽，而应力也达到了以真应力表达的真正抗拉强度，此时容器的局部会出现显微的断裂(微孔)，微孔不断长大，不断增多，相互连接而形成微裂纹。随后在这一部位随着微裂纹的不断扩展而出现局部鼓凸，继续增大补液，鼓凸处的微裂纹扩展为宏观裂纹(实际上是宏观断口)，最终在局部鼓凸处发生爆破。D点所代表的压力不能视为爆破压力，而D点所代表的体积增量却非常有代表性，它所表征的是容器的最大变形能力。

由韧性金属材料制成的压力容器，当承受过大的压力载荷后，经过非常明显的塑性变形并鼓胀之后而发生爆破，与其说是因为材料的应力达到材料的抗拉强度而断裂导致爆炸，还不如说是材料的塑性应变量达到材料的拉伸应变极限值而断裂，后者说法更符合实际情况，更贴切韧性材料的断裂本质。但要在全塑性状态下求导出压力与变形关系更为困难。

3.2.2　韧性断裂的宏观特征

韧性断裂的特点就在于金属撕裂时伴有明显的完全塑性变形并消耗大量的能量。以压力容器为例，容器在内压的超载作用下会发生鼓胀变形，超载的内压继续加大就会最终引起爆破。韧性爆破失效的容器不可避免地会先经过鼓胀。鼓胀是容器发生明显塑性变形最重要的标志。容器的塑性变形体现在以下几个方面：(1)直径明显鼓胀；(2)周长明显增大；(3)壁厚明显减薄；(4)容积明显增大。

由于压力容器所使用的材料有非常好的塑性(延展性)和韧性，超压爆破时一般是在筒体充分鼓胀之后裂开一条长的裂缝，破裂后便瞬间泄漏而卸压。爆破后裂缝情况如图3-21所示。因为压力容器的总体强度是由一次总体薄膜应力所控制的，这个薄膜应力的大小直接与容器内压的增大和壁厚的减薄相关。由于薄壁容器的周向应力是最大的，所以爆破时的裂缝正常情况下总是沿某一母线方向爆裂，而形成沿轴向的裂口。爆破口有时也会分叉，如图3-22所示。当中央的爆破口爆裂之后，内部积蓄的能量在释放过程中产生长长的撕裂口，当撕裂到接近封头的地方受到封头刚性较好的约束作用有时会发生撕裂口的分叉。爆破能量大(如内含部分气相、或存在液化气等)，则分叉的可能性就大。或者材料的性能略脆，韧性不够理想时也会在封头处发生分叉。

 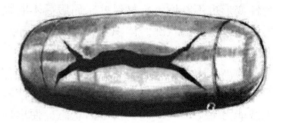

图 3-21　典型的爆破试验后容器破裂情况　　　　图 3-22　钢制容器爆破口的分叉情况

另一个宏观特征是韧性爆破一般不会产生碎片。韧性爆破容器虽然爆破时的塑性变形量都很大，但爆破时均未产生碎片飞出，当然对周围环境的危害就很少。

从断口角度分析，韧性爆破后的断口宏观形貌存在断口三要素。宏观断口的三要素具有普遍的形貌特点，实际工况和金属材料的韧性断口往往变化较多。因此除了同时具备三要素的典型断口之外，还有其他多种类型的断口，例如：完全为剪切唇（全剪切）的断口、纤维区+剪切唇的断口、放射纹+剪切唇的断口等。

3.2.3　韧性断裂的微观特征

1）纤维区形貌微观特征

在电镜中对纤维区的形貌观察时最显著的特征是可以看到韧窝花样。在本章第一小节断口微观形貌中已介绍过韧窝花样的特征。正常情况下，如果容器的爆破发生在筒体上或凸形封头中央部位时，其纤维区的韧窝一般均为等轴韧窝，如图 3-23 所示。如果筒体局部突起鼓胀严重，爆破时断口上的纤维有可能因鼓胀弯曲出现除一次总体薄膜应力之外的弯曲应力，因而也有可能出现撕裂型的拉长韧窝。当纤维区在断裂和裂纹扩展过程中剪应力发挥了较大作用时，则会出现剪切型的拉长韧窝。

容器及管道材料的塑性愈好，韧窝就会显得愈大并且也愈深。反之材料的塑性偏低时，断口纤维区的韧窝尺度就会显著减小并且很浅。钢材的纯净度愈高，纤维区的细观韧窝坑底出现夹杂物颗粒的数量就愈少，同时夹杂物颗粒的尺寸也越小。

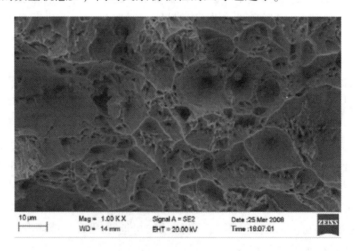

图 3-23　纤维区的等轴韧窝

2）剪切唇区形貌微观特征

剪切唇总是在断口撕裂到构件(如板材)的边缘区域，这一区域的应力状态非常接近于平面应力状态(只有二向应力，不存在第三向应力和第三向变形约束)时，剩余材料会在剪切应力的作用下最后被剪断。这里所形成的剪切断口在宏观上是与表面呈45°左右交角斜断口，而在电镜中放大观察时，则是拉长了的韧窝，被证明是撕裂型的韧窝。拉长韧窝的典型形貌见图3-24。在扫描电镜中拉长韧窝呈现为抛物线形，而在透射电镜中韧窝被拉长的感觉更明显。

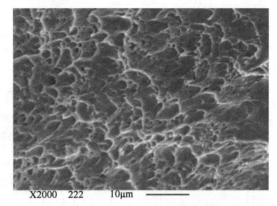

X2000　222　10μm

图3-24　韧性断口上常见的拉长韧窝花样

压力容器爆破时断口剪切唇的宽窄既取决于材料的塑性也取决于撕裂剪断的速度。若塑性愈好，剪切撕裂得愈慢，则剪切唇的宽度愈宽；当塑性差或爆炸能量大导致撕裂速度极快时，则剪切唇会愈窄。

3.2.4　韧性断裂的原因

钢制容器的材料质量是由容器用钢的标准所控制的，基本上都能满足容器用钢的成分、强度、塑性和韧性的最低要求，同时又能满足对焊接性能的要求。现代的强度设计技术基本上能保证容器有足够的强度安全裕量，一般不会发生设计错误。导致化工容器塑性过度变形及韧性失效的原因可分为以下几类：

（1）腐蚀减薄

当容器及管道的内壁被腐蚀性介质腐蚀减薄，设计中给出的腐蚀裕量已被用完时，容器仍有近3倍的强度安全裕量。但继续腐蚀减薄时，容器的安全储备就在不断减少，容器的应力仍在不断增加。当腐蚀减薄已经十分严重，减薄到应力超过屈服强度时，出现大范围的过度变形而鼓胀，再腐蚀下去就会出现韧性的爆破失效事故。

（2）超载

压力容器最直接的载荷是压力载荷。容器运行时不可避免地会发生压力波动，在设计时一般会按可能达到的最大压力作为设计压力，如果没有严重的腐蚀，也没有严重的缺陷(即容器的结构完整性良好)，即使压力波动甚至有明显超载，容器中的一次总体薄膜应力离材料的屈服强度尚远，总体上仍处于弹性状态范围之内，不会造成容器过度变形，更不会引起韧性爆破。

（3）超温

这里的超温是指实际运行中容器的操作温度明显超出设计温度时会导致材料的强度明显下降。即使容器部件的应力不发生变化，也会接近甚至超过温度上升后的材料屈服强度，这将使结构的某一区域或整体上发生明显的过度变形，严重时导致爆破。若实际的超温程度过高，使壁温已达到转变成为奥氏体相区的温度，此时不仅组织发生变化，晶粒还会长大，高温下的屈服强度与抗拉强度急速下降，更容易产生爆破。

（4）结垢与结焦

高温设备的结垢与结焦会大大增加热阻，使金属温度升高，导致材料强度下降，在运行过程中极易造成韧性破裂或材料老化，最终导致材料的韧性失效。因结焦而发生的韧性断裂案例见6.1节。

3.2.5 韧性断裂的预防措施

从以上失效原因分析，预防设备的韧性失效应该从防止超载、防止壁厚腐蚀减薄和防止超温3个方面着手。只要预先选材、设计、制造、检验各个环节都能确保质量，并且在投用后运行的全过程中注意"三防"，将会杜绝韧性失效事故的发生。

（1）防止超载或超装

防止压力载荷的超载是预防发生韧性失效的根本措施。在实际生产中承压设备压力的超载往往由以下具体原因导致：违反操作规程、错误操作导致超压；仪表控制系统故障导致超压；超压泄放装置（如安全阀、爆破片）选用不当，或锈蚀导致安全阀不能开启；液化气储存容器严重超装或保温不当。防止超压引起严重后果的安全保障措施是加装合适的安全泄放装置，如安全阀或爆破片。曾经用故障树的方法对承压设备系统做过分析，其结论是，装设安全阀是确保系统不会出现超压导致事故的最重要措施，是防止出现安全事故权重最大的安全措施。

（2）防止壁厚减薄

壁厚的减薄通常是由介质的腐蚀所引起的。设计时选材不当或防腐蚀设计的措施不当可能是重要原因。因此应当在设计时对腐蚀充分考虑。

另一方面，应当做好定期测厚。对全面腐蚀的情况进行测厚的厚度监测，是防止发生应力过大而出现过度变形及韧性爆破的重要措施。而对一些局部腐蚀较为突出的设备（如主要腐蚀形式是点腐蚀、缝隙腐蚀、晶间腐蚀等的设备），则要靠在定期检验时进入设备内部或在外部去除保温层进行表面检查，也可以测量局部腐蚀的深度，或用超声法在反面进行局部测厚。

（3）防止超温

对于过程设备而言，不同设备的预防措施有所不同。例如，炉管的超温无法用炉管管壁的温度传感器直接获得信息，因此应从加热炉介质出口温度过低首先获得结焦或结垢的判断而采取停炉烧焦或清垢措施。反应器内要防止超温则要靠在反应器内部适当布置测温点来获得超温信息，然后通过控制参与反应物料的流量或冷却介质流量，便可有效防止超温。

3.3 脆性断裂

脆性断裂是指材料在未经明显的变形而发生的断裂，典型的宏观断口形貌如图3-25所示。脆性断裂一般发生在高强度或低延展性、低韧性的金属和合金上。但是，在低温、厚截面、高应变率、有缺陷等情况下，即使金属有较好的延展性，也会发生脆性断裂。

3.3.1 脆性断裂的原因

脆性断裂首先涉及材料本身的脆性，当材料为脆性材料时当然会造成结构的脆断。金属

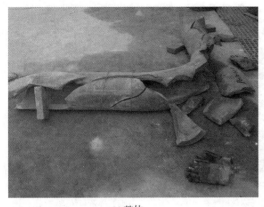
(a) 整体

(b) 局部

图 3-25 20G 高压管道脆性断裂的宏观断口

在加工使用过程中，引起金属变脆的原因有很多，例如：石墨化、珠光体球化、回火脆化、蠕变脆化、碳化物析出脆化、金属间化合物析出脆化、金属尘化、高温渗炭化等。另外，除了材料的脆性会引起金属材料的脆性断裂，当金属结构内存在严重的缺陷，缺陷破坏了材料的宏观连续性，使得结构在低载荷（正常载荷）下发生"低应力脆断"。从引起材料的脆断原因来说，在不考虑载荷应力和环境因素的情况下，主要可以分为"材料脆性"和"宏观缺陷"两大类。

1）材料脆性引起的脆断

材料的脆性表现实际上可分为原本就被公认的脆性材料和在加工过程中出现脆化、低温脆化或在高温影响下逐渐脆化的两种情况。工程上通常把延伸率大于 5% 的材料称为塑性材料，如钢、铜和铝合金等；把延伸率小于 5% 的材料称为脆性材料，如铸铁、陶瓷和石材等。将原本不属于脆性材料但在加工中引起脆化或在长期高温使用中逐步脆化而引起的脆断归结为"材料脆化"。

（1）脆性材料引起的脆断

灰口铸铁是公认的脆性材料，含碳量（质量分数）2.11%~4%。含碳较低的灰口铸铁除大量片状（明显呈弯曲状）石墨之外的基体属于铁素体，含碳量偏高时除石墨片之外的基体珠光体偏多或全为珠光体。由于灰口铸铁的脆硬程度不如白口铸铁，因此有特殊要求时还是允许采用灰口铸铁制造承压设备的。在工业上灰口铸铁多用于造纸烘缸和低压阀门的阀体。

铁素体灰口铸铁的金相组织如图 3-26（a）所示，其抗拉强度、抗弯强度和硬度都是灰口铸铁中最低的，适合于低负荷和不重要的零件制造。铁素体+珠光体灰口铸铁的强度和硬度有所提高，其金相组织如图 3-26（b）所示，可用于承受中等负荷的零件，也可制造阀体或压缩机阀盖。珠光体灰口铸铁强度是灰口铸铁中强度和硬度较高的，金相组织如图 3-26（c）所示，可以承受较大应力，可用来制造较重要零部件，如汽缸、烘缸、油缸、齿轮、机座、活塞、床身、齿轮箱体等。

不论是哪一种灰口铸铁或变质铸铁，都由于存在片状石墨，总是改变不了脆性，即不具备塑性变形的能力，最终的断裂仍然是脆性断裂。某化肥厂氮氢压缩机阀盖发生粉碎性断

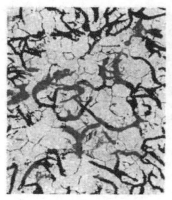
(a) 铁素体灰口铸铁

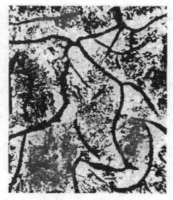
(b) 铁素体+珠光体灰口铸铁

(c) 珠光体灰口铸铁

图 3-26　灰口铸铁的三类基本显微组织

裂，即为典型的脆性断裂形貌，如图 3-27 所示。阀盖材料为灰口铸铁，金相组织为珠光体+少量铁素体，如图 3-28 所示。

图 3-27　压缩机阀盖断裂后复原形貌

图 3-28　阀盖铸铁金相组织为铁素体+珠光体

（2）低温韧脆转变引起的脆断

金属材料(特别是低强度结构钢)的韧性随温度降低而降低，由韧性断裂向脆性断裂转变，称为韧脆转变，相应的特征转变点的温度称为韧脆转变温度。通常应用缺口冲击试样测量金属材料的韧脆转变温度，典型的冲击试样的韧脆转变曲线如图 3-29 所示。

当温度较高时，冲击吸收功随温度缓慢变化，称为上平台区；当温度降低至某一很窄的温度范围内，冲击吸收功随温度降低而剧烈降低；当温度进一步降低时，冲击吸收功又随温度缓慢变化，称为下平台区。一般情况下不允许设备的运行温度在材料的韧脆转变区以下。所以，低温用钢的关键技术要求是在某一低温的温度区间能够具有足够的韧性值，即低温用钢的韧脆转变温度要比设备的设计低温要低得多，保证有足够的安全裕度。

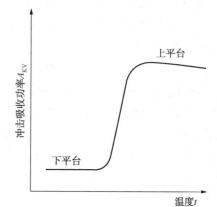

图 3-29　铁素体类钢的韧脆转变曲线

铁素体组织类的压力容器用钢属于体心立方的晶胞结构，存在冷脆问题。面心立方结晶结构的奥氏体钢(如奥氏体不锈钢)，不存在冷脆问题，应用到 $-196℃$ 时都有很好的韧性。但奥氏体钢的合金元素用得多会使价格大幅提升，所以工程上仍倾向于使用合金含量不高的铁素体类低温钢(例如增加韧化元素 Ni，得到 5% Ni 钢和 9% Ni 钢)，同时还可添加少量的细化晶粒元素 Nb，以使冶炼时能迅速形成分散而细小的 NbC 颗粒，在结晶时先发展成为合金，从而诱导出细小的晶粒，细晶粒钢要比粗晶粒钢的韧性好得多。这样的思路使得世界上形成了很多牌号的低温钢，根据它们的韧脆转变温度所降低的程度，分别作为不同低温级别的低温钢，但是这样做不是无限制的，在 $-90℃$ 以下低温时只能采用奥氏体不锈钢。

(3) 加工致脆引起的脆断

许多机械部件是通过铸、锻、焊等热加工或冷加工成型的。由于在加工过程中要经受不同的加热、冷却循环及变形过程，当加工形状满足要求时其内部的应力状态不一定最佳，甚至变形又使组织状态变差，很多情况都引起材料脆化，使得材料易发生脆断失效。

铸件的组织不仅晶粒较大，且以柱状晶为主。晶粒的粗大程度主要与冷却速度有关，快冷时晶粒较细，慢冷则会使柱状晶粗大。另外，在晶粒长成的冷却过程中若收缩变形受阻程度较大，使得铸件的热应力较大，将导致铸件的内应力较大。铸造过程中这些因素的影响使得铸件容易发生脆断。

锻件同样会发生脆性断裂。锻造时，在温度低于终锻温度的情况下再继续强烈锻压，会迫使材料塑性在已经明显下降的情况下再继续产生塑性变形，便可能造成内部或表面开裂。锻件的毛坯是铸件，如果没有足够的锻造比，则不足以改变铸件的粗晶组织，提高不了材料的强度、塑性和韧性，会较多地将铸件的脆性保留下来。锻件在铸造成型后应尽快采取退火工艺以消除残余应力，而且应选用较高的退火温度和足够的恒温时间。若在退火时所选的退火温度不足、恒温时间不够，或冷却速度过快，都易造成锻件脆化。

冷加工成形是过程设备制造过程中一种较为常见的方法，主要是利用金属材料优良的塑性变形能力，但是塑性变形过程中总会引起材料晶格的扭曲、位错和滑移，这不但损失了许多塑性变形的能力，同时还会留下许多残余应力，并且材料还会发生应变强化，这些都易造成金属材料脆化。

此外，应变失效脆化也是需要注意的问题。钢的冷加工形变使金属晶格严重畸变，位错数目大量增加，材料组织处于一种不稳定的高能态，从而导致间隙原子碳、氮在 α-Fe 中的溶解度下降；在室温下经过较长时间或较短的加热时间内，间隙原子可经过较短距离扩散到位错附近受拉区以抵消拉应力产生的体积膨胀，使金属的应变能降低。其结果是造成碳、氮原子沿位错线排成一条原子线，形成所谓的 Cottrell 气团，该气团对位错具有钉扎和阻滞其移动的能力。由于金属材料的塑性变形是借助位错在晶体中的移动来实现的，所以 Cottrell 气团的存在，导致材料强度升高、塑性下降、脆性增加。

(4) 焊接接头脆化引起的脆断

由于焊接热应变作用而发生脆化的区域称为热应变脆化区。对于低碳钢、低合金高强钢和低合金低温钢，当钢中含有较高的氮时，在焊接热循环和焊接应变循环作用下，焊接接头某些区域会发生热应变脆化现象。

热应变脆化区的温度范围约在 200~600℃ 之间，250℃ 是最敏感温度，脆化的程度与温度及在该温度下的热应变量有关，热应变量越大脆化程度也越大，热应变脆化区的塑性和韧性显著下降。

因此，焊接接头区是焊接结构中的一个薄弱环节，其原因是：组织和性能存在着很大的不均匀性，产生了不利的粗大组织(粗大魏氏组织、粗大奥氏体、粗大铁素体和粗大马氏体)，析出不利的组织带和脆性相，使接头性能大大下降。

(5) 钢材高温长期运行引起的脆断

许多过程设备是在 400℃ 以上的高温下长期运行的，尽管材料的初始状态较为理想，其强度、塑性与韧性都能满足要求，但在高温下会发生一系列的金相组织变化。常温状态下的组织基本上属于碳合金元素固溶或化合的过饱和组织，只要操作运行时处于高温状态并能长期得到保持，则在高温环境下就会不断地从过饱和状态向饱和状态发展，其中的微观变化机制可以通过扩散或其他机制进行。仅在高温作用下可促使钢材发生：珠光体球化、石墨化、碳化物析出与聚集、回火脆化、金属间化合物的析出与聚集(σ 相析出)。这五种常见的高温下组织的变化是渐进的，不仅与材料化学成分及微量元素有关，也与温度和运行时间有关。除珠光体球化以外的其他几种变化主要是促使钢材脆化，所以这几种微观组织的变化都促进钢材性能的劣化，从而易引起材料发生脆性断裂事故。

这些脆化的共同倾向是原本不脆的钢材随着高温运行时间的延长而越来越脆。高温下的 Cr-Mo 钢会如此劣化，奥氏体不锈钢在 450℃ 以上晶界碳化物 $Cr_{23}C_6$ 的析出和 550℃ 以上的金属间化合物 FeCr 或 FeCrMo(σ 相)的析出，都会使奥氏体不锈钢的抗晶间腐蚀能力下降，也会使材料在受载状态下发生沿晶脆断。

炼油厂催化裂化装置中从三旋出口到透平式烟气轮机进口这一段管线常年在 700℃ 高温下运行，而大部分装置中选用比较廉价的 18-8 型奥氏体不锈钢。在使用运行不到 2 年的情况下材料出现脆化，冲击吸收功值 A_{kv} 降低到 14~17J(新材料可达 200J 以上)。金相分析发现奥氏体晶界上分布着大量的碳化物和 σ 相，晶内也有，但晶内的析出物是不连续的，而晶界上几乎是连续的，无疑将使晶界成为最薄弱的环节，易发生沿晶脆断。

上述 5 种高温长期运行后的材料脆化问题均与所受载荷无关，只与温度和时间有关。

(6) 金属氢脆引起的脆断

具有体心立方结晶结构的金属[如 α-Fe(钢)、α-Ti(工业纯钛)等]，对氢元素很敏感，易造成各种形式的氢损伤。氢损伤是指氢以原子态或离子态进入金属内部形成分子态氢后不能轻易逸出，一旦温度条件达到，就会对金属材料产生不利影响。这些由氢损伤造成的不利影响主要是氢脆和氢腐蚀。氢脆和氢腐蚀的问题在本书第 4 章有专门介绍，此处不再赘述。

2) 宏观缺陷引起的脆断

若结构中存在宏观缺陷，如焊缝中存在体积型缺陷(气孔、夹渣、弧坑)或平面型缺陷(如裂纹、未熔合、未焊透等)，则材料及结构的连续性遭到破坏，在缺陷处将引起应力集中，往往会在载荷不是很高，应力尚未达到材料的屈服强度的情况下发生断裂。这种由于缺陷而引起结构断裂多数情况下具有宏观脆断特征，即塑性变形不明显，同时总体上载荷不大，应力尚低于材料的屈服应力强度，所以从 20 世纪 50 年代以来将这种断裂失效统称为

"低应力脆断"。

导致低应力脆断的缺陷主要分为两大类：一是在设备使用前就存在的裂纹性缺陷；二是长期服役中所形成的裂纹。

设备使用前的裂纹性缺陷主要有：焊接区的裂纹(热裂纹、冷裂纹、再热裂纹)、未焊透、未熔合缺陷；锻件中的锻造裂纹；板材中的分层缺陷引起的沿厚度方向的开裂；无缝钢管内的折叠裂纹等。这些裂纹缺陷是原材料中含有的超标缺陷及制造过程中形成的缺陷，与投用后所承受的载荷无关。

长期服役中形成的缺陷主要有：疲劳裂纹——由运行中承受的交变载荷和结构的应力集中导致新出现的裂纹，疲劳裂纹包括裂纹的疲劳萌生-疲劳扩展-最终断裂三个发展阶段；介质腐蚀产生的裂纹——应力腐蚀裂纹和疲劳腐蚀裂纹两类，当腐蚀裂纹扩展到足够大而达到临界裂纹尺寸时，结构会发生断裂失效；蠕变裂纹——一般是钢材服役于高温环境下金属的晶体在晶内滑移或晶界滑移而逐渐发生蠕变变形，到足够大变形后在晶内或晶界形成空洞，空洞的不断产生与扩大-相连成片-片片相连形成裂纹-裂纹蠕变扩展-达到临界裂纹尺寸时发生断裂，即蠕变断裂。

3.3.2 脆性断裂的宏观特征

(1) 宏观变形量小

发生脆断的容器类设备，断裂处很少或没有宏观塑性变形。如图3-30所示，某石化公司燃料气管线法兰与管道连接处断裂，断口平齐，无塑性变形，此时尚未出现屈服。

图3-30 容器纵焊缝热影响区脆化引起的脆断

(2) 易产生碎片

如果做成容器的材料整体很脆，或在服役条件(高温、低温)下整体脆化时，则破断时将会出现整体上的脆断解体，当容器所受内压载荷时，则所产生的碎片将飞向四面八方，有极大的安全危害。如图3-31所示，某化肥厂20钢厚壁管道发生了粉碎性的脆性破坏，一段14m长的管子被炸成上百块碎片。

(3) 主断口平齐

发生脆性断裂的构件，主断口一般呈平齐状，且与最大拉伸应力相垂直。当材料本身脆性比较明显时，包括原本就很脆或服役过程中逐渐脆化且已经很脆时，则断口边缘不会出现剪切唇；而当构件中含有很显著的原始缺陷时，材料本身并非是脆性材料甚至有足够的韧性时，虽然发生了没有明显塑性变形的脆性断裂，断口总体也较平齐，但断口的边缘一般也有剪切唇。

图 3-31　脆性断裂后的钢管碎片

3.3.3　脆性断裂的微观特征

断口的微观形貌一般是解理特征，不同组织的解理断口具有不同的形貌：铁素体的解理断口呈河流条纹、舌状花样；珠光体的解理断口呈不连续片层状；马氏体的解理断口由许多细小的解理面组成，可观察到针状刻面。几乎所有的解理断口上均有二次裂纹。当然，如果发生沿晶开裂的脆性断裂，其断口形貌一般为冰糖状，如图 3-32 所示，该断口为奥氏体不锈钢发生应力腐蚀开裂后在扫描电镜下看到的奥氏体晶粒，呈冰糖状。

图 3-32　奥氏体不锈钢应力腐蚀开裂断口，冰糖状花样

3.3.4　脆性断裂的预防措施

常规的机械设计是考虑的常温、正常加载条件，但机械或结构的工作条件除了属于常温、正常加载之外，还有温度、加载速度的影响。例如，低温、冲击加载容易引起脆性断裂。

（1）正确选材

对含裂纹构件的低应力脆断，断裂韧度是一个衡量材料抗断裂能力可靠性的指标。表

3-2 中列出了一些工程材料断裂韧度 K_{IC} 值的大致数值。

表 3-2　工程材料的 K_{IC} 取值范围

材　　料	$K_{IC}/(MPa \cdot m^{-1/2})$	材　　料	$K_{IC}/(MPa \cdot m^{-1/2})$
纯塑性金属(Cu、Ni 等)	65~341	木材(纵向)	11~14
转子钢	192~211	木材(横向)	0.47~0.93
压力容器钢	~155	聚丙烯	~2.9
高强钢	46.5~149	聚乙烯	0.9~1.8
低碳钢	~139.5	尼龙	~2.9
钛合金(Ti_6Al_4V)	49.6~117.8	聚苯乙烯	~1.9
GFRP	18.6~55.8	聚碳酸脂	0.9~2.7
铝合金	21.7~43	有机玻璃	0.9~1.4
CFRP	31~43.4	聚酯	~0.47
中碳钢	~49.6	Si_3N_4	3.7~4.7
铸铁	6~18	SiC	~2.8
高碳工具钢	~18	MgO 陶瓷	~2.8
钢筋混凝土	9.3~15.5	Al_2O_3 陶瓷	2.8~4.7
硬质合金	12.4~15.5	钢玻璃	0.6~0.78

由表 3-2 可见，陶瓷材料及高分子材料的断裂韧性相当低，结合它们的冲击韧性数据分析，可以看出，它们是很难作为要求高断裂抗力的材料使用的；复合材料具有与有色合金相当的断裂韧性值，加之有较高的冲击韧性，可用作断裂抗力较高的结构材料；钢及钛合金是韧性最高的结构材料。

必须指出，材料的断裂韧性与冲击韧性的高低并非完全一致，某些材料具有较高的断裂韧性而冲击韧性较低。

（2）合理用材

材料的强度与韧性决定于材料的成分和组织状态，合理用材的含义就是充分发挥材料的强韧潜力。例如，在给定材料成分的情况下，可以通过强韧化处理来获得不同的强韧性组合，以适应不同零件或结构对材料强度和韧性的不同要求。对于同一钢材而言，淬火后不同温度回火，可以使强度与韧性在很大范围内变动。细化晶粒的处理，可以使钢的强度与韧性同时得到改善。临界区热处理(临界区正火或淬火)与普通热处理比较，可以在强度不降低的情况下明显提高韧性。以上提到的强韧化处理工艺在机械制造厂是不难实现的。另外，控制轧制、控制冷却、锻造余热淬火等工艺愈来愈广泛地用于冶金厂或机械制造厂，使钢材的强度与韧性同时得到提高。此外，在锻造、铸造、焊接生产过程中，应尽量提高质量，控制工艺缺陷(如焊接裂纹)。因材料加工引发的脆性断裂案例见 6.2 节。

（3）合理的结构设计

合理的结构设计(例如锻件或铸造的结构设计)可以避免某些工艺缺陷的产生或减轻这些缺陷的严重程度。其次，可将容易产生缺陷的部位布置在工件受力较小的位置，以减小裂纹位置的应力应变场。例如，起重机的吊臂是一个箱形焊接构件，承受弯曲载荷，一般不将焊缝布置在箱形构件的四条棱边，这里是受力最大的部位。比较合理的设计是把焊缝布置在吊臂的中性截面位置，即使有焊缝裂纹存在，吊臂承载后，此处的应力也不大，裂纹的危害就相对减轻了。

3.4　疲劳断裂

疲劳断裂是金属构件断裂的主要形式之一。自从 Wohler 的经典疲劳著作发表以来，人们充分地研究了不同材料在各种不同载荷和环境条件下试验时的疲劳性能，在金属构件疲劳断裂失效分析的基础上形成和发展了疲劳学科。尽管广大工程技术人员和设计人员已经注意到疲劳问题，而且已经积累了大量的实验数据，在实际工程中采用了许多有效的技术措施，但目前仍有很多设备和零件因疲劳断裂而失效，尤其是各类轴、齿轮、叶片和模具等承受交变载荷的零部件。据统计在整个机械零部件的失效总数中，疲劳失效约占 50%～90%，在近几年公开发表的各类实际零件断裂分析的研究报告中，疲劳断裂约占 80%。因此，金属构件的疲劳失效仍然是值得重点研究的问题。

3.4.1　交变载荷和应力

疲劳失效总是与载荷的交变相关联，可以认为没有交变载荷就不会有疲劳失效，交变载荷作用在材料上总会引起交变的应力。可以想象，交变应力的交变幅度愈大，材料的疲劳寿命就愈短。反之，交变应力的幅度愈小，则疲劳寿命愈长。实验研究早就证实，当交变应力幅值低到某一值时，材料几乎可以达到无穷寿命，即，此时无论多少次数的低幅值的应力交变也不会使材料发生疲劳失效。因此，这一最低的不会使材料发生疲劳破坏的应力幅度，在工程上就被定义为材料的疲劳强度极限。这个作为表征材料的疲劳强度特性值常用作机械设计中防止疲劳失效的基础数据。

（1）过程机械中常见的交变载荷

在回转类机械中最常见的交变载荷是在传递扭转力矩的同时还存在固定的垂直于回转轴的力（例如，重力、压缩机的曲轴活塞力等），这种垂直于轴的横向力当轴每回转一周即交变一次。而对于作往复运动的活塞杆来说每一个往复周期中，杆件将受一次压缩载荷（压气冲程）和一次拉伸载荷（反向压缩冲程或吸气冲程）。传动齿轮每旋转一周也至少承受一次切向推力的作用，这一推力直接作用在齿的啮合接触面上，然后传递到齿和齿轮的其他相关部位。这些交变载荷均属于机械载荷类的交变载荷。

对于承压设备来说，在压力有足够大的波动幅度时本身就构成了交变载荷。特别是间歇式操作的设备（如反应器），用干燥剂干燥物料的干燥器（干燥操作与干燥剂脱析操作必须交替进行），频繁压力波动或频繁开停车的设备，或者温度有频繁交替升降的设备。以圆筒形厚壁容器为例，当加热时外壁温度高于内壁温度，内外壁温差将导致出现壁内的温差应力，外壁温度高所需的热膨胀量大于内壁温度低所需的热膨胀量，经过内外壁热膨胀量的变形协调而导致外壁出现压缩温差应力（轴向和周向）和径向拉伸温差应力。反之，内壁温度高外壁温度低（内加热时），则内壁所需的热膨胀量大于外壁，通过内外壁之间热膨胀量的变形协调，则导致外壁出现拉伸温差应力（轴向和周向）和径向压缩温差应力。一旦操作工况由外加热改成内加热时，相应的温差应力就发生拉伸或压缩的改变，许多釜式的间歇操作的反应器在一个操作环境中往往是加好反应物料后先加热和加压，达到反应温度和反应压力后进行化学反应，而反应完成后物料的温度又需要用非直接接触的冷却水（如夹套）进行冷却，达到出料温度后则卸压和出料，有时也会用压缩空气来帮助出料。这样每个操作周期中将同时存在压力的循环和温度的循环，随之出现多种应力的交变循环。

流体诱导的激振往往是过程装备中引发交变载荷的一个重要来源。其中一类振动是卡曼涡街效应的激振；另一类是流体湍动引起的固体零部件的激振，亦称流固耦合效应中的振动。流体卡曼涡流的激振在列管式换热器中也常发生。流体（包括液体、气体或气液混合流体）在壳程横向流过时也会出现卡曼涡街效应，引起管子的振动，如果激振频率与管子的固有频率很相近也会引起共振，将加速管子的疲劳断裂。

流固耦合的影响对搅拌反应釜的桨叶、主轴以及釜体的振动有时也会起到重要作用。一些釜式搅拌反应器的搅拌桨长期使用后发生叶片断裂，甚至又引起搅拌轴的突然断裂。这些断裂了的叶片及搅拌轴掉到反应釜底，使反应釜内壁常被破坏得千疮百孔，也常使釜内防腐蚀的衬里层遭到不同程度的破坏。这些部件的破坏不是设计时的静强度不足，而是运行中旋转着的流体旋涡以其自身的质量、速度和加速度以及动量不断地冲击着桨叶，进而又传递给搅拌轴。这些作用在桨叶和搅拌轴上的力量属于交变性质的力，甚至是随机发生的。这些液固耦合的交变载荷往往是导致搅拌器发生疲劳断裂的主要原因。同样搅拌反应器内有巨大质量的流体也拥有速度和动量，会猛烈地冲击着釜壁并引起晃动，这也是液固耦合问题，最终有可能导致固体零部件（筒体）遭受疲劳失效的后果。以往的设计从未考虑到反应器内搅拌带来的流固耦合会导致动静部件振动与疲劳失效的问题，但失效的事件确实不断发生。近年来超大型的搅拌反应釜不断出现，如果不考虑这些流固耦合而引起的失效会导致非常巨大的损失。

（2）疲劳载荷谱

交变载荷中施加给结构体上最重要的是交变应力的应力幅，其定义式：

$$\sigma_a = \frac{1}{2}(\sigma_{max} - \sigma_{min}) \tag{3-1}$$

交变应力的平均应力：

$$\sigma_m = \frac{1}{2}(\sigma_{max} + \sigma_{min}) \tag{3-2}$$

交变应力的应力比：

$$R = \sigma_{min}/\sigma_{max} \tag{3-3}$$

由以上各式表示的循环交变应力特征值可以方便地知道以下规律：

对称循环的特性　　　　　$R=-1$，$\sigma_{max}=-\sigma_{min}$，$\sigma_m=0$

脉动拉伸循环特性　　$R=0$，$\sigma_{min}=0$，$\sigma_{max}=2\sigma_m$，或 $\sigma_a=\sigma_m$

波动拉压循环特性　　　　　　$0>R>-1$，$\sigma_{min}<0$

波动拉伸循环特性　　　　　　$R>0$，$\sigma_m>\sigma_{min}>0$

以上描述交变循环的变量中仅有 σ_{min} 和 σ_{max} 是独立变量，其余皆由它们计算得到。

用以上几种参量可以明确表示交变循环的特性。而波形以及在最大载荷和最小载荷下所停留的时间并非是主要因素。

图 3-33（a）与图 3-33（b）相比，即使两者的 σ_{max}、σ_{min} 及 σ_a 均相同，而两者的 R 值是不相同的，更重要的是 σ_m 越大，导致 $\sigma_{max}=\sigma_m+\sigma_a$ 更大，对疲劳损伤的影响也更大。早期的疲

劳试验主要是在对称循环的交变应力下做的，得到的 $S-N$ 曲线(循环应力幅–疲劳破坏周次)用于设计是不安全的。后来有人专门研究了平均应力的影响和修正方法(以 Goodman 为代表)。

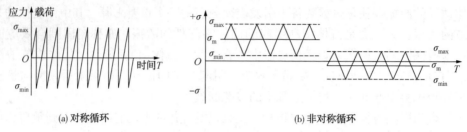

(a) 对称循环　　　　　　　　　　(b) 非对称循环

图 3-33　交变载荷(应力)的载荷谱(应力谱)

工程上实际的交变载荷是多变的，多数会碰到两种常见情况，一种是突发的过载峰或降载循环，另一种纯属完全无规则的随机性交变载荷。后一种情况在道路桥梁上特别多见，承压设备上较为少见。这两种情况的载荷谱如图 3-34 所示。

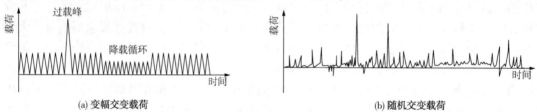

(a) 变幅交变载荷　　　　　　　　　　(b) 随机交变载荷

图 3-34　变幅交变载荷和随机交变载荷谱线

3.4.2　疲劳断裂机理

研究发现疲劳破坏有其独特的断裂机制，既不同于解理，也不同于韧断中的微孔聚合。具有良好韧性的金属材料疲劳破坏的全过程通常可分为 3 个阶段，即疲劳裂纹成核阶段、疲劳裂纹扩展阶段以及疲劳裂纹最终断裂阶段。图 3-35 表示了交变载荷 $\Delta\sigma$ 在金属板型构件中造成疲劳破坏的前两个阶段：疲劳裂纹的成核与扩展阶段。

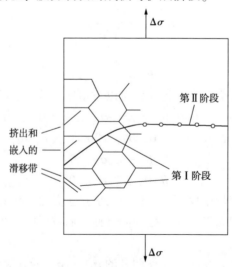

图 3-35　疲劳裂纹的成核和扩展阶段

1）疲劳裂纹的成核机制

金属的多晶结构中必有一部分晶粒的晶格排列方向处于受力不利的情况，例如一些晶面和主应力方向约成45°的角，正好承受最大剪应力而容易发生滑移。在反复剪切应力作用下，这些晶面反复发生滑移的结果就会使部分表面材料被挤出而突出，同时也会有另一部分表面材料被嵌入，这样就逐步萌生出疲劳裂纹的核心。图3-36所示是这种过程的描绘，这就是著名的"挤出嵌入"机制，已经实验证实。

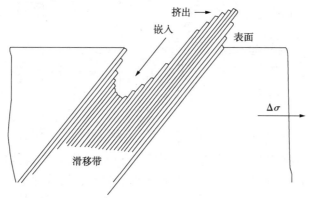

图3-36 疲劳裂纹萌生的"挤出嵌入"机制

疲劳裂纹萌生成核阶段有以下特点：

（1）成核一般在金属构件的表面。内部的夹杂或气孔都有可能在交变载荷下萌生出疲劳裂纹核心。机体表面的粗糙和结构的应力集中（亦包括材料内部缺陷）都是促进疲劳裂纹萌生的重要因素。

（2）成核阶段的末了一般仅达几个晶粒的深度，即只有埃的尺度，然后便进入疲劳裂纹扩展阶段。

（3）疲劳裂纹的成核（包括以后的扩展）一般是穿晶的。

2）疲劳裂纹的扩展机制

成核后的疲劳裂纹逐步扩展成宏观可见的裂纹，每次载荷循环中裂纹的疲劳扩展可用图3-37描述其机理。未加载荷时裂纹形态如图3-37（a）所示，加载后在张应力作用下裂纹张开，裂纹尖端两个小切口使滑移集中于与裂纹平面成45°的滑移带上，两个滑移带相互垂直［图3-37（b）］，当张应力达到最大值时［图3-37（c）］，裂纹因变形使应力集中的效应消失，裂纹前端的滑移带变宽，裂纹前端钝化，呈半圆状。在此过程中产生新的表面并使裂纹向前扩展。此后，转入卸载后半周期，沿滑移带向相反方向滑移［图3-37（d）］，裂纹前端相互挤压，在加载半周期中形成的新表面被压向裂纹平面，其中一部分产生折叠而形成新的切口［图3-37（e）］，其间距为Δa［图3-37（f）］。

疲劳裂纹进入第二阶段的扩展之后，断口则从初始约45°的方向逐步转向与主应力相垂直。人们最为关心的是疲劳裂纹扩展速率，20世纪中期形成的疲劳断裂力学，后来成为最好的表述疲劳裂纹扩展速率的方法，这就是著名的Paris方程。

$$\frac{\mathrm{d}a}{\mathrm{d}N} = C\left(\Delta K\right)^m \tag{3-4}$$

$\mathrm{d}a/\mathrm{d}N$是扩展速率，a代表裂纹的长度，N代表交变循环数，因此这一速率表达式可理

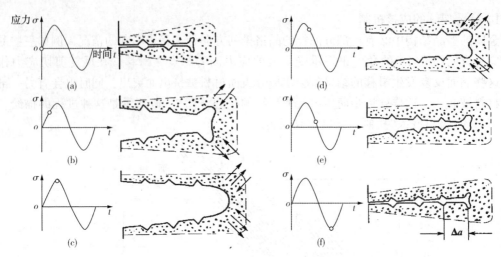

图 3-37 一次载荷循环产生一条疲劳辉纹的示意图

解为每循环一个周期裂纹长度的增长量。式中，C 和 m 分别为实验数据整理后获得的 $da/dN-\Delta K$ 在双对数坐标图上获得曲线中线性段的截距和斜率，被认为是材料疲劳试验的常数。

3）疲劳裂纹的最终断裂

当疲劳裂纹经萌生、扩展后，裂纹的总长度（或表面裂纹的深度）已达到临界裂纹尺寸时，试样或结构便会发生失稳断裂。当要接近失稳状态时，最后的数次循环中其扩展速率会迅速增大。此时材料断开的实质已不再是前述按扩展机制的交变滑移过程，而是根据材料的韧性，可能是韧窝型的（微孔聚集机制）或准解理型的（混合机制）断裂。在整个疲劳断裂的全过程中，从疲劳总寿命的构成来看，裂纹萌生所占比例可能是 10%～40%，而疲劳裂纹扩展区，或称 Paris 扩展区，亦可称形成疲劳条带（疲劳辉纹）区，所占比例最高，而最后终断区的扩展最快，所占周次比率几乎接近于 0。终断区（瞬断区）的大小实际上与断裂力学所确定的"临界裂纹尺寸"有关，按线弹性断裂力学的应力强度因子理论确定临界裂纹尺寸 a_c 的过程是

$$K_I = Y\sigma\sqrt{\pi a}$$

当 K_I 达到 K_{IC} 时的裂纹尺寸即为临界尺寸 a_c，则

$$a_c = \frac{1}{\pi}\left(\frac{K_{IC}}{Y\sigma}\right)^2 \tag{3-5}$$

若材料韧性优良，断裂韧度 K_{IC}（或 K_c）值高，平方后更高，则 a_c 值较大。若材料性能偏脆，K_{IC} 值低，则 a_c 值便较小。此计算中应采用循环中的 σ_{max} 带入 σ 中计算。按断裂力学的观点有裂纹存在而引发的脆断（总体上的）属于低应力脆断。

若材料韧性优良（尤其是中低强度的锅炉压力容器用钢），因为 a_c 尺寸会很大，裂纹的终断区尺寸就会剩下很小，而且终断区断口的方向将由 Paris 扩展区的正断方向很快过渡到与主应力相交 45° 的倾斜方向，表现出这一瞬断仍是最大剪切应力起主要作用。这个 45° 不仅指与原先扩展时的主平面成 45°，从侧向的厚度方向的平面看也可能成 45°（图 3-38）。

当材料较脆或使用过程中逐步脆化时，终断区的尺寸不仅明显变大（因为 a_c 值会变得很小），而且断裂面的方向也不会由原先的主平面变成 45° 方向的斜面上，因此剪切力不会成为导致剪切滑移变形的动力，脆断主要在与最大主应力垂直的方向发生解理、准解理或沿晶断裂。

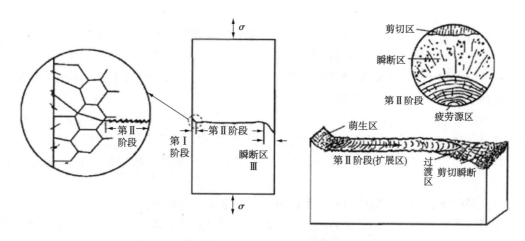

图 3-38 疲劳断裂过程的三个阶段及断口示意图

另一种终断区状况可称为"塑性失稳断裂"。这主要是一些低强高韧性金属材料，如低碳钢、奥氏体不锈钢（AISI300 系列）、Ni 材、Al 材等，当裂纹疲劳扩展到足够长时，此时由于剩余截面在最大载荷反复作用下已整体发生屈服变形，当塑性变形量逐次增大到极限值时而发生终断，这就是塑性失稳断裂，也称塑性垮塌。其极限条件是剩余截面上的应力 ≥ 流变应力 σ_{f}。工程上常将材料的塑性流动发生时的流变应力近似定义为抗拉强度和屈服强度的平均值：

$$\sigma_{\mathrm{f}} = \frac{\sigma_{\mathrm{b}} + \sigma_{\mathrm{s}}}{2}$$

此种断裂完全是由净截面上应力过高发生塑性大变形而导致最终断裂的，与疲劳扩展及低应力脆断的断裂机制完全不同，应属于微孔聚集机制，微观形貌是韧窝花样的。对于许多承压设备承受循环载荷的，若材料的强度低韧性好，运行温度不可能使材料发生各种脆化的，设备的焊缝及热影响区性能仍保持高韧性状态，基本上第三阶段会是塑性失稳形态的失效。而且此时失效时一般不会是爆炸，而是泄漏，即未爆先漏型（LBB 型）。

3.4.3 疲劳断口的宏观形貌

疲劳断裂和其他断裂一样，其断口也记载了从裂纹萌生至断裂的整个过程，有明显的疲劳过程形貌特征，这些特征受材料性质、应力状态、应力大小及环境因素的影响。因此疲劳断口分析是研究疲劳断裂过程及分析断裂原因的重要方法之一。

由断口的宏观形貌可知疲劳断裂过程有 3 个阶段，其断口一般也能观察到三个区域：疲劳裂纹起源区、疲劳裂纹扩展区和最终断裂区（瞬断区），如图 3-39 所示。特殊情况可能会有某些区域特别小，甚至消失，如当材料对裂纹的敏感性小、载荷小、载荷频率大等情况下，断口上的终断区相对面积可能

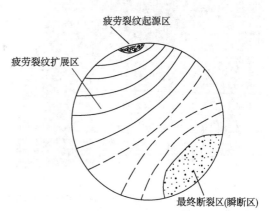

图 3-39 疲劳断口的宏观形貌

很小。

疲劳裂纹起源区　即为疲劳裂纹萌生区，这个区域在整个疲劳断口中所占的比例很小。通常就是指断面上疲劳花样放射源的中心点或疲劳弧线的曲率中心点。疲劳裂纹源一般位于构件表面应力集中处或不同类型的缺陷部位。例如，当构件表面存在着表面缺陷(刀痕、划伤、烧伤、锈蚀、淬火裂纹等)时，裂纹源将产生于这些部位。但是，当构件的芯部或亚表面存在着较大缺陷(夹杂物、气孔、夹渣、白点、内裂等)时，则断裂也可从构件的内部或亚表面开始。对于具有表面硬化层的构件，如表面淬火、化学热处理或特殊几何形状(缺口、沟槽、台阶、尖角、小孔、截面突变等)，则裂纹一般发生在过渡层处或应力集中的部位。

一般情况下，一个疲劳断口有一个疲劳源，但也有不少例外。例如，反复弯曲疲劳时出现两个疲劳源；低周循环疲劳，其应力水平较大，断口上常有几个位于不同位置的疲劳裂纹起源区；在腐蚀环境下，反复弯曲的疲劳断口中，由于滑移使金属表面膜发生破裂而出现许多活性区域，故也有多个疲劳源。多个疲劳源萌生有不同时性，源区越光滑，该疲劳源越先产生。

疲劳裂纹扩展区　在此区中常可看到有如波浪推赶海岸沙滩而形成的"沙滩花样"，又称"贝壳状条纹"、"疲劳弧带"等，如图3-40所示。这种沙滩花样是疲劳裂纹前沿线间断扩展的痕迹，每一条条带的边界是疲劳裂纹在某一个时间的推进位置，沙滩花样是由于裂纹扩展时受到障碍，时而扩展、时而停止，或由于开车停车、加速减速、加载卸载导致负荷周期性突变而产生的。疲劳裂纹扩展区是在一段相当长时间内，在交变负荷作用下裂纹扩展的结果。拉应力使裂纹扩张，压应力使裂纹闭合(或大小应力使裂纹张合)，裂纹两侧反复张合，使得疲劳裂纹扩展区在客观上是一个明亮的磨光区，越接近疲劳起源区越光滑。如果在宏观上观察到沙滩花样时，就可判别这个断口是疲劳断口；如果在宏观上没有观察到沙滩条纹，必须进一步进行高倍观察才能作出判断，不要轻易否定，因为在裂纹连续扩展且无载荷变化的条件下，疲劳断口宏观观察根本没有沙滩花样。沙滩花样通常出现于低应力高周循环疲劳断口上，而在负荷均衡的实验室疲劳试验以及许多高强度钢、灰铸铁和低周循环疲劳断口上则难于观察到这种沙滩花样。

 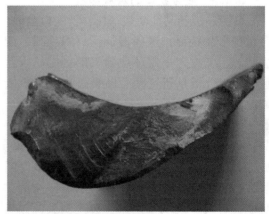

图3-40　烟汽轮机叶片断口，断面上有清晰的贝壳状条纹

多源疲劳的裂纹扩展区，各个裂源不一定在一个平面上，随着裂纹扩展彼此相连时，在

不同的平面间的连接处形成疲劳台阶或折纹。疲劳台阶越多，表示其应力或应力集中越大。

疲劳裂纹扩展区的大小和形状取决于构件的应力状态、应力水平和构件的形状。

最终断裂区 当疲劳裂纹扩展到临界尺寸时，构件承载截面减小导至强度不足，引起瞬时断裂，该瞬时断裂区域是最终断裂区。最终断裂区的断口形貌较多呈现宏观的脆性断裂特征，即粗糙"晶粒"状结构，其断口与主应力基本垂直。只有当材料的塑性很大时，最终断裂区才具有纤维状的结构，并出现较大的45°剪切唇区。

从一个疲劳断口的宏观特征，能够判断以下几个问题：

（1）判断疲劳起源点及裂纹扩展方向。疲劳裂纹发生以后，以疲劳裂纹源为中心，向四周扩展。随着截面的逐渐弱化，裂纹扩展加快，条纹显得更稀、更粗。根据磨光区和疲劳条纹很容易找到疲劳裂纹起源点。疲劳裂纹起源点总是处于磨光区中磨得最平整的地方，它必然处于疲劳条纹的放射中心。所以，可以在条纹稠密处、条纹曲率半径最小的地方寻找疲劳裂纹起源点。疲劳裂纹起源点可能在构件表面上，也可能在构件的亚表面处或零件的芯部。如果疲劳裂纹起源点在构件的表面上，那么应当从构件表面质量和表面应力状态及工作介质等方面去查明疲劳断裂的原因；如果疲劳裂纹起源点处于亚表面上，则应考虑亚表面是否有拉应力峰值或表面热处理的过渡层质量问题，或其他材质缺陷；如果疲劳裂纹起源点落于构件内部，则疲劳断裂多半是材料内部质量（夹杂物、内裂纹等）所引起的。有时断口上出现几个磨光区，有几个不同放射中心的疲劳条纹，那么，它表明同时有几个疲劳裂纹起源点存在，这时必须注意哪些疲劳源是初生的，哪些是次生的。应根据疲劳条纹的密度、疲劳源区的光亮度和台阶情况来确定疲劳源的起始次序。

最初疲劳源区相对于其他疲劳源区所承受的应力较小，裂纹扩展速率较慢，经历交变负荷作用的时间长（摩擦次数多）。因此没有台阶，疲劳条纹密度大，且密度越大起源的时间越早，同时比较光泽明亮。如图3-41所示的疲劳断口上有3个疲劳裂纹源，根据上述原则可知：1位置为最早裂纹源，其次是2位置的裂纹源，最后是3位置的裂纹源。

沙滩花样从疲劳裂纹起源点向最终断裂区放射的方向就是疲劳裂纹扩展的方向。

（2）判断应力大小。如果最终断裂区在断裂

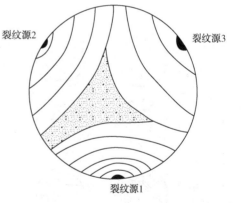

图3-41 裂纹源次序示意图

构件的中心，那么疲劳断裂应力等级是很高的，名义应力可能超过疲劳极限的30%~100%，断裂循环次数大约不超过3×10^5；如果最终断裂区在构件的表面或接近于表面，那么引起疲劳断裂的实际应力可能高出疲劳极限不多，最多高出10%左右，构件可能是经历了几百万周次循环后才断裂。

最终断裂面所占断口面积的比例反映应力数值的大小，最终断裂面的面积大，则应力大；反之则应力小。

（3）材料的缺口敏感性常常影响疲劳断裂的断口形态。若材料对缺口不敏感，则疲劳条纹绕着裂源或为向外凸起的同心圆状，如图3-42（a）所示；若材料对缺口敏感，则疲劳条纹绕着裂源开始较为平坦，向前扩展一定距离后即以反弧形向前扩展，如图3-42（b）所示。

疲劳源
疲劳扩展区
断裂区
疲劳源
疲劳扩展区
断裂区

(a) 缺口敏感小的材料　　(b) 缺口敏感大的材料

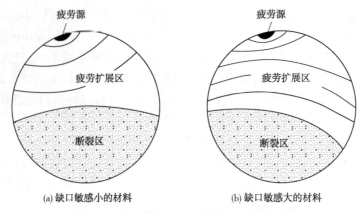

图 3-42　缺口敏感性对疲劳断口形态的影响

（4）判断负荷类型。根据疲劳断口的形态可以判别负荷的类型。拉压疲劳和单向弯曲疲劳断口形态基本相似，其中单向弯曲疲劳的疲劳前沿线扁平一些。双向弯曲疲劳以上下两对应处起源，最终撕裂面夹于两个磨光区之中。旋转弯曲疲劳断口的最终撕裂面有偏离效应。而高应力集中时，最终撕裂面移向中心，呈现棘轮花样。圆形截面构件拉压和各种弯曲疲劳断口形态如图 3-43 所示，而方形截面各种载荷工况下的疲劳断口形态如图 3-44 所示。

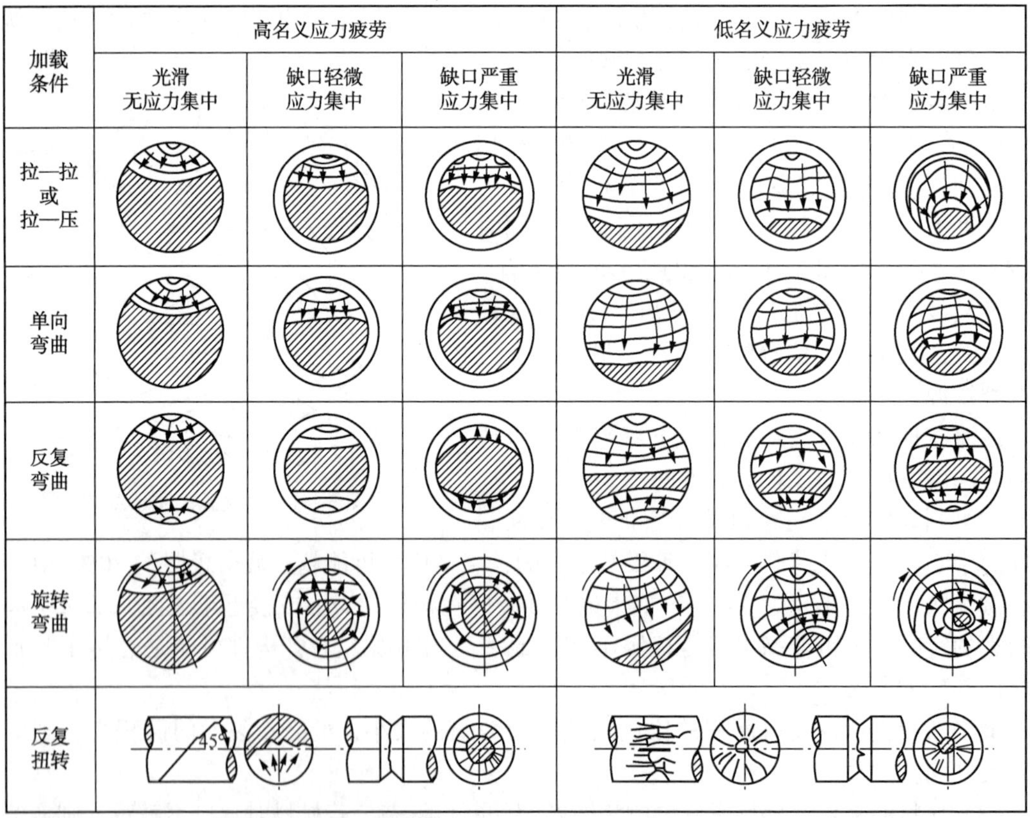

加载条件
高名义应力疲劳
低名义应力疲劳
光滑无应力集中
缺口轻微应力集中
缺口严重应力集中
光滑无应力集中
缺口轻微应力集中
缺口严重应力集中
拉—拉或拉—压
单向弯曲
反复弯曲
旋转弯曲
反复扭转
45°

注：原始缺口；疲劳扩展；瞬断区

图 3-43　光滑和缺口圆形截面零件在不同载荷条件下疲劳断口的宏观特征

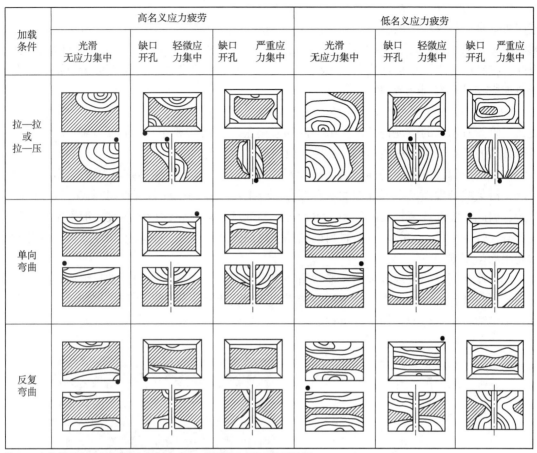

加载条件	高名义应力疲劳						低名义应力疲劳					
	光滑无应力集中	缺口开孔	轻微应力集中	缺口开孔	严重应力集中		光滑无应力集中	缺口开孔	轻微应力集中	缺口开孔	严重应力集中	

注：●一个角的裂纹源，由于存在机加工毛边，很容易出现这种角裂纹源。

▨ 快速断裂区　□ 应力集中缺口

图 3-44　方形零件或板件在不同载荷作用下疲劳断口的宏观特征

3.4.4　疲劳断口的微观形貌

1）疲劳辉纹

在疲劳断口的显微观察中可以看到一种独特的花样——疲劳辉纹，如图 3-45 所示。疲劳辉纹具有以下的几个特征：

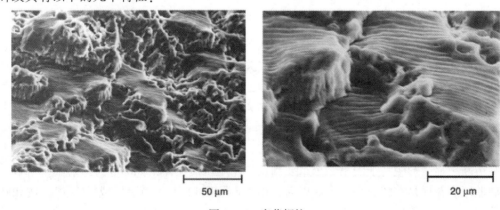

图 3-45　疲劳辉纹

（1）疲劳辉纹是一系列基本相互平行的条纹，略带弯曲，呈波浪状。并与裂纹微观扩展方向相垂直。裂纹的扩展方向均朝向波纹凸出的一侧。辉纹的间距（每两条相邻疲劳条纹之间的距离）在很大程度上与外加交变负荷的大小有关，条纹的清晰度则取决于材料的韧性。因此，在高应力水平比接近疲劳极限应力下更易观察到疲劳辉纹；高强钢疲劳就不如铝合金疲劳那样容易观察到疲劳辉纹。

（2）每一条疲劳辉纹表示该循环下疲劳裂纹扩展前沿线在前进过程中的瞬时微观位置。裂纹三阶段有不同的微观特征：疲劳起源部位由很多细滑移线组成，以后形成致密的条纹，随着裂纹的扩展，应力逐渐增加，疲劳条纹的间距也随之增加。

（3）疲劳辉纹可分为韧性辉纹和脆性辉纹两类（图3-45）。脆性疲劳辉纹的形成与裂纹扩展中沿某些解理面发生解理有关，在疲劳辉纹上可以看到把疲劳辉纹切割成一段段的解理台阶，因此，脆性疲劳辉纹的间距是不均匀，断断续续的，脆性疲劳辉纹一般不常见。韧性疲劳辉纹较为常见，它的形成与材料的结晶学之间无明显关系，有较大塑性变形，疲劳辉纹的间距均匀规则。

（4）疲劳断口的微观范围内，通常由许多大小不同、高低不同的小断片组成。疲劳辉纹均匀分布在断片上，每一小断片上的疲劳辉纹连续且相互平行分布，但相邻断片上的疲劳辉纹是不连续、不平行的，如图3-46所示。

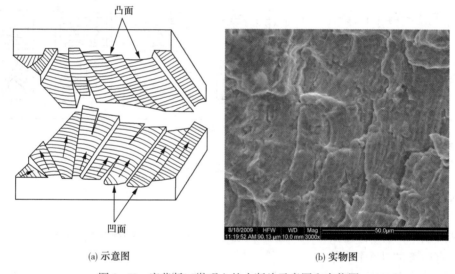

（a）示意图 （b）实物图

图3-46　疲劳断口微观上的小断片示意图和实物图

（5）疲劳辉纹中每一条辉纹一般代表一次载荷循环，辉纹的数目与载荷循环次数相等。一次载荷循环便产生一条疲劳辉纹。这个对应关系便有可能定量计算裂纹长度与疲劳循环次数之间的关系，计算疲劳裂纹扩展速率。工程上是用一定的标准方法通过裂纹扩展宏观量测定疲劳裂纹扩展速率的。微观量的测定计算作为机理性的探讨。这样的扩展必然在断口上留下塑性变形的痕迹。

2）轮胎压痕

疲劳断裂显微形貌特征的第二个重要判据是轮胎压痕花样，如图3-47所示。

轮胎压痕花样是在疲劳裂纹形成以后，由相匹配断口上的"突起"或"刀边"，例如断口上的第二相硬质点等，这些质点在反复挤压或刻入而引起的压痕，这时在断口的局部区域产生压应力或剪应力的作用。由于突起或刀边的形状不同，剪应力方向也不同，因此所形成的轮胎压痕的类型亦不相同，即压痕形状和排列方向不同。这些压痕与汽车轮胎在泥地上的压痕相似，因此称这些压痕为轮胎压痕，它是疲劳断口上的最小特征花样。往往在低周疲劳断口上疲劳辉纹花样不易被观察到，而轮胎压痕花样常常能观察到。

轮胎压痕间距随着裂纹的扩展而增大。这是因为疲劳裂纹扩展速率往往持续变大，所以轮胎压痕的间距也往往依次增加。可以用这个形貌特征来判别疲劳裂纹的扩展方向，即轮胎压痕间距增大的方向为疲劳裂纹局部的扩展方向。

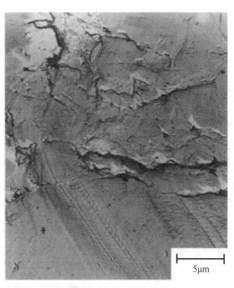

图 3-47 调质态 4140 钢（对应中国牌号 42CrMo4）疲劳断口上的轮胎压痕

3.4.5 疲劳断口的影响因素及预防措施

1）一般预防原则

预防疲劳失效（不论高周疲劳或低周疲劳）发生的一般原则是降低应力水平和减小应力集中。

应力水平主要是构件中的名义应力。该应力愈高则应力集中处的应力峰值也随之愈高，对疲劳失效自然不利。但不可能为追求低应力而将构件设计得厚而粗笨，只能控制在合理的水平。在按疲劳设计的 S-N 曲线设计时不要过于达到较高的应力以达到薄与轻。抗高周疲劳的零部件，由于应力幅低，可以采用较高强度和较高疲劳持久极限的材料。

减小构件的应力集中，实际上涉及结构设计、加工制造和原材料的冶金或轧制质量诸多方面。结构设计时应在结构尺寸有突变之处（如轴颈及台阶处），尽量设计有较大过渡圆弧的圆角。制造时特别对高周疲劳的构件必须注意表面加工的粗糙度，轴类零件的加工刀痕常常是疲劳裂纹的起源点。材料的内在质量如冶金时的夹渣、粗大的二次析出相、轧制材料的折叠缺陷都容易是疲劳裂纹的起源点。因此，按抗疲劳设计的零部件应采用质量优良的原材料。

2）低周疲劳失效的预防措施

（1）选用合适的抗疲劳材料

材料的低周疲劳破坏试验证实，低碳钢与碳锰钢等强度级别不高而塑性韧性较好的钢，具有较好的抗低周疲劳失效的能力。因此，可用这类钢材制造容器、接管或作为接管根部的焊接材料。

（2）按分析设计规范进行疲劳设计

通常没有疲劳失效可能的容器是按一次应力进行设计的。如果有交变载荷（压力或温度的交变）可能会导致容器某些区域发生低周疲劳失效的，则必须按以应力分析为基础的规范进行疲劳分析。其具体规定应见美国 ASME 的锅炉压力容器规范第Ⅷ卷第二册或《钢制压力容器并分析设计标准》（JB 4732）。欧盟承压设备规范（EN 13445—2002、2009）也有疲劳设计的规定。按这些规范进行设计要复杂得多，需要相应的计算机软件支持，但设计出的容器的可靠性要高得多。

设计中应力分析不单是按疲劳设计曲线设计，还必须同时注意结构的抗疲劳性能，既要有最佳的低应力集中系数，制造时又要力求方便。

（3）制造和在役检验中应注意的问题

按疲劳设计规范设计的压力容器，在制造中也应有更高的要求。原则是消除不应有的应力集中。特别是在原有应力集中的部位不得有材料内部及表面的缺陷，不得允许保留引弧坑和焊疮，一经发现必须打磨平滑或补焊填平后再修磨。接管根部的焊缝不仅要保证有较大的过渡圆角，而且要力求将圆角的表面修磨光滑。至于焊缝内更不允许有裂纹、未焊透及未熔合缺陷。即使气孔也会降低疲劳寿命，制造时必须做过细而严格的无损检测。为确保无损检测可靠性，一般不应将关键的焊缝设计成角焊缝，应改为对接焊缝，这既可保证焊接质量，也便于进行无损检测。

对在役的受交变载荷作用的压力容器，无论其是否已按疲劳设计规范设计，均必须按有关的检验规程进行严格的定期检验。其中焊缝，尤其是接管根部或其他内外部受交变载荷作用的应力集中部位，应进行严格的检验，包括外观的检验和各种适宜的无损检测，其目的是检查是否出现裂纹，一经发现必须认真处理。

（4）预压应力处理

对承受交变载荷的构件表面(最容易形成表面疲劳裂纹的地方)预先施加压应力(如喷丸处理或表面滚压)，运行时零部件表面所承受的应力就会明显下降，从而提高疲劳寿命。

（5）过载处理

对承受交变载荷的构件、且已发现有疲劳开裂时，可以采取比正常设计载荷高出 1.3~2.0 倍的载荷进行一次过载(超载)处理，所有国内外的试验均已证实这可以将疲劳寿命提高好几倍。因为在作过载处理时裂尖将产生一个比正常受载时更大的塑性区，卸载后裂尖的塑性区将受到比正常受载荷卸载时更大的压缩应力。一次超载后又回复到正常加载，此时裂尖塑性区内的应力由于超载压应力的作用而降低得多，从而大大降低了裂纹扩展的推动力，致使扩展速率减慢，寿命可得到延长。只有当裂纹扩展到裂尖塑性区(正常载荷下的)的边缘达到或稍微超过超载时形成的大塑性区的边缘时，超载的影响才会消失，恢复到超载前应有的扩展速率，但此时寿命已得到数倍的延长，这就是过载峰的延长寿命作用。

超载处理技术早期是由航空工业部门研究的，后经实践证明超载可以明显地延长寿命，故直到现在已成为航空部门对飞机结构中许多零部件必须进行超载处理的规定。

对于已经发现有小的疲劳裂纹的容器进行超载试验，同样证明可以数以倍计地延长寿命。超载只是使裂尖塑性区变大，不会使构件的其他部位产生屈服和材料硬化，所以对其他部位没有不利影响。

典型的静设备和动设备疲劳失效案例分别见 6.3 节和 6.4 节。

3.5 蠕变变形及断裂

金属材料在使用应力低于屈服应力的情况下长期服役而发生非弹性变形，甚至最终发生断裂的现象称为蠕变现象。蠕变可以在任何温度范围内发生。不过高温时，变形速度大，蠕变现象更明显。因此，对一些高温条件下长期工作的零部件，如过程设备、锅炉、汽轮机、燃汽轮机、航空发动机及其他热机的零部件，蠕变所致的形变、断裂就会造成失效。

3.5.1　蠕变变形及断裂的机理

1）蠕变曲线

采用某种金属制成的圆形截面单轴向拉伸的蠕变试棒，在恒定载荷（或恒定应力）下做拉伸蠕变试验，纵坐标为用试棒测得的蠕变变形量，横坐标为试验时间。通常在弹性范围内加载时产生弹性变形后，变形不会再增加。然而发生蠕变时即使应力保持了恒定，但变形仍旧在持续不断地增加，蠕变曲线就是如实记录在发生蠕变时试棒材料的伸长量与时间的相互关系。图3-48所示的蠕变曲线通常可以大体将其归结为三个变形阶段。

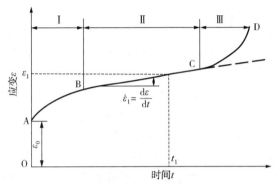

图3-48　金属材料的典型蠕变曲线

第Ⅰ阶段：AB段，减速蠕变阶段（过渡蠕变阶段）。开始的蠕变速率很大，随着时间的延长，蠕变速率逐渐减小，到B点，蠕变速率达到最小值；

第Ⅱ阶段：BC段，恒速蠕变阶段（稳态蠕变阶段）。蠕变速率几乎不变，一般所指蠕变速率就是这一阶段的$\dot{\varepsilon}_s$。

第Ⅲ阶段：CD段，加速蠕变阶段（失稳蠕变阶段）。随着时间的延长，蠕变速率逐渐增大，到D点发生蠕变断裂。

不同材料在不同条件下的蠕变曲线是不同的。同一种材料的蠕变曲线随着温度和应力的增高，蠕变第二阶段变短，直至完全消失，很快Ⅰ→Ⅲ，在高温下服役的零件寿命将大大缩短。

蠕变时应变与时间的关系：

$$\varepsilon = \varepsilon_0 + f(t) + Dt + \phi(t) \tag{3-6}$$

式中，ε_0、$f(t)$、Dt、$\phi(t)$分别为瞬时应变以及减速蠕变、恒速蠕变、加速蠕变阶段的应变。

常用的蠕变与时间的关系：

$$\varepsilon = \varepsilon_0 + \beta t^n + kt \tag{3-7}$$

蠕变过程最重要的参数是稳态的蠕变速率$\dot{\varepsilon}_s$，因为蠕变寿命和总的伸长均决定于它。实验表明，$\dot{\varepsilon}_s$与应力有指数关系，并考虑到蠕变同回复再结晶等过程一样也是热激活过程，因此可用下列一般关系式表示：

$$\dot{\varepsilon} = C\sigma^n \exp\left(-\frac{Q}{RT}\right) \tag{3-8}$$

$$Q = \frac{R\ln\dfrac{\dot{\varepsilon}_1}{\dot{\varepsilon}_2}}{\left(\dfrac{1}{T_2} - \dfrac{1}{T_1}\right)} \tag{3-9}$$

式中，Q 为蠕变激活能；C 为材料常数；$\dot{\varepsilon}_1$ 和 $\dot{\varepsilon}_2$ 为分别为 T_1 和 T_2 温度下的蠕变速率；n 为应力指数，对高分子材料为 1~2，对金属在 3~7。显然，固定 σ，分别测定 $\dot{\varepsilon}$ 与 $\frac{1}{T}$，可从 $\ln\dot{\varepsilon}$ 与 $\frac{1}{T}$ 关系式中求得蠕变激活能 Q。对大多数金属和陶瓷，当 $T = 0.5T_m$ 时，蠕变激活能与自扩散的激活能十分相似，这说明蠕变现象可看作应力作用下原子流的扩散，扩散过程起着决定性作用。

2）蠕变变形机理

已知晶体在室温下或温度在小于 $0.3T_m$ 时变形，变形机制主要是通过滑移和孪生两种方式进行的。热加工时，由于应变率大，位错滑移仍占重要地位。当应变率较小时，除了位错滑移外，高温使空位(原子)的扩散得以明显地进行，这时变形的机制也会不同。

（1）位错蠕变(回复蠕变) 在蠕变过程中，滑移仍然是一种重要的变形方式。在一般情况下，若滑移面上的位错运动受阻产生塞积，滑移便不能进行，只有在更大的切应力下才能使位错重新运动和增殖。但在高温下，刃型位错可借助热激活攀移到邻近的滑移面上并可继续滑移，很明显，攀移减小了位错塞积产生的应力集中，也就是使加工硬化减弱了。温度在 $0.3T_m$ 以上时，刃型位错通过攀移形成亚晶，或正负刃型位错通过攀移后相互消失，回复过程能充分进行，故高温下的回复过程主要是刃型位错的攀移。当蠕变变形引起的加工硬化速率和高温回复的软化速率相等时，就形成稳定的蠕变第二阶段。刃型位错攀移克服障碍的模型如图 3-49 所示。

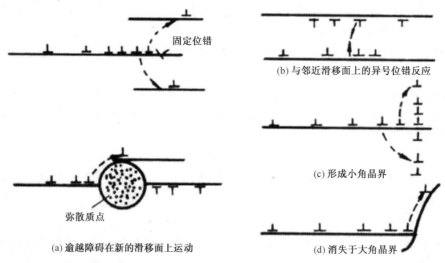

图 3-49　刃型位错攀移克服障碍的模型

（2）扩散蠕变　当温度很高(约 $0.9T_m$)和应力很低时，扩散蠕变是其变形机理。它是在高温条件下空位的移动造成的。如图 3-50 所示，当多晶体两端有拉应力 σ 作用时，与外力轴垂直的晶界受拉伸，与外力轴平行的晶界受压缩。因为晶界本身是空位的源和湮没阱，垂直于外力轴的晶界空位形成能低，平行于外力轴的晶界空位形成能高，空位数目少，从而在晶粒内部形成一定的空位浓度差。空位沿实线箭头方向向两侧流动，原子则朝着虚线箭头的方向流动，从而使晶体产生伸长的塑性变形。这种现象称为扩散蠕变。

蠕变速率$\dot{\varepsilon}$与应力σ和温度T可用式(3-10)表示：

$$\dot{\varepsilon} = C\sigma e^{-\frac{Q}{RT}} \qquad (3-10)$$

式中　C——材料常数；

Q——扩散蠕变激活能。

（3）晶界滑移蠕变　在高温下，由于晶界上的原子容易扩散，受力后易产生滑动，故促进蠕变进行。随着温度升高、应力降低、晶粒尺寸减小，晶界滑动对蠕变的贡献也就增大。但在总的蠕变量中所占的比例并不大，一般为10%左右。

实际上，为保持相邻晶粒之间的密合，扩散蠕变总是伴随着晶界滑动的。晶界的滑动是沿最

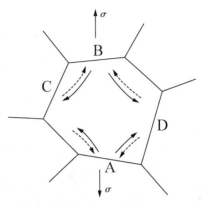

实线 —— 空位运动方向　虚线 ---- 原子运动方向

图3-50　晶粒内部扩散蠕变示意图

大切应力方向进行的，主要靠晶界位错源产生的固有晶界位错来进行，与温度和晶界形貌等因素有关。

3) 蠕变断裂机理

蠕变的过程实质上是金属材料不断受到损伤的过程，最后总会引起蠕变断裂。材料的损伤有两大形式，一类是引起承载面积的减小，另一类是导致材料本身强度的下降。对蠕变来说这两大类损伤都使材料的蠕变抗力降低。图3-51所示的三大类蠕变断裂模式中，其中图3-51(a)是结构外截面不断减小而引起蠕变不断加剧，最后引起截面积减小到零而断裂。这种蠕变断裂主要发生在一些纯金属且不含杂质的情况，纯金属和单相固溶体在很高温度（$0.8T_m$以上）下的蠕变有可能发生这种因截面大幅度减小而断裂的情况。工程上大多数高温材料蠕变到后期会出现其他损伤，则会发生如图3-51(b)或(c)两种形式的损伤，然后最终发生蠕变断裂。图3-51中，(a)属于外截面损失而加速蠕变损伤，(b)和(c)则属于内截面损失而加速蠕变损伤。

3.5.2　蠕变变形及断口的宏观特征

蠕变变形的宏观特征主要显示出过度的变形，例如容器和管道直径的膨胀、整体上的明显鼓胀，或者管道有明显的弯曲甚至扭曲，如图3-52(a)所示。

蠕变断口的宏观特征，一是在断口附近产生塑性变形，在变形区域附近有很多裂纹，使断裂构件表面出现龟裂现象，类似枯树皮状的形貌；二是由于高温氧化，断口表面往往被一层氧化膜所覆盖，如图3-52(b)所示。

3.5.3　蠕变断裂的微观形貌

金相　在等强温度（晶内强度与晶界强度相等的温度）以上的蠕变脆断，在金相上蠕变的特征主要是沿晶空洞，严重时不但会有空洞还会有沿晶微裂纹，甚至有宏观裂纹。空洞极难与钢中的夹杂物或高温下的析出相（如二次碳化物、σ相等）颗粒相区别。因此常辅以扫描电镜的观察以及用能谱分析方法鉴别是否是碳化物和σ相。蠕变空洞、碳化物、σ相均会出现在晶界上，因此这是金相分析的难点。其中σ相只有不锈钢才会在高温下析出，而Cr-Mo耐热钢不会析出σ相。但高温长期服役的钢材在晶界上析出二次相时，则蠕变空洞可能首先在此萌生，金相上出现的沿晶黑点包含了蠕变空洞和析出相。如图3-53所示，金相照片上出现了沿晶空洞，部分空洞相连，形成了微裂纹。

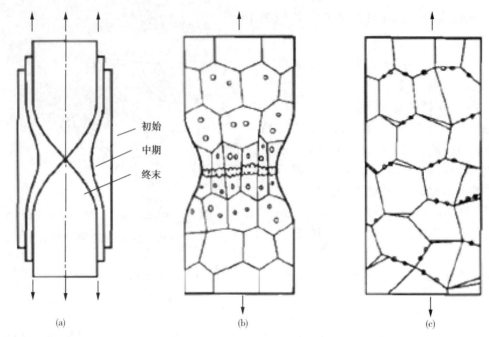

初始
中期
终末

(a)   (b)   (c)

图 3-51   蠕变损伤与断裂的 3 种典型类型

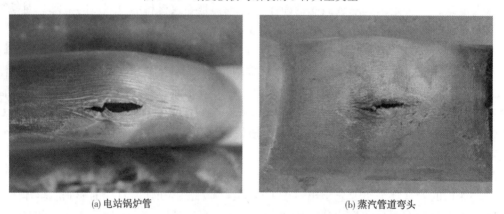

(a) 电站锅炉管   (b) 蒸汽管道弯头

图 3-52   蠕变变形和蠕变断口的宏观特征

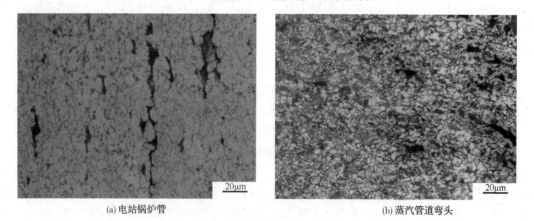

(a) 电站锅炉管   (b) 蒸汽管道弯头

图 3-53   蠕变金相组织

断口 大多数蠕变失效属于蠕变沿晶脆断，其蠕变断口主要有两个特征，一是呈现岩石状的沿晶蠕变断裂，二是晶界上具有若干韧窝，即洞形的空洞，如图3-54所示。图3-55为2.25Cr-1Mo炉管在超温超压后爆裂失效，取样进行冲击试验所得到的断口扫描电镜照片，同时也有沿晶的特征和沿晶界的韧窝型空洞。

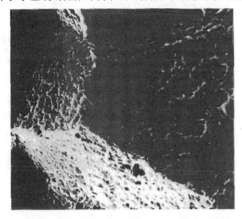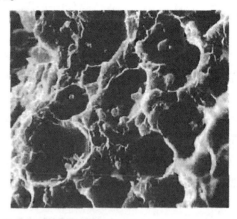

图3-54 Nimonic 105合金800℃沿晶蠕变断口

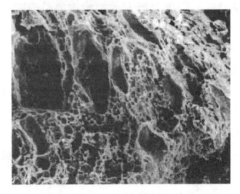

图3-55 2.25Cr-1Mo炉管的沿晶蠕变断口

3.5.4 蠕变断裂的影响因素及预防措施

1）蠕变断裂的影响因素

根据蠕变变形和断裂机制可知，要降低蠕变速度、提高蠕变极限，必须控制位错攀移的速度；要提高断裂抗力，即提高持久强度，必须抑制晶界滑动、强化晶界，亦即要控制晶内和晶界的扩散过程。

（1）化学成分的影响

位错越过障碍所需的激活能（蠕变激活能）越高的金属，越难产生蠕变变形。实验表明，纯金属蠕变激活能大体与其自扩散激活能相近。因此，耐热钢及合金的基体材料一般选用熔点高、自扩散激活能大或层错能低的金属和合金，原因如下：

① 熔点愈高的金属原子结合力愈强，自扩散激活能愈大，因而自扩散愈慢，位错攀移阻力愈大；

② 如果熔点相同但晶体结构不同，则自扩散激活能愈高者，扩散愈慢；

③ 层错能愈低的金属愈易产生扩展位错，使位错难以产生割阶、交滑移和攀移，这些

都有利于降低蠕变速率；

④ 体心立方晶体的自扩散系数最大，面心立方晶体次之。因此，大多数面心立方结构的金属，其高温强度比体心立方结构的高。

（2）冶炼工艺的影响

各种耐热钢及高温合金对冶炼工艺的要求较高，因为钢中的夹杂物和某些冶金缺陷会使材料的持久强度极限降低。高温合金对杂质元素和气体含量要求更加严格，常存杂质除 S、P 外，还有铅、锡、砷、锑、铋等，即使其含量只有十万分之几，当其在晶界偏聚后，会导致晶界严重弱化，而使热强性急剧降低，并增大蠕变脆性。

（3）晶粒度的影响

晶粒大小对金属材料高温力学性能的影响很大。当使用温度小于等强温度时，细晶粒钢有较高的强度，当使用温度大于等强温度时，粗晶粒钢有较高的蠕变极限和持久强度极限。但晶粒太大会降低高温下的塑韧性。晶粒不均匀，会显著降低其高温性能，因为在大小晶粒交界处易产生应力集中而形成裂纹。

（4）应力的影响

材料的蠕变性能和蠕变速率主要取决于应力水平，高应力下蠕变速率提高，低应力下蠕变速率降低。应力对蠕变的影响主要是改变蠕变机制，在低应力范围，扩散蠕变机理起控制作用，而在中、高应力范围，位错运动机理起控制作用。

（5）温度的影响

蠕变是热激活过程，蠕变激活能和扩散激活能的相对关系影响着蠕变机制。蠕变激活能和扩散激活能都是温度的减值函数，随着温度的改变，它们也发生相应的变化，使得蠕变机理发生改变。根据扩散路径不同，扩散蠕变机理有两种：Nabarro-Herring 提出的晶内扩散机理和 Coble 提出的晶界扩散机理。

一般地，随着温度的升高，金属的蠕变机理可从晶界扩散机理转化为晶内扩散机理。所以，温度升高，蠕变性能降低。

2）蠕变断裂的预防措施

根据蠕变变形和断裂机制可知，要降低蠕变速度、提高蠕变极限，必须控制位错攀移的速度；要提高断裂抗力，即提高持久强度，必须抑制晶界滑动、强化晶界，亦即要控制晶内和晶界的扩散过程。

（1）通过固溶强化对晶格造成约束

在热强钢中加入 Mo、Mn、W、Cr 等元素实现固溶强化，增强了固溶体原子间结合力和晶格畸变，提高蠕变抗力和持久强度。如低碳钢的工作温度一般在 450~480℃，当加入 0.5%Mo（0.5Mo 钢），最高工作温度可达 500℃左右。为防止高温、长期运行会生产石墨化，加入 Cr 元素，同时也提高钢的抗氧化性。

（2）通过减少钢中的有害伴生元素净化晶界

在高温、长时间承受应力时，晶界也参与变形，当变形速度越慢，晶界变形的比例越大。这是由于晶界处原子排列不规则，位错和空位多，S、P 等有害杂质易在晶界偏析聚集，造成晶界热强性很低，因此晶界是高温条件下的薄弱环节。热强钢应严格限制杂质元素，选用优质钢和特殊优质钢实现净化晶界，同时还应加入 B、Zr 等微量元素减少晶界缺陷，提高晶界强度。

（3）通过正火处理使晶粒分布均匀

对于常温力学性能来说，一般是晶粒越细小则强度和硬度越高，同时塑性和韧性也越好。在高温条件下，原子沿晶界的扩散速度比晶粒内大得多，晶界成为最薄弱的部位，希望得到适中的晶粒度以减少晶界面积。

（4）通过弥散强化阻碍位错动力

加入 V、Ti、Nb 等元素，形成高温时稳定且不易聚集长大的碳化物相（V_4C_3、TiC、NbC），析出的碳化物呈细小弥散状、均匀地分布在晶粒的滑移面上，阻碍位错的运动，达到高温强化目的。

（5）通过改变金属的晶格结构提高热强性

具有面心立方晶格的奥氏体与体心立方晶格的铁素体相比，原子排列密度大，结合力强，原子扩散困难，提高了再结晶温度。常加入 Cr、Ni 合金元素使晶格由体心立方转变为面心立方。

典型的蠕变断裂失效案例见 6.5 节。

第4章　过程设备腐蚀失效

4.1 腐蚀的危害与分类

1) 腐蚀的危害

由于材料表面与环境介质发生化学或电化学反应而引起的材料的破坏或变质称为材料的腐蚀。

腐蚀造成的损失是极其惊人的。据统计，全球工业装备因腐蚀而造成的经济损失大约为7000亿美元，占全球生产总值的2%~4%。据统计，我国由于腐蚀带来的损失和防腐蚀投入，约占GDP的3.34%。我国每年有30%的钢铁因腐蚀而报废，其中10%不能回收。腐蚀是影响过程设备及其构件使用寿命和功能的主要因素之一。在化工、石油化工、轻工、能源、交通等行业中，约60%的失效与腐蚀有关。其中，化工与石油化工行业腐蚀失效所占比例更高一些。1995~2000年国内先后四次对石化企业的压力容器使用情况进行调查，其中对失效原因调查统计认为，在使用中因腐蚀产生严重缺陷及材质劣化，是引起容器报废的主要原因，图4-1所示是国内35个大中型石化企业在20世纪90年代末投入使用的压力容器失效原因占比。

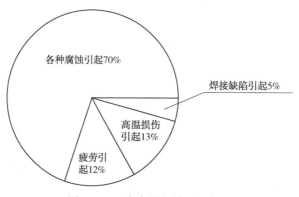

图4-1　压力容器失效原因占比

腐蚀不仅损耗了地球的资源，而且因腐蚀造成的间接经济损失、产品质量下降，甚至人身事故等损失，更是无法估量的。基于对地球资源的保护和经济因素的考虑，全球对腐蚀失效分析、材料腐蚀及控制的研究给予了前所未有的关注。

此外，不能及时解决腐蚀问题也会阻碍科学技术的进步，从而影响生产力。例如，硝酸工业在不锈钢问世以后才得以大规模生产。美国阿波罗登月飞船储存 N_2O_4（氧化剂）的钛合金高压容器产生应力腐蚀开裂，经分析研究加入0.6%NO之后才得到解决。美国著名的腐蚀学家方坦纳认为如果找不到这个解决办法，登月计划可能推迟许多年。

2）腐蚀的分类

金属的腐蚀是一个十分复杂的累积损伤过程，按不同的分类原则有不同的腐蚀类型。在腐蚀理论研究领域，首先是按腐蚀历程进行分类，分为化学腐蚀、电化学腐蚀与物理腐蚀。在工程实践中，更多的是按腐蚀环境条件，如工艺环境及周围环境的不同而进行分类，或是按过程设备显示出的不同的腐蚀形貌进行分类，按腐蚀形貌分类的各种腐蚀类型是学习的重点。

（1）按腐蚀历程分类

按腐蚀历程分类有助于理解金属材料腐蚀的机理。

① 化学腐蚀　是指金属表面与非电解质直接发生纯化学作用而引起的破坏，在化学腐蚀过程中不产生电流。如钢在高温下最初的氧化就是通过化学反应完成的，金属材料在不含水的有机溶剂中的反应也属于化学腐蚀。

② 电化学腐蚀　是指金属表面与离子导电的电解质因发生电化学作用而产生的破坏，任何一种按电化学机理进行的腐蚀反应至少包含一个阳极反应和一个阴极反应，并以流过金属内部的电子流与介质中的离子流联系在一起。阳极反应是金属离子从金属转移到介质中和放出电子的过程，即阳极氧化过程；相对应的阴极反应则是介质中氧化剂组分吸收来自阳极的电子的还原过程。金属材料在潮湿的空气、海水及电解质溶液中的腐蚀都属于电化学腐蚀。

③ 物理腐蚀　是指金属材料由于单纯的物理作用所引起的材料恶化或损失。如用来盛放熔融锌的钢制容器，由于钢铁被液态锌所溶解，钢制容器逐渐变薄；近年来引起广泛关注的金属尘化，也是一种物理作用的高温腐蚀，金属尘化一般是指一些金属(如铁、镍、钴及其合金)在高温碳(碳氢、碳氧气体)环境下碎化为由金属碳化物、氧化物、金属和碳等组成的混合物而导致金属损失的行为，由于金属尘化通常与金属材料的渗碳有关，而且腐蚀速度较快，所以又称为灾难性渗碳腐蚀。文献报道，很多过程装备都可能发生金属尘化腐蚀，如脱氢装置、各种加热炉、裂解炉、热处理炉、煤气转化气化设备、燃气涡轮发动机等。

（2）按腐蚀环境条件分类

按腐蚀环境条件分类有助于按过程设备所处的环境条件去认识腐蚀的规律。

① 工业介质的腐蚀　过程设备及其构件有一定的工艺操作环境(如介质的成分与浓度、温度、流速、pH值等)，不同的工业介质有不同的腐蚀类型。在化工、石油化工、轻工、冶金等许多工业部门中，都离不开酸、碱、盐。由于酸、碱、盐对金属材料的腐蚀性很强，会导致过程设备严重损坏，因此工业生产中很重视酸、碱、盐介质中金属材料的腐蚀特点及规律。

全球用水量中，工业用水占60%～80%，包括冷却水、锅炉用水及其他工业用水，尤其是工业冷却水是工业用水的主要部分，如电力工业，冷却水用量占总用水量99%。工业用水的组成不仅随水源不同而异，而且也随水处理方法的不同而变化。工业用水对过程设备及其构件的腐蚀是个普遍的现象。虽然其组成是一个弱腐蚀体系，但对防腐不给予足够的重视，仍会造成资源、能源、材料的浪费，而且常常威胁着正常的安全生产和产品质量。因此现代工业生产中对工业用水的腐蚀建立监控系统，对工业用水使用的防腐措施的研究从来没有停止过。工业介质的腐蚀也自成特点，要引起工业生产的重视。如氢腐蚀、氢氮氨混合气体的腐蚀、H_2S的腐蚀、氨基甲酸铵的腐蚀、连多硫酸的腐蚀等。

② 自然环境的腐蚀　过程设备及其构件与自然环境接触，也受到环境中腐蚀性介质的侵蚀，主要腐蚀类型有大气腐蚀、海水腐蚀及土壤腐蚀。

自然环境的腐蚀最普通的类型是大气腐蚀，过程设备及其构件暴露在大气中比暴露在其他腐蚀性介质中的机会更多。据统计，化工厂、石油化工厂的金属材料有 70% 是在大气介质中工作的。大气中普遍存在的腐蚀成分是氧、水蒸气、二氧化碳，并因环境位置不同受到二氧化硫、硫化氢、氮化物、盐的污染，增加了腐蚀性。腐蚀性最大的是潮湿的、受严重污染的工业大气，腐蚀性最小的是洁净而干燥的大陆大气。大气腐蚀一般是氧去极化腐蚀的弱腐蚀过程，往往在金属表面生成疏松的氧化物层而损耗金属，如裸钢在大气中的锈层。

海水腐蚀对沿海地区的过程设备及构件是普遍的，因为常用廉价的海水作为工业冷却介质，海上采油装置及输送管道也直接受海水的侵蚀。由于海水中存在大量可离解的盐(尤其是氯化物)，使海水对金属材料有较高的腐蚀活性。如对一般钢构件，海水腐蚀会有较高的腐蚀速率，并可能出现点腐蚀和缝隙腐蚀。

土壤是由固体、液体和气体三相物质组成的非均匀体系，其中还含有氧、水分和各种腐蚀性的阴离子(如 NO_3^-、SO_4^{2-}、CO_3^{2-} 和 Cl^- 等)。埋设在地下的金属构件(如油管、水管、气管及大型储罐的底部)在土壤中发生氧去极化的弱腐蚀及各种不均匀因素引起的局部加速腐蚀(点腐蚀、缝隙腐蚀、电偶腐蚀及微生物腐蚀等)，构件穿孔泄漏时有发生。

(3) 按腐蚀形貌分类

过程设备的腐蚀是从表面开始的，腐蚀形貌用肉眼、放大镜或电子显微镜可以进行观察和测定。过程设备表现的腐蚀形貌蕴藏着腐蚀过程、腐蚀影响因素及腐蚀机理等很多有用的信息，因此基于金属材料形貌学的可视化特征对过程设备腐蚀进行分类更有助于构件腐蚀失效分析。

腐蚀按分布的集中度可以分为两大类：全面腐蚀与局部腐蚀。两者是相对而言的。腐蚀分布在整个过程设备表面上(包括均匀的、较均匀的和较不均匀的)称为全面腐蚀；腐蚀从过程设备表面萌生以及腐蚀的扩展都是在很小的区域内选择进行的称为局部腐蚀。在实际发生的腐蚀失效案例中，局部腐蚀比全面腐蚀要多得多。按实例统计，腐蚀失效事故中，局部腐蚀占 90% 以上。过程设备常见的局部腐蚀类型包括点腐蚀、缝隙腐蚀、晶间腐蚀、应力腐蚀开裂、腐蚀疲劳、磨损腐蚀等。图 4-2 所示是各种金属腐蚀破坏形式，图 4-3 所示是不锈钢湿态腐蚀失效实例中各类腐蚀形式的比例，在不锈钢的局部腐蚀失效中，应力腐蚀开裂最为常见，而且事故往往在没有先兆的情况下突然发生，危害甚大。

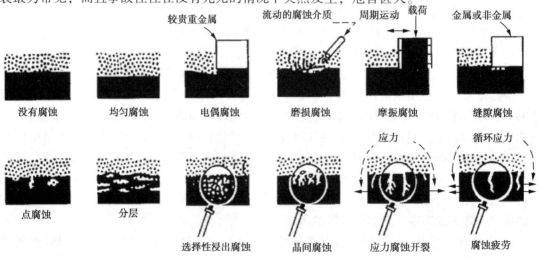

图 4-2　金属腐蚀破坏形式

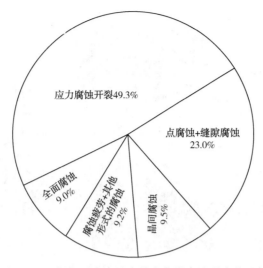

图 4-3 不锈钢湿态腐蚀失效中各类腐蚀形式的比例

过程设备的全面腐蚀裸露性强，容易被发现而引起重视，从工程角度来说，容易采取对策；而局部腐蚀较隐蔽，目前对局部腐蚀的预测监控及预防尚比较困难，有关局部腐蚀的内容是学习的重点。

4.2 全面腐蚀

4.2.1 全面腐蚀的概念

如果金属材质及腐蚀环境都较为均匀，腐蚀均布于构件的整个表面，且以相同的腐蚀速度扩展，这种腐蚀就是全面腐蚀，全面腐蚀可分为均匀腐蚀和非均匀腐蚀两类。全面腐蚀是一种累积的损伤，其宏观表征是构件厚度逐渐变薄，金属材料逐渐损耗。用电化学过程解释全面腐蚀历程则是过程设备表面由无数阴、阳极面积非常小的腐蚀原电池组成，微阳极与微阴极处于不断的变动状态，因为整个金属表面在溶液中都处于活化状态，只是各点随时间（或位置）有能量起伏，能量高时（处）为阳极，能量低时（处）为阴极。随电化学历程的推移，过程设备的表面遭受全面的腐蚀。如果过程设备表面某个位置总是阳极，则此处不断的阳极溶解会产生局部腐蚀。

由于材质及环境不可能绝对均匀，过程设备实际上不可能被绝对均匀地腐蚀，因此工程上把过程设备比较均匀或不均匀的全面腐蚀，也习惯上称之为均匀腐蚀，以平均腐蚀速率表示腐蚀进行的快慢。工程上常以单位时间内腐蚀的深度表示金属的平均腐蚀速率，即过程设备构件厚度在单位时间内减薄量。

4.2.2 全面腐蚀的形貌

对于全面腐蚀，腐蚀介质能够均匀地抵达金属表面的各部位，金属的化学成分和显微组织在宏观尺度上是均匀的。全面腐蚀会造成金属大量流失，其暴露的表面会发生大面积较为均匀的脱落或空洞。对于过程设备，宏观腐蚀发生后，器壁与腐蚀介质接触的一侧往往会有大量的腐蚀产物，壁厚发生减薄。图 4-4 为某催化裂化余热锅炉过热段 12Cr1MoVG 锅炉管发生全面腐蚀后，壁厚减薄形貌。该失效案例的详细分析过程见 6.5 节。

图4-4　全面腐蚀的形貌

4.2.3　全面腐蚀的预防

全面腐蚀尽管导致金属材料的大量流失，但是由于易于检测和察觉，通常不会造成过程设备的突发性失效事故。工程实践中，定期对设备进行测厚，掌握壁厚的减薄状况，一般可以避免发生爆破事故。特别是对于均匀性全面腐蚀，根据较为简单的试验所获数据，就可以准确地估算设备的寿命。工程实际中，通常采用以下手段预防和控制全面腐蚀：

（1）在工程设计时预先留出腐蚀裕量在压力容器设计时，针对金属和介质腐蚀性能，在计算厚度的基础上加上一定的腐蚀裕量作为设计厚度。当然，腐蚀裕量有一个限度，如果根据预期的容器设计使用年限和介质对金属材料的腐蚀速率确定的腐蚀裕量过大时，应该考虑更换材料。

（2）合理选材在选材时首先考虑介质的性质、温度、压力。如，硝酸是氧化性酸，应选用在氧化性介质中易形成氧化膜的材料。介质所处的温度和压力也应当予以考虑，通常温度越高、压力越高，对材料的耐腐蚀性要求越高。其次在选材时要考虑设备的用途、工艺过程和其结构设计特点。如，乙烯裂解炉管要求材料具有良好的耐热性能，以防止材料发生高温氧化。最后还应该考虑外界环境对材料的腐蚀，在特定的腐蚀环境中选择适当的材料。

（3）在金属表面覆盖涂料层涂料层防护基于以下三方面对金属起到保护作用：①屏蔽作用，金属表面涂覆涂料以后，相对来说就把金属表面和环境隔开了，起到保护作用。②缓蚀作用，借助涂料的内部组分与金属反应，使金属表面钝化或生成保护性的物质以提高涂层的防护作用。③电化学保护作用，介质渗透涂层接触到金属表面下就会形成膜下的电化学腐蚀。

（4）添加缓蚀剂在介质中通过添加少量能阻止或减缓金属腐蚀的物质以保护金属的方法称为缓蚀剂防腐，例如碳钢制成的贮水槽在水和空气的交界处由于水线腐蚀产生红锈，若在水中加入少量聚磷酸钠则能大大减弱红锈的生成。

（5）利用电化学原理进行阴极保护或者阳极保护常用的阴极保护方法有外加电流阴极保护法和牺牲阳极保护法。阳极保护是将被保护设备与外加直流电源的正极相连，使金属表面形成耐腐蚀的钝化膜，并维持其钝化状态。

4.3 点蚀

4.3.1 点蚀的定义

金属材料在某些环境介质中，经过一段时间后，大部分表面不发生腐蚀或腐蚀很轻微，但在表面个别点或微小区域出现空穴或麻点，且随着时间的推移，蚀孔不断向纵深方向发展，形成小孔状腐蚀坑，这种现象称为点蚀，也称为孔蚀。

点蚀是一种隐蔽性强、破坏性大的局部腐蚀形式，通常因点蚀造成的金属质量损失很小，但设备常常由于发生点蚀而出现穿孔破坏，造成介质泄漏，同时在应力作用下还易诱发腐蚀开裂，导致重大危害性事故发生。一般金属表面都可能产生孔蚀，如果镀有阴极保护层（Sn、Cu、Ni）的钢铁制品镀层不致密，钢铁表面也可能产生孔蚀。阳极缓蚀剂用量不足，则未得到缓蚀剂的部分成为阳极区，也将产生孔蚀。

4.3.2 点蚀的机理

点腐蚀的产生经历了点蚀孔的形成及点蚀孔的扩展两个阶段。

1）孔蚀的形成

孔蚀的初始阶段称为诱导阶段。关于小孔成核的原因现在有两种理论，一种是钝化膜吸附理论，即认为点蚀是由于腐蚀性阴离子（如 Cl）和氧原子竞争吸附造成的。金属的氧化膜具有新陈代谢和自我修补的机能，即钝化膜处于不断溶解和修复的动态平衡状态，如果膜吸附了活性阴离子和氯离子，因为氯离子能优先、有选择地吸附在钝化膜上，把氧原子排挤掉并与钝化膜中的阳离子结合成可溶性氯化物，钝化膜的动态平衡遭到破坏，溶解占优势，在新露出基体金属的特定点上生成小蚀坑，孔径多数在 $20\sim30\mu m$，这些小蚀坑便称为孔蚀核，整个过程的示意图如图 4-5 所示。

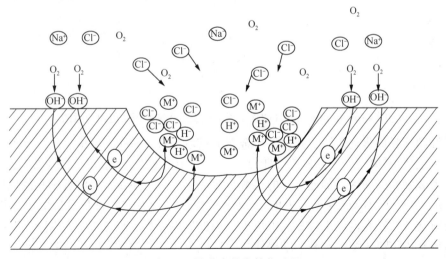

图 4-5 蚀孔内的自催化过程

另一种是钝化膜破坏理论，即认为孔蚀的发生是当腐蚀性阴离子（如 Cl^-），在钝化膜上吸附后，由于腐蚀性阴离子半径小能穿过钝化膜进入膜内，使膜内形成强烈的感应离子导电，导致在膜的某些特定点上能维持高的电流密度，并使阳离子杂乱移动，当膜-溶液界面的电场强度达到某一临界值时即可引起孔蚀。

若金属表面存在硫化物、氧化物夹杂，晶界碳化物析出或钝化膜缺陷处，孔蚀将优先在这些地方形成。例如不锈钢上有硫化物（MnS）夹杂是孔蚀形成的敏感点，MnS很容易被浓度不高的强酸溶解，又由于硫化物夹杂物经常形成包围氧化物质点的外壳，这些外壳一旦溶解即形成空洞和狭缝，在该处形成孔蚀源。除此之外，在氯离子溶液中存在溶解氧或阳离子氧化剂（如 $FeCl_3$）时，由于氧化剂能促进阴极过程，在金属的腐蚀电位上升至孔蚀电位以上，也能促进小孔核发展为孔蚀源。

2）孔蚀的扩展

孔蚀一旦发生后发展将非常快。关于孔蚀发展的机理也有很多理论，比较公认的理论是孔内发生的自催化过程，现以不锈钢在充气的含氯离子介质中的孔蚀过程为例，说明小孔生长过程（图 4-6）。

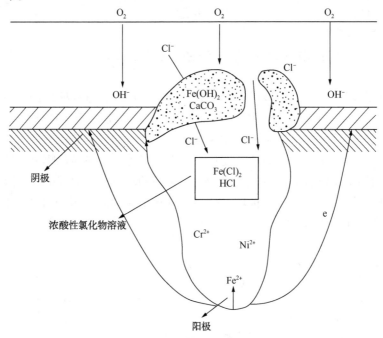

图 4-6　不锈钢在充气的含氯离子介质中孔蚀的闭塞电池示意图

在孔蚀源成长的最初阶段，孔内发生金属的溶解：$Fe \longrightarrow Fe^{2+} + 2e$，金属离子浓度升高后发生水解生成 H^+ 离子，即：$Fe^{2+} + 2H_2O \longrightarrow Fe(OH)_2 + 2H^+$，导致与小孔接触溶液的 pH 值下降，形成强酸溶液区，加速金属的溶解，使蚀孔扩大、加深。而临近小孔的区域发生氧的还原反应，$1/2O_2 + H_2O + 2e \longrightarrow 2OH^-$，这个过程是自身促进和自身发展的，金属在孔内的迅速溶解会导致蚀孔内产生较多的阳离子，为保持电中性，促使孔外的阴离子（Cl^-）向孔内迁移造成孔内氯离子浓度升高，结果使孔内形成金属氯化物（如 $FeCl_2$）浓溶液，这种浓溶液可使孔内金属表面继续维持活性态。随着蚀孔的加深和腐蚀产物覆盖坑口，氧难以扩散到蚀孔内，结果孔口腐蚀产物沉积与锈层形成一个闭塞电池。闭塞电池形成以后，孔内外物质迁移更加困难，使孔内金属氯化物浓度继续增大，氯化物的水解使孔内 pH 值进一步降低，酸度增加促使阳极溶解加剧。这种由闭塞电池引起孔内酸化加速腐蚀的作用称为自催化酸化作用。孔内的强酸性环境使蚀孔内壁处于活性态而成为阳极，孔外大片金属表面仍处于钝态为阴极，从而构成由小阳极–大阴极组成的活化–钝化电池，使蚀孔加速长大。

4.3.3 点蚀的形貌

点蚀失效宏观上非常容易辨识。有的腐蚀坑呈开放式，有的腐蚀坑表面开口很小，有些表面则覆盖着沉积物，当去掉沉积物时则露出腐蚀坑。

点蚀的形貌是多种多样的，有的宽而浅，有的窄而深(一般直径只有数十微米，深度大于或等于孔径)，大致可分七类，如图 4-7 所示。蚀孔在金属表面上的分布也没有一定的规律，有些较分散而有些较密集，多数孔口被腐蚀产物覆盖，少数呈开放式。通常认为小孔的形状既与蚀孔内腐蚀溶液有关又与金属材料本身的性质和组织结构有关。一般情况下，孔蚀的表面直径小而深度深，蚀孔的最大深度与金属平均腐蚀速度的比值称为小孔腐蚀系数，小孔腐蚀系数越大，点蚀越严重。目前对材料本身及其所处环境与腐蚀形貌之间是否存在相关性还没有明确的结论。

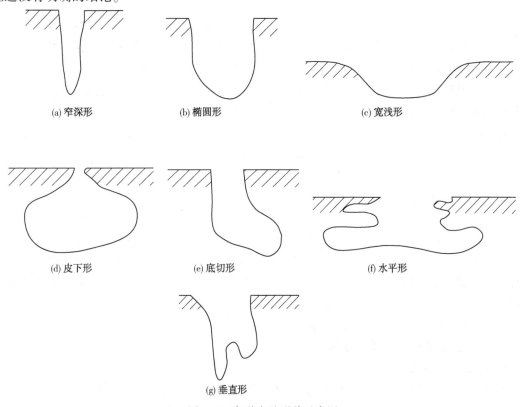

(a) 窄深形   (b) 椭圆形   (c) 宽浅形

(d) 皮下形   (e) 底切形   (f) 水平形

(g) 垂直形

图 4-7 各种点蚀形貌示意图

点蚀失效在宏观上非常容易辨识。图 4-8 是管线钢发生点蚀的宏观形貌。图 4-8(a)中是管线外表面的腐蚀小孔，沿小孔轴线切开后，可以看见孔蚀从管线内表面向管线外表面穿透的形貌，见图 4-8(b)。该案例的详细分析过程见 6.6 节。

4.3.4 点蚀的防护

根据点蚀的理论，防治点蚀的途径主要有：

（1）选用和研制耐点蚀材料，以提高设备的耐点蚀性能。如在不锈钢中添加一定量的钼、氮、硅等合金元素的同时提高不锈钢中的铬含量，可获得耐点蚀性能良好的钢种。实践表明，高铬含量和高钼含量配合的抗点蚀性能效果显著。

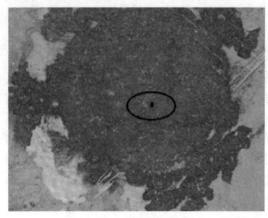

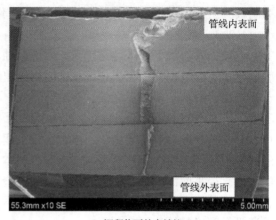

(a) 表面沉积物　　　　　　　　　　　　　(b) 沉积物下的点蚀坑

图 4-8　点蚀的宏观形貌

（2）采用精炼方法除去不锈钢中的含硫、含碳杂质，可以大大提高钢的耐点蚀性能。

（3）降低介质中卤素离子的含量（如 Cl^- 和 Br^-），并使其浓度均匀。

（4）对循环体系，可加入缓蚀剂。对缓蚀剂的要求是，增加钝化膜的稳定性或有利于受损的钝化膜得以再钝化。例如，在 $0.1\%NaCl$ 溶液中加入 $0.4\sim0.5g/L$ 的 $NaNO_2$，可以完全抑制 0Cr18Ni9 不锈钢的点蚀。但 $NaNO_2$ 这类缓蚀剂属于氧化性缓蚀剂，必须保证其添加量。

（5）降低介质的温度和增加介质的流速，也可减缓点蚀的发生。

4.4　缝隙腐蚀

在众多类型的局部腐蚀中，缝隙腐蚀非常容易发生，并对过程设备造成严重危害。例如，法兰由螺栓、螺母和垫圈连接，塔设备和换热器的内构件之间存在许多小的缝隙，这就为缝隙腐蚀提供了先决条件。一方面，几乎所有的金属都可能发生缝隙腐蚀（包括钛、铝以及铜的合金），特别是依赖钝化而耐腐蚀的金属；另一方面，几乎所有的腐蚀性介质都能引起金属的缝隙腐蚀，这就造成了缝隙腐蚀的普遍性。

4.4.1　缝隙腐蚀的定义与机理

1）缝隙腐蚀定义

金属部件在介质中，由于金属与金属或金属与非金属之间形成特别小的缝隙，其宽度（一般为 $0.025\sim0.1mm$）足以使介质进入缝隙内而又使这些介质处于停滞状态，引起缝内金属加速腐蚀，这种腐蚀称为缝隙腐蚀。

2）缝隙腐蚀机理

缝隙腐蚀是由许多反应错综复杂的交互作用所推动的电化学腐蚀过程。早些时候，人们曾试图以各种浓差电池理论来解释缝隙腐蚀的机理，后来逐步形成了解释缝隙腐蚀的统一的机理模型。它综合了以前各种机理的许多特点，得到普遍认可。现以图 4-9 所示的缝隙腐蚀为例，解释比较典型的 Fontana 和 Greene 所提出的复合浓差电池机理，即自催化的闭塞电池理论。

将构件放入呈中性的海水中，初始阶段缝隙内部进行着均匀的金属溶解（氧化）和氧的去极化(还原)反应。

$$氧化反应：M \longrightarrow M^+ + e \tag{4-1}$$

$$还原反应：O_2 + 2H_2O + 4e \longrightarrow 4OH^- \tag{4-2}$$

初始阶段开始时，缝隙内外的反应是同时进行的，氧化反应产生的电荷马上被氧气还原消耗掉。由于相对闭塞的缝隙构型使缝内溶液呈滞流状态，一段时间之后，缝隙内氧气被消耗尽，还原反应被迫终止，只能进行阳极的氧化反应，缝隙内外形成了氧浓差电池，加之缝外大阴极和缝内小阳极的相对面积关系，加速了缝内金属的阳极溶解反应，如图4-9所示。二次腐蚀反应的产物在缝隙口形成，逐步发展为闭塞电池，使缝隙腐蚀进入发展阶段。由于缝隙的滞流状态，富集的金属阳离子难以外移，而缝隙内又要保持电荷的平衡，缝隙外部的氯离子不断向缝隙内部移动，出现富氯离子现象，而缝隙内金属氯化物又发生水解生成氢氧化物和游离酸，引起缝隙内溶液 pH 值下降，酸度增加，进一步加速金属阳极腐蚀，形成一个自催化过程。缝隙内腐蚀增加的同时，缝外临近表面的阴极还原过程速率增大，因此外表面得到阴极保护。

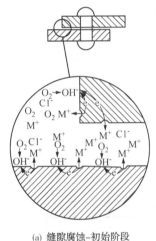

(a) 缝隙腐蚀-初始阶段   (b) 缝隙腐蚀-后期阶段

图 4-9　缝隙腐蚀机理示意图

4.4.2　缝隙腐蚀的形貌

图 4-10(a)为不锈钢换热管发生缝隙腐蚀后的形貌，图 4-10(b)为 304 不锈钢管的缝隙腐蚀形貌。缝隙腐蚀常在垫片下，两金属搭接处和换热器管子与管板连接的间隙处。

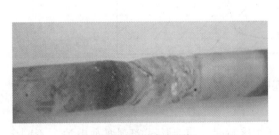
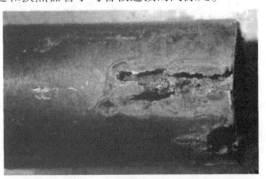

(a) 不锈钢换热管腐蚀形貌   (b) 304管子与另一只管子搭接缝隙处产生的缝隙腐蚀

图 4-10　缝隙腐蚀形貌特征

4.4.3 缝隙腐蚀的防护

（1）合理设计　在设计和施工上应尽量避免造成缝隙的结构。在制造工艺上应尽量用焊接代替铆接或螺栓连接；焊接时在接触溶液的一侧焊接，应避免空洞或缝隙，如在换热器管子与管板的连接处，如果采用胀接或者焊接+贴胀的工艺，则能有效消除管子与管孔之间的间隙，有效避免缝隙腐蚀；设计容器时，应使容器内液体能完全排空，避免死角或静滞区。

（2）电化学保护　采用牺牲阳极或外加电流法进行阴极保护。

（3）合理选择材料　缝隙腐蚀是由于缝隙中电解质的酸化和阳极溶解造成的，因而选择合适的耐蚀材料是解决缝隙腐蚀的有效办法。应尽量选择具有尽可能低的钝化电流密度、较正的活化电位和在低氧气酸性介质中不活化的材料。黑色金属应含有 Cr、Mo、Ni、N 等有效元素。

（4）使用缓蚀剂　用磷酸盐、铬酸盐、亚硝酸盐的混合物可有效防止钢、黄铜和锌的缝隙腐蚀，或将含有缓蚀剂的油漆涂覆在结合面上。

（5）改善介质条件　根据影响缝隙腐蚀的因素可知，降低或去除介质中的 Cl^- 等活性阴离子，提高介质的 pH 值，适当降低介质温度均有利于抑制缝隙腐蚀的产生。同时，尽可能的保证金属表面光滑，无缝隙生成条件也可以减少缝隙腐蚀的发生。

4.5 电偶腐蚀

4.5.1 电偶腐蚀的定义与机理

1）电偶腐蚀的定义

电偶腐蚀是指当两种不同金属在导电介质中接触后，由于各自的电极电位不同而产生电位差，电位较正的金属为阴极，腐蚀减少或终止，而电位较负的金属为阳极，腐蚀加速。在腐蚀电池中，阳极金属溶解速度增加的效应，称为电偶腐蚀效应，阴极溶解速度减少的效应，称为阴极保护效应，两种效应是同时存在的，如图 4-11 所示。

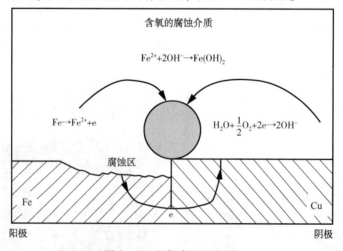

图 4-11　电偶腐蚀示意图

2）电偶腐蚀的机理

由于存在电势差，不同金属在腐蚀介质中互相接触时，将会构成宏观腐蚀电池。不同金属分别成为腐蚀电池的阴极和阳极，电子便在电极间直接转移，为满足电极界面的电子平衡，两个电极上进行的电极反应也将发生必要的调整。

设等面积的两种金属 M_1 和 M_2，分别处在含 H^+ 为去极剂的腐蚀介质中时，由于微电池作用，将各自发生共轭电极反应。M_1 和 M_2 的腐蚀电流分别为 i_{corro1} 和 i_{corro2}，如图 4-12 所示。在彼此偶接后，电位比较低的 M_1 成为阳极，电位较正的 M_2 为阴极，并有电偶电流从 M_2 流向 M_1，因而 M_1 发生阳极极化，M_2 发生阴极极化。当极化达到稳定时，总阴极极化曲线与总阳极极化曲线的交点所对应的电位 ϕ_g 即为偶对的混合电位，对应的腐蚀电流 i_1 和 i_2 即为电偶电流。此时 M_1 的腐蚀电流从 i_{corro1} 增加到 i_1，说明比单独存在时腐蚀速度增加了。而 M_2 相反，它的腐蚀电流从 i_{corro2} 降到 i_2，说明耦合后比单独存在时腐蚀速度下降了。电偶腐蚀电池中，阳极体金属腐蚀速度增加的效应，称为接触腐蚀效应；阴极体金属腐蚀速度减小的效应，称为阴极保护效应。两种效应同时存在，互为因果。金属 M_1 和 M_2 偶接后，阳极金属 M_1 的腐蚀电流 i_1 与未耦合时金属 M_1 的自腐蚀电流之比 γ 称为电偶腐蚀效应，可用式（4-3）表示。γ 值越大，则阳极金属 M_1 在电偶腐蚀中的腐蚀越严重。

$$\gamma = \frac{i_1 + \mid i_{corro2} \mid}{i_{corro1}} \approx \frac{i_1}{i_{corro1}} \qquad (4-3)$$

式中，i_{corro2} 为阴极自腐蚀电流，在阴极没有达到完全阴极保护时是存在的，但考虑电偶中阳极腐蚀时，它通常可以忽略不计。

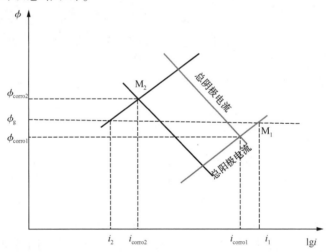

图 4-12　M_1 和 M_2 组成电偶对后的动力学极化示意图

4.5.2　电偶腐蚀的现象

电偶腐蚀现象非常普遍，由定义可知，电偶腐蚀可以因有电位差的异种过程设备接触而产生，或因金属材料与可导电的非金属材料接触存在电位差而引起，也可以由在同一个构件的不同部位有电位差而引起；可以因金属材料种类不同或状态不同在同一环境介质中有不同的电位而引起；也可以因同一种类同一状态的金属材料所处环境条件不同而有不同的电位而引起。只要具有不同电位的两个电极（两个构件或两个部位）耦合，就能产生电偶电流而引发电位较负的电极金属材料产生电偶腐蚀，此时电位较正的电极则会受到阴极保护，其腐蚀相对减缓。电位差是电偶腐蚀的原动力，两个电极的电位差要有一定的数值才能在宏观上测试出电偶电流。从以上分析可知，电偶腐蚀应该包括多种类型的电化学腐蚀，最常见的有双金属材料腐蚀、浓差腐蚀和微观电偶腐蚀等。

（1）双金属材料腐蚀　由不同类型的两种金属材料（包括能导电的非金属）耦合产生的腐蚀，可以是两个构件，也可以是一个构件的两个组件。双金属材料的电偶腐蚀又称异种金属腐蚀。在工程装备中，采用不同金属材料的组合是普遍的，且是不可避免的，所以这种电偶腐蚀是很常见的，并往往以双金属材料腐蚀定义电偶腐蚀。这种类型的电偶腐蚀的实例是很多的，图4-13为奥氏体不锈钢与碳钢法兰连接发生的电偶腐蚀的形貌。还有常见的焊接结构中，焊缝或者热影响区比母材腐蚀严重，原因是焊接过程的高温熔化和冷却过程引起成分和组织的变化，如果焊条选取或焊接工艺不适当，焊接构件在电解质溶液中，其焊缝或热影响区电位比母材低，在焊缝与母材使用的电耦合中，焊缝腐蚀将被加速。如图4-14所示，过热蒸汽炉对流管弯头焊缝区域同母材相比，焊缝电极电位较低，且面积又较小，形成了大阴极、小阳极的腐蚀结构，因而焊缝处腐蚀速度较快，焊缝处出现沟槽。典型的焊接结构的电偶腐蚀失效案例见6.8节。

图4-13　奥氏体不锈钢与碳钢法兰
连接发生的电偶腐蚀

图4-14　弯头焊缝区的电偶腐蚀

（2）浓差腐蚀　构件各个部位接触电解质腐蚀性成分含量不同时，最容易引起浓差腐蚀。最典型的是氧浓差电偶腐蚀，氧供应充分的部位为阴极，腐蚀得到减缓，氧供应不足的部位为阳极，加速腐蚀。如石油化工厂的储罐底部直接与土壤接触，底部的中央处氧到达困难，而边缘处氧容易到达，金属在土壤中的腐蚀与在电解液中的腐蚀本质是一样的，这样便形成供氧不均匀的宏观电池，所以罐底的中央是阳极，常遭受到电偶腐蚀破坏。埋地的长输管道通过不同结构和不同潮湿程度的土壤时，最容易形成各种浓差引起的电偶腐蚀。

（3）微观电偶腐蚀　用一种金属材料制成的构件，在电解质溶液中使用时，常可发现不同区域腐蚀程度的差异，这种工作区域的腐蚀常常发生在构件表面金属材料有局部不完整或非均质的部位，这些部位是电偶腐蚀的阳极，而大部分相对均匀完整的部位是阴极；当过程设备进行冷加工，以致一个部位比另一个部位有更高的残余应力，其中高应力区域是阳极，低应力区域是阴极。这种构件工作区域的腐蚀可体现在电偶腐蚀机理引致的各种形貌的局部腐蚀，如构件的点腐蚀、缝隙腐蚀，点蚀孔内及缝隙内就是电偶的阳极，被加速腐蚀，而蚀孔外及缝隙外就是电偶的阴极。

4.5.3　电偶腐蚀的防护

根据电偶腐蚀的特点，可采取以下主要措施防止电偶腐蚀：

（1）在设计时，尽量避免异种金属（或合金）相互接触，若不可避免时，应尽量选取电位序相近的材料组合；

（2）设备或部件中，当两种以上的金属组合时，控制阴极和阳极的面积比，切忌形成大阴极-小阳极的不利于防腐的面积比；

（3）连接面加以绝缘，在法兰连接处所有接触面均用绝缘材料做垫圈或涂层保护；

（4）在使用涂层时，必须十分谨慎，必须涂覆在阴极金属上，以减少阴极面积；如果涂在阳极表面上，因涂层的多孔性，可能使部分阳极表面暴露于介质中，反而会造成大阴极-小阳极的面积组合而加速腐蚀；

（5）对于一些必须装在一起的小零件，必须采用表面处理（如对钢件法兰表面镀锌，对铝合金表面进行阳极氧化，这些表面膜在大气中的电阻较大，可以减轻电偶腐蚀的作用）；

（6）设计时还可安装一块比电偶接触的两块金属更负的第三种金属，把容易更换的部件作为阳极，并使其厚度加大，以延长寿命。

4.6　晶间腐蚀

4.6.1　晶间腐蚀的定义与机理

1）晶间腐蚀定义

常用金属材料，特别是结构材料，属多晶结构的材料，因此存在着晶界。而晶间腐蚀又称为沿晶腐蚀，是金属材料在特定的腐蚀性介质中沿着晶粒晶界受到腐蚀，使晶粒之间丧失结合力的一种局部腐蚀破坏现象。如图 4-15 所示，晶间腐蚀由表面沿着晶界向基体内部发展，但是深度仅限于晶间区的宽度（一般小于 500nm）。当腐蚀电流 $I_{晶间} \geq I_{晶粒}$ 且 $I_{晶粒} \approx 0$ 时，就会发生晶间腐蚀，此时不锈钢表面从外表看仍是完好光亮的，但由于晶粒之间的结合力破坏，材料几乎完全丧失了强度，严重者会失去金属声音。因此，它是危害性较大的局部腐蚀形式之一。

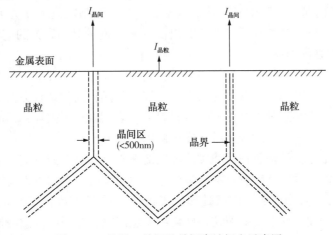

图 4-15　晶界、晶间及晶间腐蚀概念示意图

2）晶间腐蚀的机理

目前关于晶间腐蚀的机理主要有两种理论：贫铬理论和晶界区杂质或第二相选择性溶解理论。

（1）贫铬理论

以奥氏体不锈钢为例介绍贫铬理论，奥氏体不锈钢在氧化性或弱氧化介质中产生晶间腐蚀，多数是由于热处理不当而造成的。固溶状态的奥氏体不锈钢，当在450~850℃温度范围保温或缓慢冷却处理时，会在一定的腐蚀性介质中呈现晶间腐蚀敏感性，所以这个温度范围称之为敏感温度(危险温度)。固溶处理的不锈钢，在这个温度范围内，碳倾向于与铬结合形成复杂的碳化物 $Cr_{23}C_6$，从过饱和的奥氏体中析出到晶界上，由于碳在奥氏体中的扩散速率远大于铬的扩散速率，从而使消耗的铬不能从晶粒中通过扩散得到及时的补充。因而晶界附近形成贫铬区，使得该区含铬量远低于钝化所需的临界浓度(12.5%)，结果活化态的晶界贫铬区与钝化态的晶粒本体构成活化-钝化电池，而且晶界区面积比晶粒区面积小得多，形成大阴极、小阳极的不良格局，于是作为阳极的晶界区发生加速腐蚀，并沿着晶界向纵深发展，以致完全破坏晶粒间的结合，如图4-16所示。

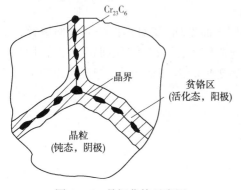

图4-16　晶间贫铬示意图

（2）晶界区杂质选择性溶解理论

该理论认为晶界的杂质或晶间分布的第二相优先发生腐蚀溶解，或者第二相本身就构成腐蚀电池，其中某一组分发生选择性溶解，导致晶间腐蚀。如晶界区杂质偏聚，P > 100ppm[❶]、Si > 1000ppm，在强氧化性介质中会发生选择性溶解，引起晶间腐蚀。对于低碳或超低碳不锈钢，本已不具备富铬碳化物析出的条件，但是 σ 相在晶界析出并发生自身的选择性溶解也会引发晶间腐蚀。通常，σ 相析出引起的晶间腐蚀较碳化物导致的晶间腐蚀产生的难度大，具有 σ 相的奥氏体不锈钢只有在质量分数为65%的硝酸等强氧化介质中才能产生晶间腐蚀。在氧化性低的腐蚀介质中，析出 σ 相的不锈钢处于较低的电位区间，此时 σ 相比 γ 相稍耐蚀，因此不易发生晶间腐蚀破坏。在过钝化电位下 σ 相会发生严重的腐蚀，其阳极活性电流急剧增加，即高电位下 σ 相有遭受严重选择性腐蚀的倾向。这正是强氧化性介质能够检验出由 σ 相引起的晶间腐蚀的电化学原理。

4.6.2　晶间腐蚀的形貌

晶间腐蚀是金属在特定的腐蚀环境中沿着材料晶界发生和发展的局部腐蚀破坏状态。晶间腐蚀从金属材料表面开始，沿着晶界向内部发展，使晶粒间的结合力大大丧失，以致材料的强度几乎完全消失。受这种腐蚀的不锈钢材料，从表面看不出破坏，但晶粒之间已丧失了结合力，失去金属声音，严重时轻轻敲打便可破碎。

从微观角度，金相检验是辨识晶间腐蚀失效的最直接和有效的方式。晶间腐蚀都是从表面开始的，因此当晶间腐蚀还没有贯穿到整个厚度时，从剖面金相可以观察到晶间腐蚀的深度。图4-17的金相示意图表明，固溶处理的奥氏体不锈钢晶界上没有碳化物，晶界细微，而敏化的不锈钢则表面出现了沿晶裂纹。敏化影响愈严重，晶间腐蚀愈明显。

某蜡油催化裂化装置中的放空管管道材质为316H不锈钢，规格为 $\phi 159 \times 8mm$。管内介质为再生烟气，主要成分为 CO、CO_2、NO_x、SO_2、颗粒物和水汽。主烟道内的烟气温度为640~700℃，放空管出口的烟气温度为271~296℃。投入使用后的三年间曾发生过两次开裂泄漏，经焊接处理后继续使用。第三次因管道再次泄漏，对泄漏处进行补焊，但补焊位置附

---

❶　$1ppm = 10^{-6}$。

近又发生开裂，致使补焊工作无法继续进行。金相分析结果表明，失效管道存在严重的晶间腐蚀问题，内壁较为严重，可见大量的晶粒脱落，外壁晶间腐蚀也已发生晶间腐蚀，有明显的晶间裂纹，如图4-18所示。大部分试样在浸蚀前呈现光亮的区域在浸蚀后看到晶界上有明显的小颗粒，这是晶间贫铬的特征形貌如图4-19所示。用扫描电镜观察断口时，可以观察到岩石状或者冰糖状的断口，如图4-20所示。

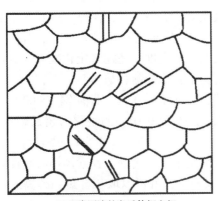

(a) 正常固溶的奥氏体钢金相　　　　　(b) 晶间腐蚀的奥氏体不锈钢金相

图4-17　奥氏体不锈钢晶间腐蚀前后沿深度方向剖面金相比较

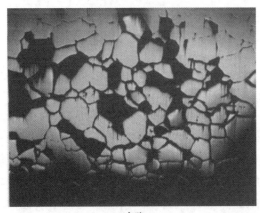
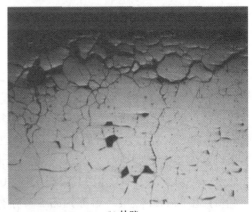

(a) 内壁　　　　　　　　　　　(b) 外壁

图4-18　316H放空管不同部位的金相图

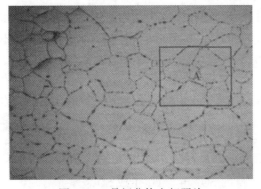
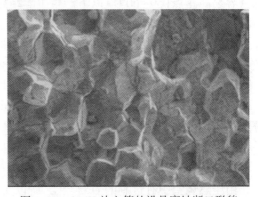

图4-19　晶间贫铬金相照片　　　　　图4-20　316H放空管的沿晶腐蚀断口形貌

4.6.3 晶间腐蚀的防护

基于奥氏体不锈钢的晶间腐蚀是晶界产生贫铬而引起的，控制晶间腐蚀可以从控制碳化铬在晶界上沉淀来考虑。通常采用以下几种方法：

（1）重新固溶处理　例如把焊件加热到 $1050 \sim 1100℃$，使沉淀的 $Cr_{23}C_6$ 重新溶解，然后淬火防止其再次沉淀。焊接应快速进行，焊后应快冷，防止材料在敏化区停留。

（2）稳定化处理　炼钢时加入一些强碳化物形成元素，它们和碳的亲和力大，能与碳首先生成稳定的碳化物，而且这些碳化物的固溶度又比 $Cr_{23}C_6$ 小得多，在固溶温度下几乎不溶于奥氏体中，这样经过敏化温度区时，$Cr_{23}C_6$ 不至于在晶界析出，在很大程度上消除了奥氏体不锈钢产生晶界腐蚀的倾向。为了使材料达到最大的稳定度，还需稳定化处理，就是将材料加热到一定温度，使其生成稳定的化合物，以避免不希望的新相析出。

（3）采用超低碳不锈钢　如果奥氏体不锈钢碳含量低于 0.03%，即使钢在 700℃时长时间退火，对晶间腐蚀也不会产生敏感性。碳含量在 0.02%~0.05%的钢称为超低碳不锈钢，但这种钢成本较高。

（4）采用双相钢　奥氏体不锈钢易于加工，但易发生晶间腐蚀，铁素体钢具有良好的耐晶间腐蚀性，但加工性能差。若用奥氏体-铁素体双相钢，就可以取长补短，解决晶间腐蚀问题，这也是目前抗晶间腐蚀的优良钢种。

4.7　露点腐蚀

4.7.1　露点腐蚀的定义

露点腐蚀是由于燃料中硫元素在燃烧时会生成 SO_2、SO_3，当换热面的外表面温度低于烟气露点温度时，在换热面上就会形成硫酸雾露珠，导致换热面腐蚀。

目前工厂所用的燃料如煤、重油等均或多或少含有硫，其燃烧废气中的 SO_2 有一部分氧化成 SO_3，此 SO_3 可和废气中的水蒸气结合成硫酸蒸气，在低温（$100 \sim 160℃$）部位，如引风机挡板、省煤器、集尘器、空气预热器、烟道和烟囱等处结露成硫酸液体，对设备造成腐蚀。此外，燃煤中亦含有微量的氯（0.02%~0.75%），焚化炉中可能有来自垃圾的塑胶类物质燃烧所产生的 HCl 蒸气，熔炼铝的工厂亦有 HCl 蒸气产生，此蒸气在 100℃以下腐蚀性不强，但是若在露点（50~60℃）以下结露成盐酸液体则具有很强的腐蚀性。燃烧甲醇时引擎排气管容易在露点（50~60℃）以下产生甲醇结露，造成腐蚀。

露点腐蚀与一般液体腐蚀的不同之处在于后者未经饱和蒸汽冷却而直接由液体对材料整体进行腐蚀，前者则是一层一层地结露后才进行腐蚀，因此腐蚀速率受凝结速率与凝结物扩散至材料表面的速率所限制，但液体腐蚀不受此种因素影响。

4.7.2　露点腐蚀的机理

烟气露点腐蚀是指加热炉的燃油或燃气中含有 S，当含硫燃料燃烧时，S 的化合物发生分解，生成气态 S 或 SO_2，反应式如下：

$$H_2S + \tfrac{3}{2}O_2 = SO_2 + H_2O \tag{4-4}$$

$$3H_2S + \tfrac{3}{2}O_2 = \tfrac{3}{2}S_2 + 3H_2O \tag{4-5}$$

由于燃烧室中有过剩的 O_2 存在，所以又有少量的 SO_2 再与 O_2 生成 SO_3：

$$2SO_2 + O_2 = 2SO_3 \tag{4-6}$$

在高温烟气中的 SO_3 气体不腐蚀金属，但当烟气温度降到 400℃以下，SO_3 将与水蒸气化合成稀硫酸，反应如下：

$$SO_3+H_2O \Longrightarrow H_2SO_4 \tag{4-7}$$

露点腐蚀后产生 $FeSO_4$，在烟气中 SO_2 和 O_2 的作用下又可生成 $Fe_2(SO_4)_3$：

$$2FeSO_4+SO_2+O_2 \Longrightarrow Fe_2(SO_4)_3 \tag{4-8}$$

$Fe_2(SO_4)_3$ 附着沉积在炉管上，形成腐蚀产物层。$Fe_2(SO_4)_3$ 是一种酸性的、易吸潮的物质。当加热炉停工降温时，$Fe_2(SO_4)_3$ 即开始吸潮潮解，在炉管表面形成强酸性的腐蚀环境(腐蚀产物的 pH 值为 2.3)。如果腐蚀产物没有及时清除，那么在整个停工阶段炉管也将受到 $Fe_2(SO_4)_3$ 对金属的腐蚀并产生 $FeSO_4$，从而形成 $FeSO_4$-$Fe_2(SO_4)_3$-$FeSO_4$ 的腐蚀循环，大大加快了腐蚀的进程。

4.7.3　露点腐蚀的形貌

露点腐蚀的形貌与点蚀或者缝隙腐蚀相差不大，要想进行判断，必须结合温度条件、介质环境和不同的部位所受腐蚀情况不同进行判断。某炼厂 S-Zorb 烟气管线投用过程中，管线弯头处出现了严重的泄漏问题，检查发现弯头遭受到严重的腐蚀，表面失去了原有的金属光泽，出现了大量的腐蚀凹坑，覆盖着厚厚的黑色腐蚀产物。直管和弯头内表面底部的宏观照片见图 4-21(a)和图 4-21(b)。由图可以看出直管底部出现了非常严重的腐蚀，表面分布着大量的腐蚀凹坑，且凹坑连成片，越接近管道的底部腐蚀越严重，而管道内表面的侧壁和顶部腐蚀程度轻微得多，表明烟气中的气体在管道内达到了露点温度，出现了冷凝，管道底部形成了积液，因此管道底部腐蚀情况比其他部位严重得多。

(a) 直管　　　　　　　　　　　　　　　　(b) 弯头

图 4-21　内表面底部的宏观照片

4.7.4　露点腐蚀的防护

(1) 控制燃料的含硫量　燃料中的硫化物是腐蚀的根本原因。重油中含硫量越高，所生成的 SO_3 量也越多。燃料含硫量小于 1%时，露点温度随含硫量减少而明显降低。从露点而言，含硫量在 1%以上时，露点 130℃，此后含硫量就对露点温度的影响不明显。露点腐蚀的影响因素并不完全取决于燃料的含硫量，还受到 SO_2-SO_3 的转化率及烟气含水量等因素影响。燃料含硫量与烟气中 SO_3 浓度并不是线性关系，但一般认为含硫量(质量分数)低于 0.5%的燃料，才可以有效地控制腐蚀。

(2) 使用添加剂　使用添加剂对于减轻硫的影响有一定的效果，能有效地抑制燃料中有害金属杂质。燃料添加剂有 $Mg(OH)_2$、ZnO、MgO、环烷酸镁、环烷酸锌等。它们燃烧后分散在灰分中，使 V_2O_5、Fe_2O_3 等有害杂质与之作用而消耗掉，降低了 SO_3 的转化率。同时置换生成的硫酸，形成中性盐($MgSO_4$)和水，减缓了硫酸的腐蚀。

（3）提高金属表面温度在 SO_3 与水蒸气存在的条件下，金属表面温度就成了影响露点腐蚀的重要因素。一方面它可决定金属表面能否形成露点腐蚀的条件；另一方面也影响金属表面冷凝酸的浓度，进一步影响腐蚀速率。金属表面温度高于露点，就破坏了冷凝的形成。因此，提高金属表面温度是防范露点腐蚀的最好的办法之一。

（4）应用耐蚀材料采用国产抗腐蚀能力强的 ND 钢、NDL 钢等材料制造炉管，比低碳钢管更耐蚀，延长设备的使用寿命。ND 钢在腐蚀过程中，表面形成含有 Cr、Cu、Ti、Sb 等元素的钝化膜起到防腐蚀的作用。

（5）金属烧结涂层金属烧结涂层技术是将镍基合金粘结在金属表面，在高温下烧结、形成镍基合金熔镀涂层。主要用于解决工业加热炉、锅炉对流室及空气预热器的硫酸露点腐蚀问题。在其他许多腐蚀介质中也有优良的耐蚀性。经涂覆处理后，对材料的强度、塑性不产生有害影响，涂层试样拉断后涂层无剥落现象。

（6）有机硅耐蚀材料为解决空气预热器的硫酸露点腐蚀问题，开发了有机硅耐蚀涂料，其特点是与钢材表面结合力强，耐温性能好，具有优良的耐硫酸露点腐蚀性能，可作为空气预热器的专用涂料。

4.8 冲蚀磨损

4.8.1 冲蚀磨损的定义和分类

工程上的磨损是指材料在使用过程中，由于接触表面受固体、液体或气体的机械作用，引起材料的脱离或转移而造成的损伤。磨损是一个极其复杂的过程，它涉及机械、材料、物理、化学等许多学科。按机制划分，磨损可分为粘着磨损、磨料磨损、腐蚀磨损、疲劳磨损、微动磨损、冲蚀磨损、冲击磨损等。

冲蚀磨损指的是材料受到小而松散的流动粒子冲击时表面出现破坏的一类磨损现象，是由多相流动介质冲击材料表面而造成的，冲蚀磨损已经成为许多工业部位中材料破坏的原因之一。

根据介质可将冲蚀磨损分为两大类：气液喷砂型冲蚀及液流或水滴型冲蚀。流动介质中携带的第二相可以是固体粒子、液滴或气泡，它们有的直接冲击材料表面，有的则在表面上溃灭(气泡)，从而对材料表面施加机械力。如果按流动介质及第二相排列组合，则可把冲蚀磨损分为 4 种类型，如表 4-1 所示。

表 4-1 冲蚀磨损分类及损坏实例

冲蚀磨损类型	介质	第二相	损坏实例
气固冲蚀磨损	气体	固体粒子	烟气轮机、管道
液滴冲蚀磨损		液滴	高速飞行器、汽轮机叶片
泥浆冲蚀磨损	液体	固体粒子	水轮机叶片、泥浆泵轮
汽蚀(空泡腐蚀)		气泡	水轮机叶片、高压阀门密封面

4.8.2 冲蚀腐蚀的形貌特征

冲蚀一般发生在介质流动状态发生变化的区域。发生冲蚀后，初期一般表现为沟槽或者多孔状金属的减少，进而表现为壁厚的减薄，最后穿孔发生介质泄漏。如图 4-22 所示，某装置有 3 条凝结水管线，一条主凝结水线，公称通径 DN150，汇集溶剂油系统、常压、精制、分馏稳定岗位、重沸器凝结水和各伴热线凝结水，另外两条分别从气分 E4002 和稳定 V1305 单独引出，公称通径 DN100 和 DN50，分别接入锅炉凝结水罐 V1510。该区域弯头多次发生穿孔，尤其是图 4-22 中 A 和 B 两个区域，弯头先后都发生穿孔。由图 4-23 可以看出，穿孔发生在弯头背部约 45°的部位，呈椭圆形，长轴平行于弯头轴线，穿孔方向由里至外，弯头内壁光滑，尤其是穿孔四周，减薄较多。

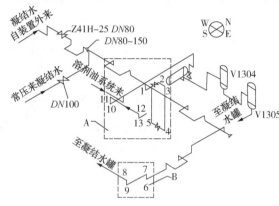

图 4-22 管线布置图

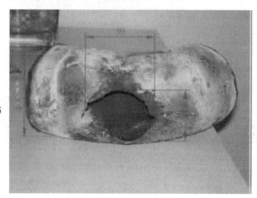

图 4-23 弯头出穿孔处的宏观形貌

4.8.3 冲蚀腐蚀的影响因素和预防措施

材料的冲蚀磨损常用冲蚀磨损率(或磨损比)来表示，即单位重量的磨料所造成的材料冲蚀磨损的质量或体积。

材料的冲蚀磨损率不是材料的固有性质，而是冲蚀磨损系统中的一个参数，它主要受以下 3 方面因素的影响：

(1) 环境因素：如冲蚀速度、冲角、冲蚀时间、环境温度等；

(2) 磨粒性质：如磨粒硬度、形状、粒度、破碎性等；

(3) 靶材性质：如靶材硬度、组织、力学性能、物理性能等。

对冲蚀磨损可从 3 个方面加以控制，即改进设计，使其有利于减少冲蚀；选用耐冲蚀磨损的材料；通过表面强化工艺提高抗冲蚀性能。

① 改进设计

在保证工作效率的前提下，合理设计零部件的形状、结构。如为了减少催化剂气固两相流对管道的冲蚀，减少流通阻力，要求催化剂输送管道上弯头曲率半径 R = (3~6)DN(公称直径)，三通为 45°斜三通。在管壳式换热器中，为了减少壳程进料对管束的冲蚀，一般在管束相应位置设置防冲挡板。为了防止塔设备进料对塔壁的冲蚀，一般要设计特殊的进料管结构。

设法减少影响材料冲蚀率的重要参数，如入射颗粒的速度，但应在综合技术指标中加以统一处理，防止片面追求单一指标。

为减少冲蚀，应改变冲击角。塑性材料尽可能避免在 20°~30°的冲击角下工作，脆性材料力争不受粒子的垂直入射。

② 合理选材

由于改进设计需考虑的因素很多，在实际应用中存在较大难度，往往不能同时完全满足要求，因此合理选材尤为重要。在选材时必须充分考虑工况条件，如冲击角、冲击速度、温度等环境因素以及磨粒性质的影响，在目前情况下，一般需通过实验来确定。

③ 表面强化

表面强化是在通用材料的基础上，采用适当的表面技术使材料表面达到耐冲蚀磨损的目的。常用的表面技术有表面热处理，如渗碳、渗氮、渗硼等；表面冶金及粘涂技术，如堆焊、热喷涂、激光熔覆、表面粘涂等；表面薄膜层技术，如气相沉积等。由于金属陶瓷和陶瓷材料加工较困难，成本高，采用表面技术在基材表面涂覆一层一定厚度的金属陶瓷或陶瓷材料，是一种行之有效的冲蚀磨损防护措施。

4.9 氢脆

具有体心立方晶格结构的金属，如 α-Fe（钢）、α-Ti（工业纯钛）等，对氢元素很敏感，易造成各种形式的氢损伤。氢损伤是指氢以原子态或离子态进入金属内部形成分子态氢后不能轻易逸出，一旦温度条件达到，就会对金属材料产生不利影响。氢脆是氢损伤的一种形式，是指进入金属内部的氢浓度过高而又无法通过扩散的方式逸出金属，因而导致材料发脆、出现脆性开裂的裂纹，甚至使构件发生断裂。奥氏体类的材料（如奥氏体不锈钢）虽然可以比 α 体溶解更多的氢，但不会引起氢脆。除非一些镍当量不高的奥氏体不锈钢在冷变形加工中形成了许多形变马氏体组织，这些新的 α' 相组织对氢脆敏感的多，但此时实质上已不再是单一奥氏体组织了。因此，奥氏体类结晶材料不讨论氢脆问题，也可避免氢腐蚀问题。氢脆问题在工程上表现得最为严重的主要是铁素体晶体结构的碳钢及低合金钢。

4.9.1 氢脆的机理及其危害

氢脆是由氢引起的材料的脆化，导致材料塑性及韧性下降，是高强度金属材料的一个潜在破坏源。氢脆问题涉及氢的来源、氢在钢材内的存在形式、氢在钢中的溶解量、氢的扩散与迁移，以及钢内的氢对钢的性能影响及破坏作用。其机理解释有氢压理论、弱键理论、吸附氢降低表面能理论和氢气团钉扎理论。这里仅简单介绍一下氢压理论。

氢压理论认为，在金属中一部分过饱和氢在晶界、孔隙或其他缺陷处析出，结合成分子氢，使这些位置造成巨大的内压力，此内压力协助外应力引起裂纹的产生和扩展。或者说，产生的氢压降低了裂纹扩展所需的外应力。该理论可解释孕育期的存在、裂纹的不连续扩展、应变速率的影响。该理论能较好地解释大量充氢时过饱和氢引起的氢鼓泡和氢诱发裂纹。该理论的有力证据是，即使没有外应力作用，高逸度氢也能诱发裂纹，特别是高逸度充氢或 H_2S 充氢能在金属表面上产生氢鼓泡，而且在其下方往往存在氢致裂纹，这是用其他理论所不能解释的。但氢压理论无法解释低氢压环境中的滞后开裂行为、氢脆存在上限温度、断口由塑性转变成脆性的原因，以及氢致滞后开裂过程中的可逆现象。一般认为，在氢含量较高时（如大量充氢），氢压理论是适用的。

4.9.2 氢脆失效的形貌

从宏观断口上来讲，氢脆诱发的断裂属于脆性断裂，因此具有一般脆性断裂的典型特征，材料本身的冲击吸收功降低，断口附近塑性变形量少。某汽车发动机缸盖上的35CrMo螺栓氢脆断裂后，其宏观形貌如图4-24所示。

从微观的角度上看，氢脆断口往往呈现出沿晶状，部分沿晶断面上可观察到具有氢脆特征的"鸡爪纹"，沿晶断面上有沿晶界开裂的二次裂纹，其微观形貌如图4-25所示。缸盖螺栓在螺纹尾部的机加工表面上发生了氢致延迟断裂，断裂位置在酸洗之后即出现了表面氢脆损伤引起的沿晶微裂纹，微裂纹在后期的服役过程中继续扩展，最后引起螺栓的断裂。

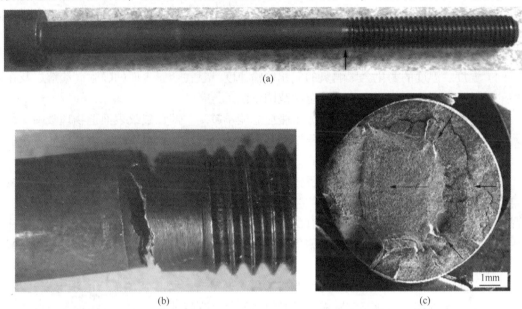

图4-24 未使用螺栓全貌(a)及螺栓的断裂位置(b)和断口形貌(c)

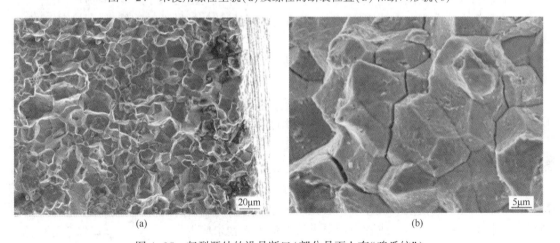

图4-25 起裂源处的沿晶断口(部分晶面上有"鸡爪纹")

4.9.3 氢脆的影响因素

影响氢脆敏感性的因素有很多，主要分为两类：一类是通过影响合金的显微组织和亚结构来影响合金本身的氢致塑性损失或氢滞后破坏(如合金成分、加工方法、热处理方法、材料表面的氧化膜)；另一类是环境条件(如氢气压力、温度、应变速率、在氢气中的暴露时间、气体中的杂质等)。

（1）合金成分　当奥氏体的稳定性较低时，易转变为铁素体或马氏体，增大不锈钢的氢致塑性损失敏感性。稳定的奥氏体不锈钢不会产生氢脆现象。

（2）加工方法　金属冷热加工会改变金属的组织，从而影响其抗氢脆性能。实验证明，亚稳定奥氏体不锈钢在室温下冷加工形变后更易产生氢致塑性损失。高温加工（如 817～927℃温度范围内精锻）则可提高抗氢脆性能。

（3）热处理工艺　合金的热处理工艺不同会导致合金晶粒尺寸、碳化物的分布及其他显微组织结构特征的变化，从而影响合金的抗氢脆性能。固溶温度过高，可产生 δ 铁素体；固溶温度过低，一些有害相未溶解。随合金固溶温度或时间的变化，特别是固溶温度的变化，合金的晶粒尺寸会发生较大的变化。

（4）温度　温度的变化会影响氢的气相传输速度、氢在金属表面的吸附、溶解以及在金属中的扩散。不同合金氢脆最严重的温度范围不同。

（5）氢分压　氢气压力越高，氢分子碰撞总能量越高，即在裂纹表面上物理吸附、化学吸附并分解为原子氢的几率越大。氢压增加，氢的溶解度增加，也增加了氢在裂纹尖端的聚集，导致金属氢脆加剧。

（6）应变速率　由于氢的扩散过程控制着合金的氢脆进程，因而应变速率对合金的氢脆影响严重。合金受力变形时，其中的位错运动与氢的扩散相互影响。当应变速率较低时，氢在晶格内的扩散先于位错运动，这样有助于氢在位错密集处的聚集；当应变速率高于氢在金属内的扩散时，氢不会在位错密集处聚集，从而达不成临界氢浓度，所以不会表现出氢脆。

4.9.4　氢脆的预防措施

（1）降低内氢措施减少内氢可通过改善冶炼、热处理、焊接、电镀、酸洗等工艺条件，以减少氢进入钢内部。对含氢钢则需进行必要的脱氢处理以消除氢脆。

（2）限制外氢进入的措施主要从建立障碍和降低外氢的活性入手。利用物理、化学、电化学、冶金等方法在基底上施以镀层，此镀层应具有低的氢扩散性和溶解度，从而构成氢进入金属的直接障碍。例如，Cu、Mo、Al、Ag、Au、W 等覆盖层，或经表面热处理而生成致密的氧化膜。有时可涂覆有机涂料或衬上橡皮或塑料衬里，防止金属与氢或氢致开裂介质接触，起到隔离的作用。

加入某些合金元素，可延缓腐蚀反应，或者生成的腐蚀产物抑制氢进入基体，可起到间接障碍的作用。如 Cu 钢在 H_2S 水介质中生成 Cu_2S 致密产物，可降低氢诱发开裂倾向。

降低外氢的活性，如在气相的 H_2S、H_2 中加入适量的氧，在腐蚀介质中加入适当的缓蚀剂抑制阴极析氢或者加入氢原子复合成氢分子的物质，都可减少外氢的危害。

（3）降低和消除应力当金属中有内应力存在，特别是有应力集中时，氢发生应力诱导扩散，向三向拉应力区富集。设计时应避免或减小局部应力集中。在加工、制造、装配中尽量避免产生较大的残余应力，或者采用退火等方法消除残余应力。

4.10　氢腐蚀

近年来也有人把氢腐蚀划入氢脆当中，但是氢腐蚀与氢脆的机理不同。氢腐蚀是指氢在高温（约200℃以上）高氢分压条件下大量溶入钢材，在微缺陷处聚集，钢中的 Fe_3C 与氢气发生化学反应生成甲烷气体，结果导致材料脱碳，并在材料中形成裂纹或鼓泡，最终使材料力学性能下降，这种现象称为氢腐蚀。氢腐蚀是化学工业、石油炼制、石油化工和煤转化工业等部门中所用的一些临氢过程设备经常遇到的一种典型损伤形式。

4.10.1　氢腐蚀的机理及其危害

氢腐蚀过程大致有三个阶段：

① 孕育期：在此期间，晶界碳化物及其附近有大量亚微型充满甲烷的鼓泡形核。这一阶段需要较长的时间，钢的力学性能和显微组织均无变化。这一时间的长短，决定了钢材抗氢腐蚀性能的好坏。

② 迅速腐蚀期：小鼓泡长大并沿晶界形成裂纹，使钢膨胀，力学性能显著下降。

③ 饱和期：裂纹互相连接，内部脱碳直到碳耗尽，体积不再膨胀。

氢腐蚀的过程见图4-26，在高温高压条件下，氢分子扩散到钢的表面并产生物理吸附（$a{\rightarrow}b$）；被吸附的部分氢分子离解为氢原子或氢离子，经化学吸附（$b{\rightarrow}c{\rightarrow}d$）后，直径小的氢原（离）子透过表面层，固溶到金属表面内（$d{\rightarrow}e$）；固溶到内部的氢原子透过晶格和晶界向钢内扩散（$e{\rightarrow}f$）。这些固溶的氢和钢中的碳发生如下的化学反应：

$$Fe_3C+2H_2 \longrightarrow 3Fe+CH_4$$
$$C(\alpha\text{-}Fe)+4H(\alpha\text{-}Fe) \longrightarrow CH_4 \tag{4-9}$$

反应生成的甲烷在钢中的扩散能力很低，聚集在晶界原有的微观孔隙内。随反应的进行，该区域中的碳浓度降低，其他位置上的碳通过扩散给予不断补充（$g{\rightarrow}h$ 为渗碳体中的碳原子的扩散补充；$g'{\rightarrow}h'$ 为固溶体碳原子的扩散补充），甲烷量不断增多形成局部高压。在钢表面的夹杂物等缺陷处形成气泡并长大，造成应力集中，最终发展成裂纹。如果气泡分布在钢内部晶界上时，致使晶界结合力下降，导致钢脆化。

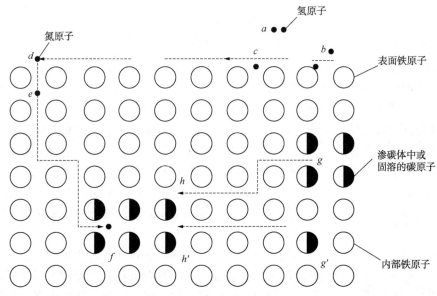

图4-26　钢的氢腐蚀机理模型

4.10.2　氢腐蚀的影响因素

影响氢腐蚀的因素主要有温度、氢压、钢材成分、冷加工和热处理方式等。

1）温度和氢压

提高温度和氢的分压都会加速氢腐蚀。温度升高，氢分子离解为氢原子的浓度高，渗入钢中的氢原子就多，氢、碳在钢中的扩散速度快，容易产生氢腐蚀，而氢压力提高，渗入钢中的氢也多，且由于生成甲烷的反应使气体体积缩小，因此提高氢分压有助于生成甲烷的反应，缩短氢腐蚀孕育期，加快了氢腐蚀进程。Nelson总结了壳牌石油公司和其他部门的试验数据和操作经验，提出碳钢和抗氢低合金钢在含氢气氛中，产生氢腐蚀的温度-氢分压操作极限曲线（图4-27），经历了50多年的实践考验并多次修改，是比较可靠的，目前仍然是分析温度和压力对常用触氢钢材抗氢能力的最有价值的工具。分析时注意，曲线中所示的任何一种钢的安全使用界限都可能随时间的增长而降低，以曲线作高温高压氢气氛装备构件选材参考，要留有20℃以上的温度安全裕度。

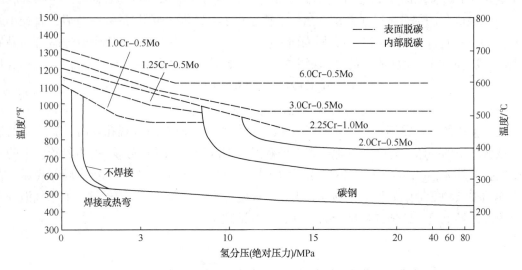

图4-27 含氢气氛中产生氢腐蚀的温度-氢分压操作极限曲线

2）钢材成分

氢腐蚀的产生主要是由于氢与钢中碳的作用，因而钢中含碳量越高，越容易产生氢腐蚀，表现为氢腐蚀的孕育期缩短，有试验数据表明含碳量0.05%的低碳钢比含碳量0.25%的碳钢的氢腐蚀孕育期要长4倍。钢中加入钛、钒、铌、锆、钼、钨、铬等碳化物形成元素能大大提高钢的抗氢腐蚀能力，锰只有轻度的影响，而硅、镍、铜基本上没有影响。钢中各种添加合金元素对抗氢性能的影响，往往转换为钼当量去考虑，如钛、铌、钒的钼当量为10，其抗氢能力为钼的10倍，而铬的钼当量为0.25，则钼的抗氢能力为铬的4倍等。钢的冶金质量对氢腐蚀影响也大，降低钢中的夹杂物及其他缺陷均能降低钢的氢腐蚀倾向。

3）处理方式

热处理与组织碳化物球化的热处理可以延长氢腐蚀的孕育期，球化组织表面积小、界面能低、对氢的附着力小，球化处理越充分，氢腐蚀的孕育期就越长。淬硬组织会降低钢的抗氢腐蚀性能，碳在马氏体和贝氏体中的过饱和度都较大，稳定性低，具有析出活性碳原子的趋势，这种碳很容易与氢反应。焊接接头出现淬硬组织有同样作用。冷加工变形使钢中产生组织及应力的不均匀性，提高了钢中碳和氢的扩散能力，使氢腐蚀加剧。

4.10.3 氢腐蚀的预防措施

（1）降低碳含量 工程上有时利用介质中的水蒸气脱去表面碳的方法来降低碳素钢中的碳含量，这样做尽管会降低钢材的强度，但是提高了钢的塑性、韧性及抗氢腐蚀能力。

（2）加入强碳化物形成元素 强碳化物形成元素（Cr、Mo、W、V、Nb、Ti）把钢中的碳优先结合成稳定的碳化物（CrFe）$_7$C$_3$、（CrFe）$_{23}$C$_6$、TiC、W$_{23}$C$_6$、VC、NbC等，可以提高钢的抗氢腐蚀性能，并且这些性能受添加元素的含量影响较大。非碳化物形成元素Si、Ni、Cu及Al对抗氢腐蚀没有影响。钢中含Cr量增高，钢抗氢腐蚀的临界温度也随之升高。

（3）注意选材 如果使用环境恶劣，则18-8奥氏体铬镍不锈钢是常用的性能优越的抗氢腐蚀用钢。钢材洁净、质优则能降低氢腐蚀倾向。

典型的氢腐蚀开裂失效案例见6.9节。

4.11 应力腐蚀开裂（SCC）

4.11.1 应力腐蚀开裂的定义

应力腐蚀开裂是金属材料在静拉伸应力（包括外加载荷、热应力、冷加工、热加工、焊接等所引起的残余应力，以及裂缝中锈蚀产物的楔入应力等）和特定的腐蚀介质协同作用下，所出现的低于材料强度极限的脆性开裂现象。

应力腐蚀开裂与单纯由机械应力造成的破坏不同，它在极低的应力水平下也能产生破坏；它与单纯由腐蚀引起的破坏也不同，腐蚀性极弱的介质也能引起应力腐蚀开裂。因而，它是危害性极大的一种腐蚀破坏形式。应力腐蚀诱发的细小裂纹会深深地穿进构件之中，构件表面没有变形预兆，仅呈现模糊不清的腐蚀迹象，而裂纹在内部迅速扩展致构件突然断裂，容易造成严重的事故。

4.11.2 应力腐蚀开裂的影响因素

金属构件发生应力腐蚀开裂必须同时满足材料、应力、环境三者的特定条件，如图4-28所示。

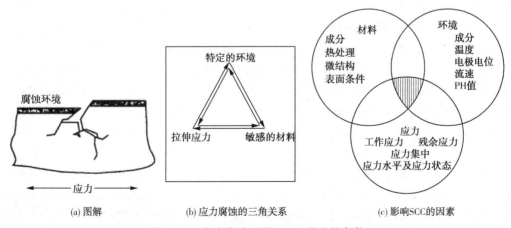

图4-28 应力腐蚀开裂（SCC）发生的条件

（1）材料 应力腐蚀一般发生在构件材料表面，一般具有良好的保护膜，保护膜具有耐全面腐蚀的性能。当保护膜在应力及腐蚀作用下局部遭到破损，材料开裂过程才得以进行。若构件表面材料生成的膜没有足够的保护性，全面腐蚀很严重，就不会产生应力腐蚀开裂。

高纯金属对应力腐蚀开裂的敏感性比工程金属要低得多，工业级的低碳钢、高强低合金钢、奥氏体不锈钢、高强铝合金及黄铜等都属于经常会产生应力腐蚀开裂的金属材料，尤其在有杂质偏聚的情况下。一般来说，具有小晶粒的任何一种金属比具有大晶粒的同种金属更抗应力腐蚀开裂。这种关系无论裂纹是沿着晶界扩展还是穿晶扩展都适用，因为晶粒粗大，位错塞积应力增大，有利于穿晶开裂；晶界面积减少，因而同量杂质的合金中，晶界杂质的偏聚浓度增高，有利于沿晶开裂。晶体结构对应力腐蚀开裂也有影响，如铁素体不锈钢（体心立方）暴露于氯化物水溶液时，要比奥氏体不锈钢（面心立方）的应力腐蚀开裂抗力高得多。奥氏体、铁素体双相不锈钢当两相比较分散且分布均匀时，其对应力腐蚀开裂有更高的抗力，因为奥氏体基体中的铁素体会妨碍或阻止应力腐蚀裂纹的扩展。

（2）应力　产生应力腐蚀开裂的应力是静应力，且一般是低于材料屈服强度的拉应力，应力越大发生开裂所需的时间越短。应力的来源有构件的工作载荷、构件在加工成形过程中存留的残余应力（如冷弯、冷拔、冷轧、冷锻、铸造、矫直、剪切、焊接或堆焊、表面研磨及热处理等所造成的残余应力）、因温度梯度所产生的热应力等。据统计，因加工制造过程所产生的残余应力而引起的应力腐蚀开裂占应力腐蚀开裂总案例的 80% 以上。应力作用方向和金属晶粒方向之间的关系也影响着应力腐蚀开裂，横向应力比纵向应力更有害。构件表面的应力集中更易产生应力腐蚀开裂裂纹源，并加速裂纹的扩展。断裂力学观点认为，所有金属材料都存在微观缺陷，对应力腐蚀开裂敏感的金属有一个应力强度门槛值 K_{ISCC}，称为材料抗应力腐蚀开裂的临界应力强度因子。当构件的应力强度因子 K_I 值超过 K_{ISCC} 则容易产生应力腐蚀开裂；低于该值时，不产生应力腐蚀开裂。

（3）环境　对一定的结构材料，应力腐蚀只发生在特定的腐蚀介质中。如黄铜在含氨的气氛中极易发生应力腐蚀，而在氯化物溶液中则无此敏感性；而奥氏体不锈钢在氯化物溶液中容易发生应力腐蚀，而在含氨的气氛中则不发生。表 4-2 列出某些常用金属与介质组合的应力腐蚀敏感性体系。表中列出的是材料与环境组合的敏感性体系，而在工程实践中引起材料应力腐蚀开裂的往往是体系中一些特定的离子，这些特定离子有可能只是环境介质中存在的杂质或其浓缩聚集。

4.11.3　应力腐蚀开裂的机理

应力腐蚀开裂按机理可分为氢致开裂型和阳极溶解型两类。

如果应力腐蚀体系中阳极金属溶解所对应的阴极过程是析氢反应，而且原子氢能扩散进入构件金属并控制了裂纹的萌生和扩展，这一类应力腐蚀就称为氢致开裂型的应力腐蚀。氢致开裂是以氢脆理论为基础的，氢进入金属内部，氢致塑性区的扩大，所产生的大量位错有助于氢的输运和富集，从而促进开裂，即促进氢脆。如高强钢在水溶液中的应力腐蚀就是氢致开裂机理。

如果应力腐蚀体系中阳极金属溶解所对应的阴极过程是吸氧反应，或者虽然阴极是析氢反应，但进入构件金属的氢原子不足以引起氢致开裂，这时应力腐蚀裂纹萌生和扩展是由金属的阳极溶解过程控制，称为阳极溶解型的应力腐蚀。阳极溶解型的应力腐蚀开裂有预先存在活性通道机理和应变诱发活性通道机理。预先存在活性通道机理认为在晶界、相界面等区域，成分、组织与基体有差异，这些区域是易于溶解的活性通道，沿这些通道易产生阳极溶解型的应力腐蚀开裂。而应变诱发活性通道机理认为在应力作用下，金属表面膜局部破裂，从而造成裸露金属的阳极溶解，而同时进行的金属钝化又会把膜修复，修复的膜再次破裂又发生金属阳极溶解，这一过程反复进行则导致阳极溶解型的应力腐蚀开裂。阳极溶解型的应力腐蚀开裂是以闭塞电池理论为基础的，裂纹尖端闭塞，溶液不能整体流动，内部 pH 值不断降低使溶液酸化，促成裂尖腐蚀增加，阳极加速溶解。如奥氏体不锈钢在热浓的氯化物水溶液中应力腐蚀开裂时，阳极溶解起着主要的控制作用，阴极反应析出的氢若能进入钢中，只起协助作用，促进腐蚀与滑移。

表 4-2　易于发生应力腐蚀开裂的某些金属—介质体系

金属	介　质	金属	介　质
碳钢及低合金钢	NaOH 水溶液 液氨（水<0.2%） 硝酸盐水溶液 HCN 水溶液 碳酸盐和重碳酸盐水溶液 含 H_2S 水溶液 H_2SO_4-HNO_3 混合酸水溶液 CH_3COOH 水溶液 海水 海洋大气 工业大气 湿的 CO-CO_2-空气	奥氏体不锈钢	氯化物水溶液 海水、海洋大气 热 NaCl 高温碱液[NaOH、Ca(OH)$_2$、LiOH] 浓缩锅炉水 高温高压含氧高纯水 亚硫酸和连多硫酸 湿的氯化镁绝缘物 H_2S 水溶液
		铜及铜合金	NH_3 蒸气及 NH_3 水溶液 含 NH_3 大气 含胺溶液 水银 $AgNO_3$
钛及钛合金	发烟硝酸 N_2O_4 干燥的热氯化物盐（290~425℃） 高温氯气 甲醇、甲醇蒸气 氟利昂	铝及铝合金	NaCl 水溶液 氯化物水溶液及其他卤素化合物水溶液 海水 H_2O_2 含 SO_2 的大气、含 Cl^- 的大气 水银

金属的应力腐蚀开裂过程包括金属中裂纹的萌生、裂纹的扩展、金属的断裂 3 个阶段。

（1）裂纹的萌生　在介质中能发生应力腐蚀开裂的金属，大多数在介质中能生成保护膜（由单原子层到可见的厚度）。只有金属表面的保护膜局部破坏后，才能萌生裂纹。膜的局部破坏与金属表面存在的位错露头、晶界、相界等微观缺陷有关。这些微观缺陷可使膜局部产生内应力，当金属受力时，它们还可以引起局部应力集中和应变集中，集中塑变区的滑移台阶能引起表面膜的破裂。膜破后，露出了活化金属表面，形成了小阳极大阴极的电池，从而使活化金属表面高速溶解，与此同时，金属表面又在不断地形成新膜。由于局部活化金属表面的高速溶解，金属表面会产生微观缺口，当有外力作用时，其中较大的缺口会再次开裂而成为应力腐蚀的开裂源。

当金属中存在孔蚀、缝隙腐蚀、晶间腐蚀时，往往应力腐蚀裂纹起源于这些局部腐蚀区域。如图 4-29 所示，奥氏体不锈钢锅炉管在 Cl^- 环境中所产生的应力腐蚀裂纹，可以清楚地看到裂纹起源于点蚀凹坑处。

图4-29 起源于点蚀坑的应力腐蚀裂纹

（2）裂纹扩展

应力腐蚀裂纹的扩展主要有3种方式：

① 应力集中的裂纹尖端发生塑性变形→滑移台阶露出金属表面→裂尖膜破裂→裂尖活化溶解（裂纹扩展）→表面重新形成保护膜。上述过程的连续重复致使裂纹不断扩展。

② 裂尖的应力集中诱发塑性变形，这一变形阻止了裂尖生成保护膜，裂尖溶解和新开裂的裂纹侧表面形成保护膜的连续过程构成了裂纹的扩展过程。

③ 氢致开裂的裂纹扩展过程。

无论裂纹按哪种方式扩展，其扩展过程比裂纹萌生过程所占的时间都少得多。一般认为，裂纹萌生与形成占应力腐蚀过程总时间的90%以上。但也不能理解为裂纹扩展是一个瞬断过程，因为裂纹亚临界扩展速率与构件裂纹所处的应力场强度因子有关。随着应力加大或裂纹扩展而使裂纹尖端应力强度因子增加，裂纹扩展速率也相应发生变化。

（3）金属的断裂 当裂纹扩展使得裂纹尖端的 K_I 值达到金属材料的断裂韧性 K_{IC} 值以后，裂纹便失稳扩展至构件断裂，这是构件承载能力不足的瞬断，是过载断裂。该阶段金属的断裂呈现金属力学破坏的特征。

4.11.4　应力腐蚀开裂的特征

1）宏观形貌及断口特征

即使是塑性和韧性非常好的金属材料，构件应力腐蚀断裂的宏观形貌都呈现脆性断裂的特征。断裂区附近看不出明显的塑性变形迹象；构件外表面及裂缝内壁的腐蚀程度通常很轻微或不发生普遍腐蚀；裂纹一般比较深，但宽度较窄，有时裂纹已经穿透构件厚度，但表面只有难以观察到的裂纹痕迹；应力腐蚀裂纹，尤其是阳极溶解型的应力腐蚀裂纹，在主裂纹上常常产生大量分叉，并在大致垂直于影响裂纹产生及成长的应力方向上连续扩展，有强烈的方向性。

图4-30是某氨合成废热锅炉应力腐蚀裂纹外观形貌，材料是奥氏体不锈钢0Cr18Ni10Ti。图4-30(a)是锅炉换热管上非常细小的裂纹，但已穿透管壁，造成废热锅炉内漏；图4-30(b)是换热管与管板连接焊缝处的裂纹形貌。图4-31所示是两台层板包扎尿素合成塔环焊缝处的应力腐蚀裂纹外观形貌，母材是低合金高强度容器用钢Q345R，裂纹细而窄，有少量分叉。

金属应力腐蚀开裂的宏观断口有容易辨认的裂纹起始部位、裂纹稳定扩展区和失稳扩展区。裂纹起始部位往往是构件表面膜层的损伤点、腐蚀坑、冶金缺陷、夹杂物或应力集中处，裂纹源区颜色比较深；裂纹稳定扩展区往往是粗糙的，断口上有腐蚀产物所带来的颜色变化，有隐约可见的放射性条纹，条纹汇聚处为裂源；失稳扩展区往往没有腐蚀产物覆盖（除非断口在构件断裂失效后受到污染），该区呈现金属材料过载断裂的特征，韧性金属材料为灰色的剪切唇状和撕裂棱，脆性金属材料呈银白色的人字形花纹或闪亮的结晶状。

2）微观形貌及断口特征

应力腐蚀开裂的微观形貌表现主要是裂纹的微观扩展路径及裂纹形状。

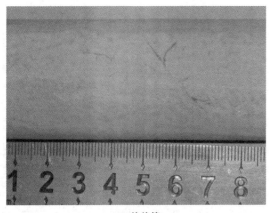
(a) 换热管

(b) 管板

图 4-30　奥氏体不锈钢废热锅炉应力腐蚀开裂形貌

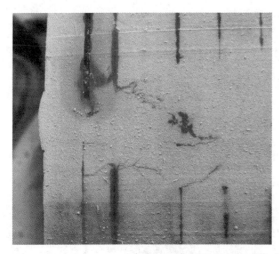

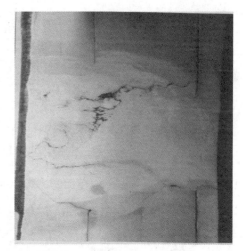

图 4-31　层板包扎尿素合成塔应力腐蚀裂纹形貌

　　裂纹扩展路径有穿晶、沿晶或二者混合的，视金属材料与环境体系的不同而异。其中，穿晶扩展的形貌如图 4-32(a)所示；沿晶扩展的形貌如图 4-32(b)所示。所示碳钢及低合金钢、铬不锈钢、铝、钛、镍等多为沿晶的；奥氏体不锈钢则多为穿晶的，但也有很多例外。通常，发生平面滑移的材料倾向于穿晶断裂；易发生交错滑移的金属材料更倾向于沿晶断裂。

　　金属应力腐蚀开裂的微观形状主要有两种，一种是裂纹既有主干又有分支，形貌好像没有树叶的树干和枝条，如图 4-33(a)所示；另一种是单支的，少有分叉，如图 4-33(b)所示。前者多见于阳极溶解型的应力腐蚀开裂，尤其是奥氏体不锈钢构件在温度较高的含氯离子的氯化物溶液中的穿晶型的应力腐蚀开裂；后者多见于氢致开裂型的应力腐蚀开裂，高强钢构件在中性水溶液中由于阴极析氢进入钢中及应力作用下最容易出现沿晶型的应力腐蚀开裂。

　　金属应力腐蚀开裂的断口微观形貌可呈现各种各样的花样。穿晶型断口的花样形式较多，有河流花样、扇形花样、羽毛状花样、鱼骨花样等(图 3-13、图 3-15~图 3-17)，而沿

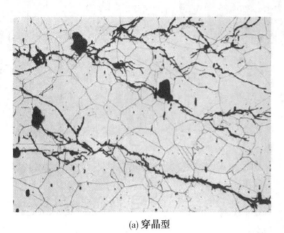

(a) 穿晶型

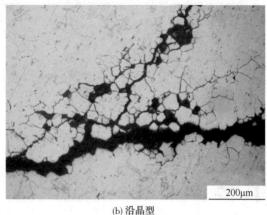

200μm

(b) 沿晶型

图 4-32　应力腐蚀裂纹的扩展路径

200μm

(a) 304H奥氏体不锈钢管碱脆裂纹(树枝状)

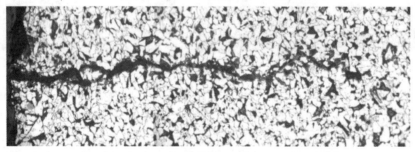

(b) 16MnR钢板碱脆裂纹(无分支)

图 4-33　应力腐蚀开裂裂纹微观形状

晶型断口最典型的是冰糖状或岩石状花样(图 4-34)。如果断口表面腐蚀产物或表面膜没有清除干净，常常会看见泥块花样(图 4-35)。断口微观花样只是断口局部区域的形貌，在构件断口的不同部位会有不同的形貌特征，这与断口形成过程中各个影响因素随时间变化有关，在根据断口形貌判断断裂原因时要注意。

4.11.5　应力腐蚀开裂的防护

由于应力腐蚀开裂与材料、应力及环境 3 方面的影响因素密切相关，因此也是从这 3 方面采取预防措施。但由于应力腐蚀现象的复杂性，目前还有很多问题，尤其是规律性的问题尚未掌握，因此所采用的预防措施多是基于成功的实践所取得的经验，还有待完善和深入探讨。

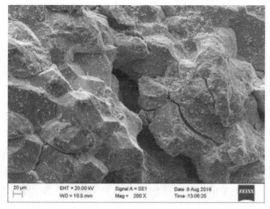

图4-34　应力腐蚀断口岩石花样

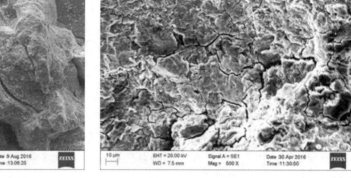

图4-35　未清洗断口的泥块花样

（1）合理选材和提高金属材料的质量

由于应力腐蚀过程取决于敏感金属和特定腐蚀环境的特殊组合，合理地选材是构件设计首要的工作。应尽量选择在所用介质中尚未发现应力腐蚀开裂现象或不太敏感的材料，K_{ISCC}较高的材料。通常应选用真空熔炼、真空重熔、真空浇注等工艺生产的金属材料，以保证较高的纯净度，防止过多的非金属夹杂物。通过采用各种强韧化处理新工艺，改变合金相的相组成、相形态及分布。即通过改变金属的成分和组织结构，消除杂质元素的偏析，细化晶粒，提高成分和组织的均匀性，提高材料韧性，进而改善金属的抗应力腐蚀性能。

（2）控制和降低应力

一方面在构件的设计时不仅要使工作应力远远低于材料的屈服强度，而且要远远低于材料应力腐蚀临界断裂应力，考虑到材料的微观裂纹、缺陷的存在，应利用断裂力学方法，根据在腐蚀环境中测定的K_{ISCC}和da/dt等参数，确定在使用条件下裂纹尖端的载荷应力强度因子以及构件允许的临界裂纹尺寸。要避免应力集中，对必须的缺口要选用较大曲率半径，避免尖角、棱角和结构的厚薄悬殊。应尽量避免缝隙和可能造成腐蚀液残留的死角，防止有害离子的积聚。另一方面要从材料加工、制造工艺和结构组装等方面尽量降低加工应力、热处理应力、装配应力和其他残余应力。尽量不采用点焊和铆接结构，采用退火等手段消除残余应力，采用滚压、喷丸、超声波、振动等方法也能减少残余应力或使材料表层产生压应力，这也是提高材料应力腐蚀抗力行之有效的方法。

（3）改善环境条件，采取保护措施

① 改变介质条件，在可能的情况下，设法消除或减少引起腐蚀开裂的有害化学离子。改变生产过程中介质的温度、浓度、杂质含量和pH值。根据实验结果和经验数据，适当调控上述参数，使之处于最不利于应力腐蚀现象发生的水平上。

② 采用有机涂层、无机涂层或覆以金属镀层，或用惰性气体覆盖金属表层以及采用擦油、加阻化剂等方法阻止金属与可能产生应力腐蚀开裂的腐蚀介质直接接触。

③ 正确地利用缓蚀剂，改变腐蚀环境的性质。针对实际情况，恰当地选用缓蚀剂可以明显减缓应力腐蚀过程。缓蚀剂可能改变介质的pH值，促进阴极或者阳极极化，阻止氢的侵入或有害物质的吸附等。

④ 采用电化学保护的方法，使金属在介质中的电位远离应力腐蚀开裂敏感电位区，如

较常用的阴极保护法和阳极保护法等，具体方法的选择应依实际材料和介质情况而定。

奥氏体不锈钢应力腐蚀开裂的典型案例见 6.10 节和 6.11 节，低合金钢应力腐蚀开裂的典型案例见 6.12 节。

4.12 腐蚀疲劳

4.12.1 腐蚀疲劳的定义

金属材料在交变载荷及腐蚀介质的共同作用下所发生的腐蚀失效现象是腐蚀疲劳。发生腐蚀疲劳的金属构件的应力水平或疲劳寿命较无腐蚀介质条件下的纯机械疲劳要低得多。由于金属构件实际工况很少有真正的静载，也很少有真正的惰性环境，故发生腐蚀疲劳的情况是很多的。

4.12.2 腐蚀疲劳的影响因素

（1）腐蚀促进疲劳裂纹的萌生与扩展，而载荷交变又加速腐蚀使疲劳裂纹更快扩展。金属构件表面在交变载荷作用下产生疲劳变形的滑移台阶，如受到腐蚀作用成膜，则使滑移不能返回，能加快"挤入"及"挤出"作用，更快形成疲劳源；挤出挤入与腐蚀共同作用，易于萌生出孔洞而成为启裂点，使构件表面加快启裂并不断扩展；裂纹在交变载荷下不断张合，使裂纹内介质容易更新，裂纹内表面新裸露金属更易被腐蚀而加速扩展。

（2）腐蚀疲劳对环境介质没有特定的限制。腐蚀疲劳在任何腐蚀介质中都可能发生，即只要介质对金属材料有腐蚀性，不像应力腐蚀开裂那样，需要金属材料与腐蚀介质的特定组合。但交变应力和腐蚀介质必须协同作用，才能产生腐蚀疲劳。

（3）腐蚀疲劳与交变载荷的特性有密切关系。腐蚀疲劳与交变载荷的频率、应力比及载荷波形有密切的关系，交变载荷频率影响最为显著。随着交变载荷频率的降低，腐蚀对疲劳裂纹扩展的影响也越来越大。因为频率不太高时，在一个应力循环半周的裂纹张开期有一定的时间，才能给裂纹内的金属与介质之间的相互作用提供足够的时间，因此低周疲劳的失效件往往有腐蚀疲劳的特征。交变载荷的应力比增大，容易产生腐蚀疲劳。三角波、正弦波和正锯齿波形的交变载荷对腐蚀疲劳的影响大于正脉冲波和负脉冲波。

4.12.3 腐蚀疲劳断裂的形貌特征

金属材料腐蚀疲劳断裂是一种脆性断裂，没有宏观的塑性变形。腐蚀疲劳裂纹往往是多源的，裂纹扩展分叉不多，这一点是区别于应力腐蚀裂纹的显著特征。下面通过两个例子说明腐蚀疲劳裂纹和应力腐蚀裂纹的不同。

图 4-36 为失效件金相图片，其中图 4-36(a) 中两条裂纹，上部裂纹具有应力腐蚀的特征，而下部裂纹则具有腐蚀疲劳的典型特征。腐蚀疲劳裂纹局部可见腐蚀凹坑，如图 4-36(b) 所示。

图 4-37 为弹壳黄铜 C260000 的应力腐蚀和腐蚀疲劳裂纹的扩展形貌。其中，图 4-37(a) 中的裂纹有主干和分支，呈树枝状沿晶扩展，为典型的应力腐蚀裂纹；图 4-37(b) 中的裂纹穿晶扩展，较为平直，无分支，是腐蚀疲劳裂纹的典型特征。

断口宏观观察也能看见 3 区：源区、裂纹扩展区及瞬断区。低倍裂纹扩展区有比纯机械疲劳更明显的疲劳弧线，源区及裂纹扩展区一般均有腐蚀产物覆盖。断口微观观察可见裂纹扩展的疲劳辉纹，并带有腐蚀的特征，如腐蚀点坑、泥状花样。

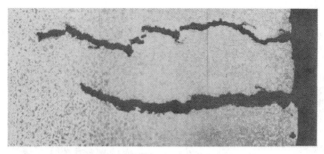

(a) 腐蚀疲劳裂纹（下）和应力腐蚀裂纹（上）

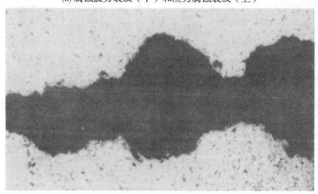

(b) 穿晶腐蚀疲劳裂纹局部（有腐蚀坑）

图4-36　给水加热器钢中的裂纹扩展形貌

(a) 沿晶应力腐蚀裂纹(树枝状)

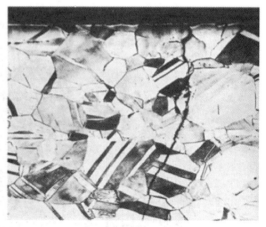

(b) 穿晶腐蚀疲劳裂纹

图4-37　弹壳铜合金 C26000 的裂纹扩展形貌

如图4-38所示，Ni36Cr12Ti3Al 钢腐蚀疲劳断口，疲劳辉纹与台阶条纹垂直，为脆性疲劳断裂特征。图中的细小黑点为腐蚀形成的麻坑。图4-39为 WH-800A 离心机布料斗断口，材质为奥氏体不锈钢 1Cr18Ni9Ti，断口上可见疲劳辉纹与河流状条纹垂直分布的形态，属于脆性疲劳断裂。

某煤化工装置——酸性水工业管道中的不锈钢三通发生开裂失效。该管道的操作压力为0.6MPa，操作温度为 60~70℃，介质为酸性水，发生开裂的三通材质为 0Cr18Ni9（SH 3408—96），规格为 $\phi89×4.0mm$。对三通进行宏观检查，各区域均未见明显的点蚀或其他腐

105

图 4-38　Ni36Cr12Ti3Al 钢腐蚀疲劳断口　　　　图 4-39　1Cr18Ni9Ti 钢腐蚀疲劳断口

蚀减薄。裂纹位置位于三通中间，与焊缝区域有一定距离，裂口较大，开口宽，裂纹平直分支少，三通的正面可见多条裂纹平行扩展，而背面则为单条裂纹，除背面裂纹尖端处外无明显变形，见图 4-40。

(a) 正面　　　　　　　　　　　　(b) 背面

图 4-40　三通裂纹宏观形貌

　　三通断口扫描电镜照片见图 4-41。图 4-41(a) 的断口多呈典型的准解理特征，部分位置可见韧窝，放大至高倍后可见明显的疲劳辉纹，见图 4-41(b)。未清洗的断口表面有腐蚀产物覆盖。通过扫描能谱分析，发现断口有 S、O 等腐蚀性元素。

　　按照 SH 3408—96 的要求，该 0Cr18Ni9 不锈钢三通成型后应进行固溶热处理，然后酸洗钝化。固溶处理后不锈钢的正常组织应为全奥氏体相，而该三通的金相分析发现存在马氏体组织，且轧制痕迹非常明显，这应该是三通成型后固溶热处理不彻底而残留的形变马氏体

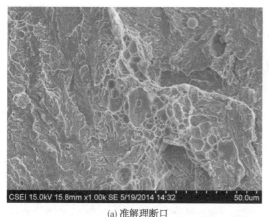
(a) 准解理断口

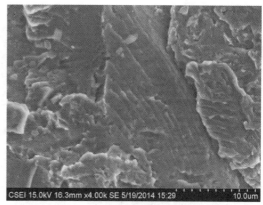
(b) 疲劳辉纹

图 4-41　三通断口微观形貌

组织。虽然马氏体组织能提高奥氏体不锈钢的强度，但材料的耐腐蚀性和韧性都降低，抵抗腐蚀和抗裂纹扩展的能力均下降。化学分析发现该三通 Cr 含量低于标准要求，而 Cr 元素是奥氏体不锈钢形成表面钝化膜，防止介质腐蚀的主要元素，Cr 含量降低显然不利于材料的耐腐蚀能力。由于管道中的介质为酸性水，其腐蚀性比较强，在表面存在非奥氏体相部位以及 Cr 元素含量较低的部位，因率先遭受腐蚀形成局部腐蚀凹槽，产生应力集中，在疲劳与腐蚀的交互作用下，该三通发生快速开裂而失效。

4.12.4　腐蚀疲劳的预防

（1）为了抗机械疲劳，一般选择强度较高的金属材料，因为纯机械作用在高强金属中可以阻止裂纹形核，一旦裂纹形成，高强材料比低强材料裂纹扩展要快得多。但腐蚀疲劳中更常见的是腐蚀诱发疲劳源，因此选择强度低的材料反而更安全。选择耐点蚀、耐应力腐蚀开裂的金属材料，其抵抗腐蚀疲劳的强度也较高。

（2）降低构件的应力是比较有效的措施。通过改进结构，降低应力；避免尖锐缺口，减少应力集中；采用消除残余应力的热处理及采用喷丸等表面处理，使构件表面层有残余压应力都是可取的。

（3）减少金属材料构件腐蚀的常用方法：用涂镀层覆盖金属构件表面使之与腐蚀介质隔离；在环境介质中添加缓蚀剂及采用电化学保护方法等。

第5章　过程设备失效分析的思路与方法

5.1　失效分析的思路

失效分析思路是指导失效分析全过程的思维路线。失效分析思路以设备失效的规律为理论依据，把通过调查、观察、检测和实验获得的失效信息分别加以考察，然后有机结合起来作为一个统一的整体进行综合分析。整个分析过程以获取的客观事实为依据，全面应用逻辑推理的方法，来判断失效事件的失效类型，进而推断失效的原因。因此，失效分析思路贯穿在整个失效分析过程中。

5.1.1　失效分析思路的重要性

① 失效分析与常规研究工作有所不同，往往后果严重、涉及面广，任务时间紧迫，模拟试验难度大，而要求工作效率又特别高，分析结论要正确无误，改进措施要切实可行，失效分析面临着艰巨的任务。此时，只有正确的失效分析思路的指引，才能按部就班，不走弯路，以最小的付出(时间、人力、物力等)来获取科学合理的分析结论。

② 构件的失效往往是多种原因造成的，一果多因常常使失效分析的中间过程纵横交错、头绪万千。一些经实践验证的失效分析思路总结了失效过程的特点及因果关系，对失效分析很有指导意义。因此，在正确的分析思路指导下，查明失效的原因，既有必要，又可靠可行。

③ 构件失效分析常常是情况复杂而证据不足，往往要以为数不多的事实和观察结果为基础，做出假设，进行推理，得出必要的推论，再通过补充调查或专门检验以获取新的事实，也就是说要扩大线索找证据。在确定分析方向、明确分析范围(广度和深度)，推断失效过程等方面，需要有正确思路的指导，才能事半功倍。

④ 大多数失效分析的关键性试样十分有限，有时限于即时观察，有时只允许一次取样、一次测量或检验，在程序上走错一步，就可能导致整个分析工作无法挽回，难于进行。必须在正确的分析思路指导下，认真严谨地按程序进行每一步的工作。

总之，掌握并运用正确的分析思路，才可能对失效事件有本质的认识，减少失效分析工作中的盲目性、片面性和主观随意性，大大提高工作的效率和质量。因此，失效分析思路不仅是失效分析学科的重要组成部分，而且是失效分析的灵魂。

5.1.2　构件失效过程及其原因和特点

失效分析思路建立在对构件失效过程和原因的科学认识之上，因此需要准确把握失效过程和失效原因的具体特征。

1) 失效过程的几个特点

(1) 不可逆性　任何一个构件失效过程都是不可逆过程，因此，某一个构件的具体失效过程是无法完全再现的，任何模拟再现试验都不可能完全代替某一构件的实际失效过程。

（2）有序性　构件失效的任一失效类型，客观上都有一个或长或短、或快或慢的发展过程，一般要经过起始状态-中间状态-完成状态 3 个阶段。在时间序列上，这是一个有序的过程，不可颠倒，是不可逆过程在时序上的表征。

（3）不稳定性　除了起始状态和完成状态这两个状态比较稳定之外，中间状态往往是不稳定的、可变的，甚至不连续的，不确定的因素较多。

（4）积累性　任何构件失效，对该构件所用的材料而言是一个累积损伤过程，当总的损伤量达到某一临界损伤量时，失效便随之暴露。

任何构件失效都有一个发展过程，而任何失效过程都是有条件的，也就是说有原因的，并且失效过程的发展与失效原因的变化是同步的。

2）失效原因的几个特点

（1）必要性　不论何种构件失效的累积损伤过程，都不是自发的过程，都是有条件的，即有原因的。不同失效类型所反映的损伤过程的机理不同，过程的原因（条件）也会不同，缺少必要的条件（原因），过程就无法进行。

（2）多样性和相关性　构件失效过程常常是由多个相关环节事件发展演变而成的，瞬时造成的失效后果往往是多环节事件（原因）失败而酿成的。这些环节全部失败，失效就必然发生；反之，这些环节事件中如果有一个环节不失败，失效就不会发生。因此，可以说每一起失效事件发生都是由若干起环节事件（或一系列环节事件，即原因组合）相继失败造成的。而这一系列环节事件可称为相关环节事件或相关原因。这些环节事件之间也仅仅在这一次所发生的失效事件中才是相关的，而在另一失效事件中它们之间却可能是部分相关的、甚至是根本不相关的。另一失效事件则由另一系列环节事件全部失败所造成，也就是说由一个新的相关原因组合所决定。

（3）可变性

这主要表现在以下几方面：

① 有的原因可能在失效全过程中发挥作用，但影响力却可能发生变化，有的原因可能只在失效过程某一进程发生作用。

② 有的原因可能在失效全过程中始终存在，但有的原因却可能是随机性的出现或不连续性的存在，这时某一构件失效过程也可能表现出过程的不连续性，甚至可能出现两种或多种失效类型。

③ 原因之间也可能有交互作用。如腐蚀失效，温度升高一般可加速冷凝液对构件的腐蚀，但温度很高时，冷凝液全部挥发后，对构件的腐蚀反而减少。

（4）偶然性　造成构件失效的种种原因中有一部分原因是偶然性的，偶然性的原因具有如下特征：

① 一般出现概率很小；

② 有时不属于技术性的，而是管理不善或疏忽大意造成的；

③ 极少数的意外情况，如人为性破坏或恶作剧等。

3）失效过程和失效原因之间的联系

失效过程和失效原因之间的联系实际上是一种因果联系，这种因果联系的几个特点如下：

（1）普遍性　客观事物的一些最简单、最普遍的关系有：一般和个别的关系、类与类的包含关系、因果关系等等。因果关系（联系）是普遍联系的一种，没有一个现象不是由一定的原因引起的。当然，构件失效也不例外。

（2）必然性　物质世界是一个无限复杂、互相联系与互相依赖的统一整体。一个或一些现象的产生，会引起另一个或另一些现象的产生，前一个或一些现象就是后一个或一些现象的原因，后一个或一些现象就是前一个或一些现象的结果。因此，因果联系是一种必然联系，当原因存在时，结果必然会产生。当造成某构件失效的一系列环节事件（原因组合）全部失败，失效就必然发生。

（3）双重性　因果联系是物质发展锁链上的一个环节。同一个现象可以既是原因，又是结果。因此，一定要把构件失效过程中观察到的现象既看成结果，又看做原因。

（4）时序性　原因与结果在时序上是先后相继的，原因先于结果，结果后于原因。因此在失效分析中，判明复杂的多种多样的因果联系时，这种时序先后排列千万不要出错。但是，在时间上先后相继的两个现象，却未必就有因果关系。

构件失效的起始状态是失效起始原因的结果（有的结果又可能成为后续过程的原因），失效的完成状态是导致失效的所有（整个）过程状态的全部原因（总和）的结果，它既是失效过程终点的结果，又或多或少保留一系列过程中间状态（甚至起始状态）的某些结果（或原因），所以它是总的结果。

了解并掌握失效过程及其原因的特征，有助于建立正确的失效分析思路。

5.1.3　常见的过程设备失效分析思路

1）按照原理进行分析

任何事故都是有原因的，过程设备的失效均是"应力、性能、缺陷和环境"交互作用的结果。材料本身的化学成分、热处理状态、金相组织、屈服和抗拉强度、低温冲击性能等决定了材料的本质安全状态。需要强调的是，即使化学成分、金相组织和拉伸性能符合相关的要求，如果材料的热处理过程存在问题，微量有害元素会在材料显微组织的微区聚集，造成材料的冲击性能受到损害，以致发生严重事故。

理想状态下，承压设备仅仅承受工作压力产生的一次薄膜应力。但是，由于设计、制造及使用等原因，在承压设备结构和几何不连续部位产生应力集中。另外，使用中产生的缺陷也可能产生局部的应力集中，这些应力集中是承压设备失效的应力根源。

承压设备运行过程中承受的温度、流量、腐蚀介质等是导致设备失效的环境因素。内外壁、不同部位温度差异过大或温度变化过大造成的温差应力，足以导致材料开裂失效。材料在高温下会出现与常温不同的力学行为。材料长期在高温下运行产生沿晶断裂，设备产生明显的蠕变变形，将最终导致设备失效。

材料的腐蚀是承压设备失效的重要原因。在承压设备设计时，一般都充分考虑了设备工作介质对材料的腐蚀状况，并且都留有裕量，在正常的工作介质浓度下一般都是均匀腐蚀，不会对设备造成较大损伤。但是，在设备实际使用的过程中，由于承压设备具体细节结构的影响，某些有害微量元素在温度或压力的驱动下向一些间隙处聚集、浓缩，最终达到惊人的浓度，使局部材料腐蚀开裂，最终造成严重事故。例如，尽管电厂锅炉给水杂质含量非常低，但杂质还是会在裂纹、缝隙和沟槽等处以热-压力机制产生浓缩。存在温度梯度时，在间隙内会出现气、液两相状态，蒸汽在缝隙内沸腾，由于杂质在水和蒸汽中溶解度的差异，使得缝隙内杂质的浓度比锅炉给水内的杂质浓度高出惊人的几个数量级。

因此，承压设备失效是材料、应力和环境共同作用的结果。对承压设备的失效分析，最终将在原理上从这三个方面体现出来，并可能从操作压力、温度及操作介质等参数得到分析的线索。

2) 按照过程进行分析

承压设备失效以后从设计、材料选择、制造、安装、使用及管理等环节逐个进行分析。由于设计上考虑不周密或认识水平的限制，构件或装备在使用过程中的失效时有发生，其中结构或形状不合理，构件存在缺口、小圆弧转角、不同形状过渡区等高应力区，未能恰当设计引起的失效比较常见。

承压设备的使用性能应是服役条件下力学性能、焊接性能、工艺性能及低温冲击韧性的最佳组合。分析材料的力学性能是否满足强度要求，考察材料是否与工作时的环境、介质及其他具体条件相适应，化学成分与介质是否具有相容性。

承压设备材料在机加工、下料、切割、组对、焊接、冲压成型、热处理等过程中，若工艺规范制订不合理，则设备或配件在这些加工成形过程中，往往会留下各种各样的缺陷。如机加工常出现的圆角过小、倒角尖锐、裂纹和划痕，冷热成形的表面凹凸不平、不直度和不圆度，在组对过程中出现错边等。焊接过程中会产生裂纹、未熔合、未焊透、咬边、夹渣、气孔等焊接缺陷。这些材料不连续或几何上的不连续状态，将使这些部位产生较大的应力集中，这些部位在交变载荷的作用下容易产生疲劳裂纹，若在腐蚀性介质的作用下容易产生应力腐蚀开裂或疲劳与腐蚀共同作用下的应力腐蚀疲劳开裂。值得注意的是，对于某些特殊结构的设备，即使设计或部件制造时都没有问题，在部件组对焊接时会与设计存在偏差，将产生很大的应力集中。

承压设备在设计时若果没有考虑制造过程中层板实际上会产生装配间隙，则会导致环焊缝等拘束部位在承压状态下产生很大的应力集中，形成设备失效的应力源。

承压设备在安装过程中如果对设备约束过大，如卧式容器的滑动支座受阻，固定管板式换热器换热器管轴向没有补偿或补偿过小等，限制了设备在工作压力和温度作用下一定方向上的自由伸长，将在局部产生较大的应力集中。

企业是承压设备安全的责任主体，承压设备的合规操作是安全的保证。生产过程中，部分企业为提高产量，提高设备运行参数，超压、超温运行时有发生；另外，现场操作人员对设备的危险性了解不够，未经培训上岗，或工作中缺乏经验、主观臆测、责任心不强、粗心大意等都是事故产生的根源。在检验过程中经常发现大型厚壁容器内外温差较大，而冷却速度过快的情况，将造成厚壁容器壁温分布极不均匀，造成较大温差应力，对设备形成较大热冲击。根据美国锅炉压力容器检验师总部对锅炉、压力容器事故统计，1992～2002 年的 11年间，发生锅炉、压力容器的 23338 宗事故，83% 是因为人为疏忽和缺乏有关知识(如低水位、不适当的安装、修理和维护)造成的。人为疏忽和缺乏有关知识也与其中 69% 的受伤事故和 60% 的死亡事故有关。可见，在承压设备的使用中，人的因素非常重要。若操作不当，将降低设备的使用寿命，并可能成为事故的根源。

5.2 过程设备失效分析的程序

5.2.1 失效件的保护

失效分析工作在某种程度上与公安侦破工作有相似之处，必须保护好事故现场和损坏的实物，因为留下的残骸件是分析失效原因的重要依据，一旦被破坏，会对分析工作带来很多困难。所以，保护好失效件是非常重要的，尤其是对失效件断口的保护更为重要。失效件断口常常会受到外来因素的干扰，如果不排除这些干扰，将会在分析过程中导致错误的结果。

需要注意的是，随着科学技术的进步，很多企业的承压设备已经采用系统进行数据采集和集中控制。系统中的温度、压力、流量等设备操作参数是设备失效前的真实数值，必须加以封存，以防人为破坏。

断口保护主要是防止机械损伤或化学损伤。

对于机械损伤的防止，应当在断裂事故发生后马上把断口保护起来。在搬运时将断口保护好，在有些情况下还需利用衬垫材料，尽量使断口表面不要相互摩擦和碰撞。有时断口上可能沾上一些油污或脏物，千万不可用硬刷子刷断口，并避免用手指直接接触断口。

对于化学损伤的防止，主要是防止来自空气和水或其他化学药品对断口的腐蚀。一般可采用涂层的方法，即在断口上涂一层防腐物质，原则是涂层物质不使断口受腐蚀及易于被完全清洗掉。在断裂失效事故现场，对于大的构件，在断口上可涂一层优质的新油脂；较小的构件断口，除涂油脂保护外，还可采用浸没法，即将断口浸于汽油或无水酒精中，也可把断口放入装有干燥剂的塑料袋里或采用乙酸纤维膜复型技术覆盖断口表面。注意，不能使用透明胶纸或其他黏合剂直接粘贴在断口上，因为许多黏合剂是很难清除且很可能吸附水分而引起对断口的腐蚀。一定要清洗干净才能观察断口特征。

5.2.2 失效件的取样

为了全面地进行失效分析，需要各种试样，如力学性能试样、化学分析试样、断口分析试样、电子探针试样、金相试样、表面分析试样和模拟试验用的试样等。这些试样要从有代表性的部位上截取，要对截取全部试样有计划有安排。在截取的部位，用草图或照相记录，标明是哪种试样，以免弄混而导致错误的分析结果。

例如，取断口试样，一般情况下须将整体断口送实验室检验。有时因为断裂件体积大、重量大，无法将其整体送实验室，就须从断裂件上截取恰当的断口试样。取样时不能损伤断口，保持断口干燥。一般切割方法有火焰切割、锯割、砂轮片切割、线切割、电火花切割等。对于大件，可在大型车床、铣床上进行切割。注意切割时保持离断口一定距离，以防止由于切割时的热影响而可能引起断口的微观结构及形貌发生变化。切割时可用冷却剂，注意不能使冷却剂腐蚀断口。在很多情况下，失效件不是断口，而是裂纹(两断面没有分离)，此时要取断口试样，则要打开裂纹。打开时可使用拉力机拉开，压力机压开，手锤打开(尽量不用此法)等方法。常用三点弯曲将裂纹打开(裂源位置在两个支点一侧，受力在另一侧)。打开时必须十分小心，避免机械对断口的损坏。如果失效件上有多个断口或多个裂纹，则要找出主裂纹的断口。

5.2.3 试样的清洗

清洗的目的是为了除去保护用的涂层和断口上的腐蚀产物及外来污染物如灰尘等。常用以下几种方法。

（1）用干燥压缩空气吹断口，这可以清除粘附在上面的灰尘以及其他外来脏物；用柔软的毛刷轻轻擦断口，有利于把灰尘清除干净。

（2）对断口上的油污或有机涂层，可以用汽油、石油醚、苯、丙酮等有机溶剂进行清除，清除干净后用无水酒精清洗后吹干。如浸没法还不能清除油污，可用超声波振动，加热溶液等方法去除油脂，但避免用硬刷子刷断口。

（3）超声波清洗能相当有效地清除断口表面的沉淀物，且不损坏断口。超声波振荡和有机溶剂或弱酸、碱性溶液结合使用，能加速清除顽固的涂层或灰尘沉淀物。对于氧化物和腐蚀产物可在使用超声波的同时，在碳酸钠、氢氧化钠溶液中作阴极电解清洗。

（4）应用乙酸纤维膜复型剥离。通常，对于粘在断口上的灰尘和疏松的氧化腐蚀产物可采用这种方法，就是用乙酸纤维膜反复 2~5 次覆在断口上，可以剥离断口上的脏物。这种方法操作简单，既可去掉断口上的油污，对断口又无损伤，故对一般断口建议用此法清洗。

（5）使用化学或电化学方法清洗。这种方法主要用于清洗断口表面的腐蚀产物或氧化层，但可能破坏断口上的一些细节，所以使用时必须十分小心。一般只有在其他方法不能清洗掉的情况下经备用试样试用后才使用。对于电化学清洗，可用 500g NaCl + 500g NaOH + 5000mL 水溶液，以不锈钢为阳极，断口为阴极，电压 15V 左右，电流 4A 左右（即用阴极电解法，在阴极断口上析出的氢气使氧化层和腐蚀产物脱落）。

5.3 过程设备失效原因的判断

5.3.1 事故现场调查

当压力容器发生事故后，要尽快地对事故现场进行严密的检查、观察和必要的技术测试。事故现场检查应根据具体情况来决定检查的具体内容，一般包括下述基本内容。

（1）容器本体破裂情况检查

① 初步观察压力容器断口表面，包括认真观察和记录断口的形状、颜色、晶粒和断口纤维状况等；认真检查发生在焊缝部位的断口处有无裂纹、未焊透、未熔合、夹渣等缺陷和有无腐蚀物痕迹。对断口表面的初步观察，大体可确定压力容器的破裂形式。

② 检查压力容器破裂形状和测量尺寸，包括测量未破碎处压力容器的壁厚、开裂位置和方向、裂口宽度和长度，并与原周长、壁厚比较，计算破裂后的伸长率和壁厚减薄率；原位拼组破裂后形成几大块的压力容器，并记录飞出距离、重量，计算爆破能量。

③ 检查压力容器内外表面情况，包括金属光泽、颜色、光洁程度、有无严重腐蚀、有无燃烧过的痕迹等。

（2）安全装置完好情况检查

① 压力表进气口是否堵塞，爆破前是否失灵。

② 安全阀进气口是否堵塞，阀瓣与阀座间是否因粘结、弹簧锈蚀、卡住或过分拧紧，以及重锤被移动等造成失灵的现象，安全阀是否有开启过的痕迹，必要时放到试验台上检查开启压力。

③ 温度仪表是否失灵。

④ 减压阀是否失灵。

⑤ 爆破片是否爆破，必要时做爆破压力测定试验。

（3）现场破坏及人员伤亡情况调查

勘查周围建构筑物的破坏情况，包括地坪、屋顶、墙壁厚度及破坏状况，与爆炸中心的距离，门窗破坏情况与爆破中心的距离，以反证评估压力容器爆破释放的能量；调查人员伤亡、受伤部位及程度等情况；调查现场及周边状况；有无易燃物燃烧痕迹。

5.3.2　事故过程调查

事故过程调查的内容包括以下几个方面：

（1）事故前运行情况调查

主要调查压力容器事故前的实际操作温度、压力、工作介质性质（燃烧、爆炸及爆炸极限、腐蚀性能）等，特别注意应当了解事故发生前是否有异常状况，如温度、压力的波动，是否有超装（特别是液化气储罐）或阀门操作失误、工作介质成分反常以及泄漏与明火情况，需要对记录仪表的正确性做出鉴别，对人工记录数据的真伪作认真的调查，对事故发生前后操作人员的操作经过进行调查。

（2）事故发生的经过情况调查

主要包括发生异常情况时间、采取措施情况、向生产指挥负责人员汇报及下达指令的情况、安全装置动作情况以及事故发生时的详细情况，例如闪光、响声、爆炸声次数以及着火情况等。

5.3.3　制造与服役历史的调查

压力容器的事故往往不是由孤立的某一原因产生的，常常涉及到从原材料、制造、检验到使用及历次维修的情况，因此必须作详细的调查。

（1）制造情况调查

包括制造厂家、出厂年月、产品合格证书，有时还必须追踪到原材料的情况，如质量保证书或复验单、代用情况等；焊接材料及焊接试验资料、焊接工艺、无损检测资料、热处理记录，以及水压试验或其他压力试验记录资料。特别在压力容器起爆部位应详细了解当时制造的情况，如该部位错边、角变形、咬边及其他焊接工艺情况，以及出厂时是否有记录，是否有该部位的无损检测记录资料（如射线检测底片）等。

（2）服役历史调查

包括历年来所处理过的工作介质、操作温度、压力及其他改变的情况，使用的年数，实际运行的累计时间，检验历史，尤其是上次检验、检修的时间和内容，曾经发现过的问题，处理的措施。特别要注意了解温度与压力波动（交变）的范围和周期，很多压力容器的名义操作压力和温度与实际操作压力和温度有相当大的差距，应设法了解那些波动范围超过20%的周次。特别要注意厚壁压力容器内外壁温的变化与波动，这些会造成温差应力的波动。此外还应了解工作介质对材料的腐蚀情况，尤其要注意是否有应力腐蚀或晶间腐蚀倾向等问题。

（3）超压泄放装置情况调查

包括超压泄放装置的型式、规格、已使用时间、日常维修及校检情况。对承装易燃易爆工作介质的承压设备更要注意超压泄放装置的检查。

（4）操作人员情况调查

包括操作人员的技术水平、工作经历、劳动纪律、本岗位的操作熟练程度及事故紧急处理等情况，还应了解过去操作人员变动情况。

5.3.4　技术检验与鉴定

对情况比较复杂的压力容器事故，只依靠一般的现场调查还不能确定事故性质，难以做出肯定的分析结论，往往有必要进行进一步的技术检验、计算、试验，才能查明确切的原因。技术检验与鉴定主要包括如下内容：

（1）材质分析

压力容器的破裂与制造所用的材料有直接关系，从破裂后的设备本体上取样检验，可以查明材料的成分和性能是否符合设计要求或该设备实际使用工况的要求，以及设备材料在使用过程中化学成分、性能和金相组织是否发生变化。检验内容主要包括：化学成分分析、力学性能测试、金相检查和工艺性能试验。

① 化学成分分析：重点化验对设备性能有影响的元素成分，对材质可能发生脱碳现象的设备，应化验其材料表层含碳量和内部含碳量，并进行对比。分析工作介质对材质的影响，借以鉴别是否错用材料或材质发生变化。

② 机械性能测试：测试材料强度、塑性和硬度等，以判断是否错用材料或材质变化情况；测定材料的韧性指标，以鉴定材料是否脆化，所发生的断裂是否可能是脆性断裂。

③ 金相检查：观察断口及其他部位金相组织状态，注意是否有脱碳、珠光体球化等现象，分析裂纹的扩展性质，即裂纹是穿晶开裂、沿晶开裂还是混晶开裂。为鉴别事故性质提供依据。

④ 工艺性能试验：主要试验焊接性能和耐腐蚀性能。试验时应取与破裂设备相同的材料和焊条、焊接工艺，观察试样是否有与破裂设备类同的缺陷。

以上 4 种手段只是失效分析中的必要手段，但并不是每个失效分析都要经过上述所有分析检验过程。因为有些失效的类型非常明显，只需要进行其中某些项检测即可明确失效原因。

（2）断口分析

断口是设备破裂时形成的断裂表面及其外观形貌，它能提供有关断裂过程的许多信息。因此，断口分析是研究压力容器破裂现象微观机理的一种重要手段，可以为断裂原因的分析提供重要依据。断口分析分 3 个步骤：①断口的保护和清理，即事故发生后尽快观察全部断口，记录主要特征，并将断口清洗干净、吹干和保存好；②断口宏观分析，即用肉眼或放大镜对断口进行观察，以此初步判断设备的断裂形式；③断口微观分析，即借助电子显微镜对断口的微观形态进行分析，以弥补宏观检验的不足，通过微观分析确定裂纹的扩展、断口析出相和腐蚀产物的属性。断口试样应保留至事故无争议并处理完毕。

（3）分析计算

如强度计算(爆破前的壁厚)、爆炸能量计算、液化气体过量充装可能量计算等。

（4）无损检测

重点检查设备投入使用后新产生的缺陷和投用后发展了的原始制造缺陷，包括表面裂纹分布情况和焊缝内部缺陷情况。

（5）安全附件检验与鉴定

对事故发生后保留下来的安全附件如压力表、液位计、温度计、安全阀和爆破片等进行技术检验，鉴定其技术状况。

5.3.5 综合分析

事故综合分析的目的是最终对事故的过程、性质、破断形式及性态和事故的原因做出科学的结论。综合分析的基础和依据是事故调查及技术鉴定。由于事故的原因复杂，必须将调查及技术鉴定的资料仔细研究分析，去伪存真，防止片面，才能使结论科学可靠。

（1）破坏或爆炸事故性质的判断

① 破坏程度：按严重程度分为鼓胀、泄漏、爆裂、爆炸 4 个等级。

鼓胀——肉眼可见的压力容器局部或整体的过渡变形，造成后果不太严重。

泄漏——工作介质从已穿透的缺陷中涌出甚至喷出，有可能引起爆炸。

爆裂——局部存在严重缺陷，在不太高的压力下裂开很大的缝隙，破裂时有响声，可能引起燃烧爆炸。

爆炸——压力容器不但裂开大口，而且伴有巨大响声、变形、撕裂，甚至有碎片或整台压力容器飞出，它会引起设备、建筑物破坏及人身伤亡、火灾等严重后果。

② 爆炸事故性质的判断：发生爆裂与爆炸事故的压力容器按破裂和破坏的性质可分为正常压力下爆破、超压爆破、化学爆炸爆破和二次爆炸破坏 4 种。

正常压力下爆破——在工作压力或压力试验压力下发生爆裂或爆炸事故的容器爆破。可以是因腐蚀减薄或设计壁厚过薄而造成的，虽未超压但属超过屈服强度的高应力爆破；也可以是因为缺陷，特别是裂纹性缺陷、疲劳裂纹或应力腐蚀裂纹等因素引起的低应力爆破，对此常称为低应力脆性破坏。前者有明显的塑性变形，而后者轻微。

鉴别这类破坏的主要依据是设备是否超压。还需要调查操作记录，特别是自动记录数据，检查安全阀爆破片是否正常，是否开启、破坏、泄放过，必要时可卸下安全阀做开启试验。还应检查压力表有无异常。此外还应检查断口上显示的缺陷情况。

超压爆破——高于工作压力或压力试验压力下发生爆裂或爆炸事故的容器爆破。这类破坏一般是由于操作失误、高温高压液体瞬间大量泄漏或泄放造成平衡状态破坏、液化气储罐超装引起压力明显升高所致。此外，若有裂纹等原始缺陷而又不是太严重时，在正常压力下不会引起裂纹扩展，但如果遇到超压时，就可能在不太高的压力下发生爆裂或爆炸事故。如果压力容器没有缺陷，材料韧性良好，则可能在超过工作压力 3 倍以上时才破坏，并且表现出韧性破坏形态及各项特征。如果存在缺陷或者材料韧性不太好，则可能在超压程度不太高时发生破坏，此时韧性破坏的形态可能不太明显，甚至表现为脆断的形态。所以超压破坏并不意味着一定是韧性破坏或脆性破坏。

鉴别这类爆破的依据仍然是压力。需以各种途径来查证爆炸事故发生时的压力。

正常压力下或超压下的破坏一般指物理原因所致，属工作介质的物理爆炸，可以是液体爆炸，也可以是气体爆炸。压力升高速度缓慢，而不是像化学爆炸那样在爆炸前压力急速增高。这类事故通常可通过定期测厚及无损检测，并严格按规程精心操作加以避免。

化学爆炸爆破——压力容器内的工作介质由于发生不正常的化学反应，例如反应速度失控或者可燃气体与氧化性气体混合并达到爆炸极限而发生剧烈反应，压力急剧升高，导致压力容器爆破。明火与静电会诱导混合气体爆炸，但有时没有明火与静电也会发生混合气体的自燃爆炸。容器爆破前瞬间由于压力急剧升高，积聚巨大能量，超过按壁厚计算的理论爆破压力便发生容器爆破，一瞬间释放全部能量，因此化学爆炸爆破也是一种超压爆破，但不是工作介质物理爆炸引起的。工作介质化学爆炸往往易引起容器的粉碎性破坏，也有伴随巨大塑性变形的。安全附件即使开启也来不及泄压，压力表指针常撞弯并无法恢复到零位。按压力容器爆破压力计算出的爆炸能量将小于现场破坏所需的总能量，据此可以推断工作介质发生了化学反应爆炸而不是物理爆炸。

二次爆炸破坏——压力容器在正常压力下爆破或超压爆破后逸出设备外的气体与空气混合达到爆炸极限后再发生的爆炸。二次爆炸前一般是设备先发生物理爆裂或泄漏，然后在设备外再发生第二次化学反应爆炸。二次爆炸伴有闪光与第二次响声，但有的与第一次爆炸几乎没有什么时间间隔。现场有燃烧痕迹或残留物，易引起火灾、抛出设备、破坏建筑物和其他设备。这种爆炸同样具有上述设备内化学爆炸的那些特点。按爆炸时的压力推算出爆炸能量同样也小于现场破坏所需的总能量；设备外的二次爆炸往往不像设备内化学爆炸那样容易使容器产生碎片，二次爆炸时很可能由于冲击波的巨大能量将压力容器或附近设备推倒，而不是以产生碎片为主。但是当二次爆炸前的物理爆炸是超压的气体爆炸时，如果压力容器有较多缺陷和应力集中，也可能在二次爆炸前就已经产生碎片，然后再发生二次爆炸。因此也不能笼统地说有碎片的就没有发生二次爆炸。确定二次爆炸需综合考虑许多因素，而且要从很多方面考虑，例如当设备内不可能混入可燃可爆气体时，而且设备内即使是有化学反应过程，但又不会产生反应速度失控而造成危险时，这种工作介质爆炸就很可能是物理爆炸或泄漏后的设备外二次化学爆炸。

二次爆炸前工作介质的物理爆炸也有正常压力下的和超压下的爆炸之分，综合分析时应尽量予以鉴别。

③ 爆炸事故的预防

a. 应严格使压力容器按照生产工艺规定的工艺参数和在核定的最高工作压力、最高(低)工作温度范围内运行，防止超温超压运行。如对充装液化气体的压力容器应严禁过量充装；特别是对进行化学反应的压力容器，更应严格控制反应速度。

b. 严格遵守劳动纪律和工艺安全操作规程，压力容器操作人员应经技术培训，做到持证上岗独立操作。

c. 认真做好压力容器的选购、安装或组焊质量验收工作，防止先天性缺陷产生。

d. 加强压力容器的维护保养，积极开展包括每年至少一次的年度检查在内的定期检验工作，及时发现缺陷，及时处理。

e. 确保安全附件齐全、灵敏、可靠，实行定期检查与校验。对装有减压装置的，应定期检查减压装置是否完好，防止压力容器超压。

（2）破坏形式的鉴别

压力容器破坏形式是指设备破断之后的客观形态(韧性与脆性)或造成破坏的机理(微坑、解理、疲劳、腐蚀、蠕变等)。将形态与机理两个范畴的问题结合在一起，习惯上可以分为以下5种基本的压力容器破坏形式，即：韧性破断、脆性破断、疲劳破断、腐蚀破断和蠕变破断。这里着重讨论各种破坏形式的鉴别要点。

要鉴别以上各种压力容器的破坏形式，除以操作上的可能性作为根据之外，更主要的是按照破断后的压力容器形貌、形态、断口分析、材料分析和金相分析等各种技术分析的结果进行综合鉴别。

① 韧性破断的鉴别

首先，压力容器发生韧性破断有超压和腐蚀减薄两种可能，腐蚀减薄可源自于内壁工作介质腐蚀或外壁大气腐蚀，以及特殊环境腐蚀造成的大面积均匀减薄。其次，韧性破断就其断裂后的形态来说，一般都具有较大的肉眼可见的宏观变形，如整体膨胀明显，若可以测量的话，其实际的容积残余变形率必定在10%以上，甚至达20%左右；其周长的伸长率也会在10%~20%左右；另外断口在起爆处必定显著减薄。

断口分析中必须注意以下的特征：断口上具有明显的3个区域——纤维区、放射纹人字纹区、剪切唇区。顺着人字纹放射纹所指的方向必定是纤维断口（即起爆口），没有碎片或偶尔有碎片。当因设备内化学爆炸致使破断时，由于能量巨大会造成一些大块的碎片。

按实际壁厚计算出的压力容器爆破压力与实际爆破压力相接近。

② 脆性破断的鉴别

如前所述，所谓脆性破断是指破裂前变形量很小的破断，而且材料脆性或缺陷两种原因都会引起压力容器的脆性破断。

因材料脆性而引起的脆断——可能由于低温用材料选用不当或焊接与热处理不当使材料脆化。破断后的断口呈脆性断口状态（即无纤维区和剪切唇），甚至出现结晶状的断口，断口平齐，有金属闪光。脆断极易有碎片，而且较为分散、块小。采用电子显微镜分析断口，基本上是河流状花样，说明是解理机制的断裂，即宏观与微观表现一致，均表现出脆断的特征。

因缺陷引起的低应力脆断——压力容器所用材料一般韧性较好，只是由于母材存在夹渣、分层、折叠、疏松等较严重的原始缺陷，或更多的是因为焊缝区存在严重的未焊透、未熔合、夹渣、条状夹渣、密集气孔等，特别在制造时漏检和使用中产生的裂纹，这些都将导致发生低应力脆断。

这种脆断的特点：断裂时的压力不高，常在水压试验时就破裂，也可能在接近正常工作压力下破断，属于未达到工作压力的破坏，因此从这个角度常称为"低应力脆断"；断裂时设备没膨胀，即没有明显的塑性变形，因此从断裂的形态来说是属于脆断的，但断口却与韧性断口有相似之处，也有不同之处。即：断口上仍有纤维区（紧挨着缺陷的边缘）、放射纹及人字纹区、剪切纹区。与一般的韧性断裂断口不同之处在于，除上述三个区域以外还有缺陷暴露出来，可能有气孔、夹渣、裂纹或氢白点等，也可能是分层或冶金上的脆性相、夹杂物等缺陷。缺陷越严重，则纤维区越小，而且放射纹和人字纹要比脆性较大的材料显得粗大；设备破断时一般是爆裂而不是爆炸，爆裂时也有响声，爆裂时裂开一条长缝；气体爆炸时有可能形成碎块。

值得再次一提的是，这种因缺陷引起的低应力脆断之所以仍称之为脆性破断，不是因为材料的脆性，而是因为脆断本身的含义由断裂"形态"的定义来确定。断裂的形态是指断口完全分离断开之前的宏观变形量的大小，即可宏观测量或可见变形量的大小，而不是指金属微观变形过程中位错与滑移之类变形量的大小。因缺陷导致破断的压力容器其宏观变形很小，与韧断压力容器有很大差别，即使材料本身韧性良好，仍应将其划入脆断的范畴。

③ 疲劳破断的鉴别

主要从断口和操作条件两个方面进行鉴别。压力容器疲劳破断的断口一般可分为裂纹疲劳成核及疲劳扩展区和失稳扩展区两大区域，前一个区域总体上较光滑平整，但有明显可见的贝壳状花纹；后一个区域，即当疲劳裂纹扩展到临界尺寸时发生失稳断裂的快速撕裂区。一般来说，与韧性破断及与缺陷引起的脆断高速发展区具有相同的宏观形貌，既有放射纹和人字纹，边缘又有剪切唇，紧贴着疲劳裂纹边缘有时也有很小的纤维区。疲劳破断一般有低应力下爆裂和泄漏失效两种形式。前者爆裂时变形小，但无碎片，如果不发生二次爆炸或燃烧火灾，一般后果不太严重，这要视工作介质性质而定。而后者即当疲劳裂纹扩展到穿透壁厚，或接近于穿透最后被剪切开时引起的泄漏，没有发展到临界的失稳断裂状态，就是所谓的"未爆先漏"，此种情况不再会产生撕裂区。断口上疲劳扩展断裂的部分，在电子显微镜观察中呈海滩状或贝壳状花样，这也是鉴别疲劳破断事故的重要依据。

从操作条件来分析，疲劳破断的压力容器必须具有交变载荷条件，这不仅包括压力的波动、开工停工、加压卸压，还包括热疲劳情况，即加热与冷却这种温度交变引起的热应力交变；也可能由于振动或压力容器接管引起的附加载荷的交变而形成交变载荷。只有在交变载荷作用下，才会引起疲劳裂纹形成和促使裂纹发生疲劳扩展。

压力容器发生疲劳破断的部位一般在应力集中处和原始缺陷部位。对于第一类，例如接管根部最易在交变载荷下形成疲劳裂纹而破断；而对于第二类，特别是在较大焊接裂纹的地方，更容易在交变载荷作用下引起疲劳破断。当然既在应力集中部位，又有缺陷，就更容易形成疲劳裂纹并快速疲劳扩展。

由于疲劳而破断的压力容器，一般无明显的塑性变形，虽然裂纹的疲劳扩展过程是依靠晶粒内的交变滑移来完成的，然而从宏观变形量这个区分脆断与韧断的"形态"来衡量，疲劳破断的压力容器宏观变形量极小，仍应划为脆性的断裂形态。

④ 腐蚀破断的鉴别

可通过工作介质条件和断口分析两个方面来鉴别。

腐蚀破断只能发生在那些工作介质可能对设备壁产生晶间腐蚀、应力腐蚀、氢腐蚀和选择性腐蚀(如铝青铜、铝黄铜)等压力容器上，并且与均匀腐蚀引起设备壁减薄而破断的事故有明显区别。由于氢腐蚀等导致晶间开裂的这种腐蚀破断有时也可以通过直观检查来发现，例如严重的晶间腐蚀会使金属材料失去原有的金属光泽，或者仍有光泽，但失去清脆的敲击音响，变得闷哑。又如高温氢对碳钢的严重腐蚀会在表面形成微细的裂纹和鼓包等。但对这种腐蚀的检查主要还是通过光学金相显微镜及电子显微镜检查和对腐蚀产物的分析来鉴别。

另一方面，断口的宏观与显微分析也是重要的鉴别手段。由晶间腐蚀与沿晶型应力腐蚀引起的破断，其主断口都是粗粒状的，断口表面都无光泽，而且还会被腐蚀产物覆盖，严重的晶间腐蚀有可能是粉碎性的破断，但当腐蚀深度不太深时，也有可能因剩余强度不足而引起在正常压力下的韧性破坏，但断口会发现有一定深度的晶间腐蚀层，应力腐蚀破断则主要是由应力腐蚀裂纹发展而引起的破断，无明显变形，呈现脆性断裂的形态，属低应力脆断。通过金相显微或电镜显微分析，可观察到断口沿晶断裂或穿晶腐蚀的特点。

⑤ 蠕变破断的鉴别

只有在高温条件下工作的压力容器才会发生蠕变破断，一般都已发生较显著的蠕变变形积累，可能直径明显增大。通过金相检查可以发现组织状态有显著变化。蠕变破断的断口比较平齐，而且与主应力相垂直，呈现脆断状态，断口呈颗粒状，而且表面常被氧化层覆盖，边缘没有剪切唇，在电镜中观察断口时可以见到沿晶断裂的特征。

(3) 事故原因的确定

通过以上所述的调查、技术检验与鉴定以及综合分析，就比较容易分析事故发生的原因。事故原因一般可以分为四类：

① 设计制造方面的原因

设计方面的原因有设计选材不当、焊接接头设计不当和结构设计不当等几种。设计选材不当的有如低温或腐蚀等条件下选材不当，将引起压力容器正常工作温度下的破断或在应有寿命期内的破断；焊接接头设计不当的有如承压元件错误地采用单面焊或有些部件采用填角焊，也将引起压力容器的破断。结构设计不当的有如接管补强设计不妥当等，将致使局部应力集中过大造成破裂，特别是在有交变载荷需要考虑疲劳破坏或者应作疲劳分析设计而未作考虑等。

因为制造方面原因造成压力容器破断的情况比较多见，主要包括下述几种：

a. 使用材料不当，如制造时所用材料未达到设计要求，或选用材料质量未达到材料标准要求，或采用了不符合要求的代用材料，致使压力容器的材料存在宏观及金相等方面的严重缺陷。

b. 制造中焊接工艺不当，如焊条、焊丝选用不当，焊条和焊剂未按要求烘干与保存，焊接加热、冷却、保温不当造成焊接裂纹，或焊接规范不当造成晶粒粗大或残余应力过大导致开裂，焊接中严重咬边、错边、未焊透造成局部应力集中，也可能造成焊缝严重夹渣或存在密集气孔。

c. 制造中某些工艺过程不当，例如组装时组对不好而强行装配造成装配应力过大，低温设备未严格对焊缝磨光或未对引弧坑磨光。

d. 按疲劳设计的压力容器制造时未对小圆角进行严格控制，或未对某些过渡焊缝磨平磨光，易形成应力集中并引发裂纹。

e. 不锈钢压力容器制造不当造成晶间腐蚀或应力腐蚀。

f. 制造中热处理工艺不当，例如厚壁设备焊接残余应力消除不善，或者大型设备热处理时加热不均使热处理效果不好。

g. 无损检测漏检，或者未按设计要求进行无损检测，或未予返修或返修不善，造成压力容器带缺陷出厂投入运行。压力试验时破裂的原因除缺陷之外，还可能由于压力试验温度低于韧脆转变温度，或直立压力容器卧放试验时支承不善造成弯曲应力过大等。这些情况造成压力容器破断的都属于制造方面的原因。

② 运行管理方面的原因

包括因超压、液化气超装、遮阳装置破坏和保温保冷材料破损等，造成储罐或容器升温超压而引起事故。或者阀门操作失误，流量、温度失控导致压力升高造成事故。还可能因操作不当使工作介质成分不纯，混入含爆炸性的混合物质而造成爆炸事故。含硫的工作介质未经严格脱硫而造成严重腐蚀，或冷却水含氯量超标使不锈钢遭受应力腐蚀等。这些都是运行管理不当，最终产生压力容器事故。

③ 安全附件方面的原因

锅炉、盛装易燃工作介质的容器、有化学反应过程而且容易因反应速度失控酿成爆炸的容器，以及盛装液化气的大中型容器，一般都装设安全阀与爆破片。如果未设置这些安全附件；或设计的排放能力过小；或因年久失修、严重腐蚀，致使安全附件失灵；或可能因爆破片材料使用状态不对或选材错误，爆破片精度太差，无法按设定压力爆破，由于这些原因造成压力容器超压而安全附件不能开启或爆破排放，以致发生破坏事故的，都属于这一类原因。当确定这一类原因时，均应对安全附件作技术检验与鉴定，然后才能做出结论。

④ 安装检修方面的原因

压力容器安装、改造或检修等过程中由于现场预热及保温、焊接位置等焊接条件差，检验困难或者焊条保管不善，最易造成焊缝出现严重气孔、夹渣、未焊透、未熔合，甚至裂纹（特别是低合金钢及大厚度焊接件）。现场检修时还容易发生不适当地采用代用材料的情况，焊接坡口也不易达到要求，组对时错边、角变形容易超标等，这些都可能引起焊接缺陷或局部应力集中，都有可能导致破坏事故。

在综合分析之后，应明确指出事故原因是上述 4 类中的哪一类。

6.1　韧性断裂——有机热载体炉爆管失效分析

6.1.1　爆管失效概况

有机热载体炉是一种以导热油为加热介质的新型特种锅炉，具有低压高温工作特性，但炉内导热油温度高，且大多易燃易爆，一旦在运行中发生泄漏，将会引起火灾、爆炸等事故。

某石化企业一台有机热载体炉投入使用半年后停车检修，重新投入使用2h后发生严重火灾，火灾后开炉检查发现该锅炉辐射面管子未见异常，后部对流冲刷受热面的蛇形管束组整体坍塌，多处开裂，对流传热部分全部报废。

锅炉的基本参数：额定热效率为14000MW，最高工作温度为320℃，工作压力为0.8MPa，受损蛇形管规格为$\phi 45 \times 3$mm，材料为20钢。

6.1.2　理化检验

（1）资料审查

首先对该锅炉的运行记录、分散控制系统（DCS）电脑记录、设计图纸等资料进行了检查，未发现该锅炉在发生事故前有异常升温、升压的现象。

（2）宏观检验

现场检查发现大量蛇形管已经明显胀粗、弯曲变形（图6-1），其中部分蛇形管有受火焰加热痕迹，外表面氧化皮开裂或脱落。现场主要有两类爆口：一类爆口开口不大（图6-2），断裂面粗糙不平整，边钝不锋利，外表出现一层较厚的氧化皮，厚度为1.4mm，内部充满焦、炭，且已完全堵塞，爆口附近胀粗内径达到47.3mm，壁厚为1.7mm；另一类爆口开口较大（图6-3），呈喇叭状，边缘锐利减薄较多，断裂面光滑，破口两边呈撕裂状，内壁较

图6-1　蛇形管变形情况

光洁，具备短时过热现象，对该爆口所在整根蛇形管检查发现，导热油进口至爆口位置未发现堵塞，而爆口至导热油出口段区域完全堵塞，堵塞长度为300mm。

（3）金相检验

在两爆口处附近分别取样进行金相检验。对图6-2所示爆口横截面及上下进行检验，

如图6-4~图6-6所示,可见外表面珠光体完全球化,内表面存在多处沿晶裂纹,裂纹走向与断口平行,裂纹内有腐蚀产物,裂纹具备蠕变裂纹形貌,从管壁外表面到内表面珠光体含量逐渐增加,接近内表面部位的珠光体量明显大于正常20钢组织中的珠光体量,说明有渗碳现象存在,因为在正常工作温度下不会发生渗碳现象,该渗碳应该在火灾中,导热油中分解出的碳渗入管壁中所致。

图6-2 开口较小的爆口形貌

图6-3 喇叭口式爆口形貌

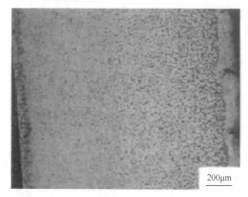

图6-4 图6-2中爆口横截面的显微组织

图6-5 图6-2中爆口上表面的显微组织

对图6-3所示爆口上下表面以及爆口附近取样进行检验,发现爆口上下表面珠光体均完全球化(图6-7、图6-8),内外均未发现裂纹,内表面无渗碳现象(图6-9),说明该处球化主要由火灾造成。

(4)力学性能测试

从拆除的蛇形管中选取发生鼓胀的蛇形管直管段,在其上取两个试样,编号为1和2;在表面没有氧化皮,未发生鼓胀、弯曲变形的直管段上取两个试样,编号为3和4,分别进行拉伸试验,结果见表6-1。试样1、2与试样3、4相比,其屈服强度、抗拉强度明显降低,其中抗拉强度低于GB 3087—1999的要求,屈服强度仍满足标准要求,应为材料球化所致。

图 6-6　图 6-2 中爆口下表面的显微组织

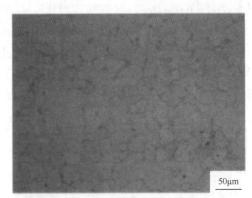

图 6-7　图 6-3 中爆口上表面的显微组织

图 6-8　图 6-3 中爆口下表面的显微组织

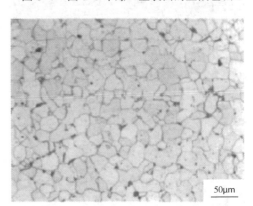

图 6-9　图 6-3 中爆口附近上表面的显微组织

表 6-1　拉伸试验结果

试样编号	尺寸/(mm×mm)	屈服强度/MPa	抗拉强度/MPa	伸长率/%
1	20.01×3.34	270.0	351.0	37.3
2	20.04×3.30	266.0	336.0	35.6
3	20.02×3.38	319.0	442.0	30.7
4	20.00×3.39	320.0	432.0	32.0
GB 3087—1999 要求值	—	≥245(壁厚<15mm)	410~550	≥20

（5）热载体化验分析

从参与循环较少的下膨胀槽内抽取了 1000mL 导热油，对其初馏点、闪点、中和值、水分、密度、残炭、运动黏度进行了化验，并与导热油出厂资料进行了对比，见表 6-2。可以看出导热油的初馏点为 315℃，低于锅炉最高使用温度，不符合 SH/T 0677—1999 规定的初馏点温度应高于其最高使用温度的要求，使用后的导热油初馏点、闪点降低，黏度增加 15% 以上，中和值上升。

表 6-2　导热油取样和化验结果

条件	初馏点/℃	闪点/℃	中和值/(mgKOH/g)	水分/%	密度(20℃)/(kg/m³)	残炭/%	运动黏度(20℃)/(mm²/s)
化验结果	286	188	0.22	痕迹	885	0.05	29.85
出厂数据	315	196	<0.05	不大于痕迹	874.7	<0.02	23.66

6.1.3 失效原因分析与讨论

（1）爆管原因分析

通过资料审查发现，锅炉运行过程中未出现明显的超温、超压现象，且炉管屈服强度仍符合标准要求，故排除了锅炉超温、超压导致蛇形管破裂引起火灾的可能性。

该锅炉爆管具有两类爆口，根据宏观检验及金相检验结果可以判断，图6-2爆口为长时过热爆口，图6-3爆口为短时过热爆口。要查明开裂原因需分清首爆口，根据运行记录可知，对流段烟气温度为400℃左右，炉管内压力为0.6MPa，同时导热油不会像水一样剧烈蒸发使局部压力突然升高，在此工况下，管内应力为9MPa（取炉管内径为47.3mm，壁厚1.7mm），远低于材料的屈服强度（20钢在450℃下的抗拉强度为117MPa），所以在运行条件下不会发生炉管强度不足而爆裂的情况，该爆口应为火灾后锅炉管在火焰辐射下强度急剧下降导致的爆口。因此图6-2所示的爆口为首爆口，从爆口周围的积炭情况可以看出造成爆口的原因为导热油炭化、结焦附着于管壁，降低了蛇形管与导热油之间的传热效率，烟道中烟气的热量大部分被金属管壁吸收，无法及时传递给导热油，蛇形管过热，发生片状渗碳体球化，持久强度下降，使管径胀粗、管壁减薄，并产生蠕变裂纹，最终强度不足而爆裂。

在工作状态下管壁内应力为9MPa左右，如果产生短时过热爆口，炉管温度需要达到800℃上，在该温度下管内导热油会迅速裂化结焦、积炭，并使管壁内侧渗炭，而炉管内表面没有积炭，金相检验也未发现渗碳现象，说明爆口前该段管子内发生火灾时没有导热油，根据该蛇形管堵塞情况可推断，该段管道在停车检修前已经堵塞，检修时将导热油放出后，空气进入，重新开车注入导热油后，由于空气无法排出，在火灾下产生干烧，且未及时正确处置，使炉管在发生火灾后仍保持压力，最终爆管，进一步使火灾加重。

综上所述，导热油炭化、结焦是该次事故发生的关键原因，所以需要进一步分析导热油碳化、结焦的原因。

（2）导热油炭化和焦化原因分析

导热油受热会发生劣化变质，所以有使用寿命的要求，正常情况下大约有$(4\sim5)\times10^4$h。导热油受热主要会发生两类反应，一类是氧化反应，另一类是热裂解反应。氧化反应产物除有机酸外，还有深度氧化生成的不溶物及泥状沉淀物。有机酸的出现使油的酸值增加；泥状沉淀物的存在增加了油的黏度，覆盖在炉管内壁降低导热率，这些泥状沉淀物在高温下形成积炭。热裂解反应包括烷烃碳链的断裂形成相对分子质量较小的烷烃及烯烃，芳烃的开环、脱氢、聚合和缩合。热裂解反应所得的烯烃可以聚合生成比裂解前分子更大的结构，所以导热油热反应主要生成两类产物，一类是相对分子质量更小的烃，更易挥发，使导热油的闪点下降；另一类产物是相对分子质量更大的物质，使油的黏度增加。芳烃脱氢缩合生成联苯和稠环芳烃，缩合的最终产物是焦。烷烃及环烷烃裂解产生的烯烃和芳烃通过类似的途径也会形成焦。符合要求的导热油在使用周期内不会发生很严重的炭化、结焦现象，该锅炉总共运行时间约为3500h，远未达到导热油的使用使命，发生这么严重的炭化、结焦极为不正常。根据导热油的化验结果中导热油初馏点、闪点降低，黏度增加15%以上，中和值上升的情况可以判断，下膨胀槽内的导热油即使很少参与循环，在使用过程中也发生了明显的氧化反应和热裂解反应，说明该导热油标号低，导致其热稳定性差，极易发生炭化、结焦。

根据以上分析讨论，可以得到以下结论：

该事故的原因是由于导热油标号较低，在使用过程中发生了氧化反应和热裂解反应，产生大量的焦、炭，焦、炭附着于管壁，降低了管壁与导热油之间的热传导效率，甚至造成管子堵塞，蛇形管过热，使管径胀粗，并产生蠕变裂纹，最终强度不足发生爆管，造成导热油泄漏，在高温烟气作用下着火引起火灾，火灾后未正确处置，炉管内长时间保持压力，导致其他堵塞的炉管短时过热爆管，进一步使火灾加剧。

建议更换导热油，使其最高使用温度与锅炉供热条件一致，在导热油使用前对其进行抽样化验。测定热载体的外观质量、闪点、黏度、酸值、残炭和水分等指标，判断与热载体制造厂提供的质量证明书是否相符，装油、冷油循环等工序严格按照相关规定执行，在使用过程中也应该定期化验，监控导热油的劣化情况，以便及时采取措施。

6.2 脆性断裂——氨离器出口 20 钢高压管爆破失效分析

6.2.1 失效事件概况

2007 年 11 月 17 日 13 时 40 分左右，某公司第二套 ϕ1800 氨合成系统氨分离器出口至冷交换器入口管道(以下简称氨分出口管)发生粉碎性爆炸事故。氨分出口管事故前操作压力 25.5MPa，操作温度-2℃，操作介质为 H_2、N_2、CH_4 和 NH_3 等，如表 6-3 所示。事故管道规格为 ϕ273×40mm，材质为 Q245 钢(老牌号 20G)管，服役时间为 18 个月。

该处管道总长约 14262mm，除长约 2474mm 的 PG1711-3 管件(下弯头)外均粉碎性破裂(图 6-10)，碎片飞出最远距离约 330m，爆炸碎片复原后，估计有 20%碎片未找到，管道内壁未发现炭渍。

表 6-3 介质工艺参数

压力/MPa	温度/℃	介质成分
25±0.5	-2~0	H_2(约 58%)+CH_4(约 20%)+N_2(约 H_2 含量的 1/3)+其他(NH_3+Ar)

(a) 远景

(b) 断口近景

图 6-10 事故管

6.2.2 失效分析过程

1) 爆破压力核算

根据厚壁容器(直管段)整体爆破的 Foupel 公式：

$$p_b = \frac{2}{\sqrt{3}} R_{eL} \left(2 - \frac{R_{eL}}{R_m} \right) \ln \frac{D}{d} \tag{6-1}$$

式中　p_b——直管整体爆破时的内压；

$\quad\quad R_{eL}$——材料的屈服强度；

$\quad\quad R_m$——材料的抗拉强度；

$\quad\quad D$——管子的外径；

$\quad\quad d$——管子的内径。

若材料性能取《钢制压力容器》（GB 150—1998）中的数据，计算得直管整体爆破时的内压应为 134MPa，而取材料的力学性能实测结果，则计算得直管整体爆破时的内压为 181MPa。

为了确定是否为超压破坏，事故调查组对三块事故现场的压力表进行鉴定，鉴定结论为：①三块压力表破坏模式一致，均为工作过程中受到较大爆炸冲击而发生变形损伤破坏，破坏程度与压力表的安装位置有关；②爆炸瞬间压力表指针未快速运动至限位处（60MPa），即压力表指针与限止钉之间未发生快速撞击作用；③从压力表形态无法判断存在瞬间超压。

勘察该装置中的氮氢气循环压缩机组，发现事故前运行的 9 号、10 号和 11 号循环机的三块进口管压力表以及 9 号和 10 号循环机的两块出口管压力表均归零，与该管道相连的设备，也未发现超压破坏的迹象。因此，可以判断该管道的实际爆破压力远低于该管理论爆破时的压力，即在工作压力（25.5±0.5）MPa 下出现了爆破。

2）材料试验方法及结果

（1）化学成分

N 和 H 分别采用 NACIS/C H 007—2005 和 NACIS/C H 118—2005 热导法分析，其余采用碳素钢和中低合金钢火花源原子发射光谱分析方法（GB/T 4336—2002），分析结果如表 6-4 所示。从表 6-4 可以看出，常规元素含量符合《化肥专用无缝钢管》（GB/T 6479—2000）标准的要求。值得注意的是：和欧美相近钢号相比，GB/T 6479—2000 规定的 N 元素量偏高。常温下，N 几乎不溶于 α-Fe，以 $Fe_{2\sim4}N$ 的化合物析出，通常认为 N 偏高将导致钢的应变时效敏感性系数大。事故管子中的 H 含量测试结果为：0.5ppm（2.83×10^{-5} H/Fe）。

表 6-4　Q245 钢失效钢管的化学成分

	C	Si	Mn	P	S	Ni	Cr	Cu	Mo	V	N	H
分析结果/%	0.208	0.272	0.58	0.025	0.0051	0.015	0.014	0.015	0.0013	0.0061	0.0080	0.00005
GB/T 6479—2000	0.17~0.24	0.17~0.37	0.35~0.65	≤0.030	≤0.030	≤0.25	≤0.25	≤0.20	≤0.15	≤0.08	≤0.008	

（2）力学性能

首先，测试了事故管残片常规力学性能，试验结果见表 6-5。

对事故管取样进行了不同温度下的夏比 V 形缺口冲击试验，试验结果如图 6-11 所示，图中正火处理后的夏比 V 形缺口冲击试验结果为事故管预制厂所做未服役管的试验结果。从表 6-5 以及图 6-11 可以看出：①抗拉强度、屈服强度和硬度大幅提高；②冲击吸收能量大幅下降；③事故管子轧制供货态的冲击吸收能量，在大约低于 12℃后，和正火态 Q245 钢相比明显偏低，在大约低于−5℃时，其脆化程度接近弯头外侧。

表 6-5　事故管常规力学性能测试

项目	冲击吸收功$\overline{KV_2}$/J			$\overline{R}_{eL}$/MPa	$\overline{R}_m$/MPa	A/%	Z/%	硬度($\overline{HB}$)	显微硬度($\overline{HV}$)
取样位置	试验温度/℃								
	−5	0	12	12	12	12	12	12	12
直管	22.7	37.3	110.0	300.0	440.0	25.0	54.5	53	154
弯头内侧	33.0	34.2	75.5	—	—	—	—	—	—
弯头外侧	4.3	4.5	4.8	462.8.8	534.4	17.7	57.9	162	200

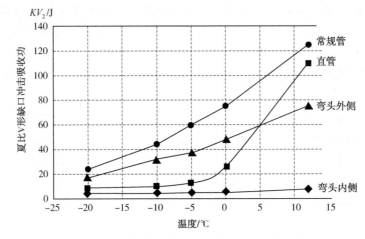

图 6-11　事故管的夏比 V 形缺口冲击试验结果

（3）微观组织结构

为了分析事故管的微观组织结构，对其断面或剖面进行了光学金相组织、扫描电镜和透射电镜分析，结果如下：

① 光学金相分析结果如图 6-12 所示，沿管子轴向观测的金相组织：珠光体+铁素体，在铁素体内有少量渗碳体析出，沿管子径向观测的金相组织中有典型的厚壁高压管轧制所致带状组织。

② 扫描电镜组织缺陷分析和夹杂能谱分析结果如图 6-13 所示。可以看出，脆性夹杂物主要位于铁素体中，且已经脱离铁素体基体，形成长约 2~10μm 的微裂纹、微孔洞，能谱分析表明脆性夹杂为 Mn、Si、Al、Ca 等的 O、S 化合物。冲击断口形貌如图 6-14 所示，在启裂区有多处微孔洞存在，扩展区可看到多处微孔洞及垂直于扩展方向的微裂纹，开裂方式均为穿晶解理断裂。

（4）应变时效敏感性

首先对该事故管碎片进行了正火处理，正火处理后，根据《钢的应变时效敏感性试验方法（夏比冲击法）》（GB/T 4160—2004）对材料进行了应变时效敏感性试验：拉伸应变速率 0.001s⁻¹，残余变形 10%±0.2%，时效温度升温速度 100℃/h，时效最高温度 250℃，时效保温时间 90min，空冷。应变失效敏感性系数 C_V 由式（6-2）计算：

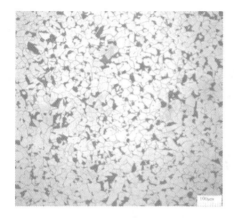

(a) 沿轴向观测组织   (b) 沿径向观测组织

图 6-12   事故管样金相组织

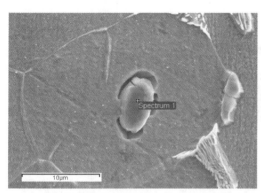

(a) 夹杂1

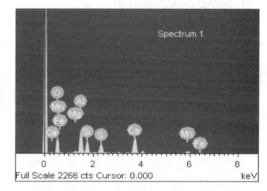

(b) 夹杂1能谱分析

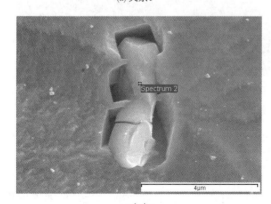

(c) 夹杂2

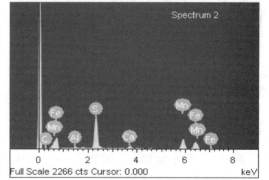

(d) 夹杂2能谱分析

图 6-13   事故管样夹杂及其能谱分析（3%HNO_3 酒精腐蚀，SEM）

$$C_V = \frac{\overline{K_{AV}} - \overline{K_{AVS}}}{\overline{K_{AV}}} \times 100\% \qquad (6-2)$$

通过试验，该管材料的应变时效敏感性系数 C_V 为 89.5%，远远高于一般压力容器用钢应变时效敏感性系数不高于 50% 的要求。

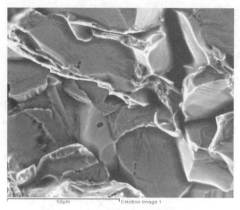 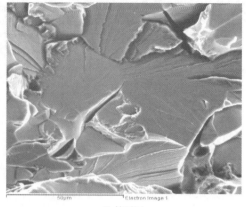

(a) 缺口根部启裂区　　　　　　　　　　(b) 扩展区

图 6-14　事故管样外弯侧冲击断口（$KV_2 = 7.2J$，SEM）

3）裂纹萌生及扩展分析

宏观裂纹及断口如图 6-15 所示。可以看出，宏观断口为脆性断口，对断口分析表明发现有多处陈旧裂纹分布在管壁外侧，亦有部分裂纹源在管壁内侧和内部。

 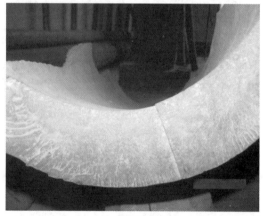

(a) 宏观裂纹　　　　　　　　　　　　　(b) 宏观断口

图 6-15　宏观裂纹及端口

为了检测分析事故管的裂纹萌生及扩展形貌，对事故管碎片进行磁粉探伤，对发现有裂纹部分线切割取样、机械抛光和酒精清洗后，在光学显微镜和扫描电子显微镜下进行观察分析。典型分析结果见图 6-16~图 6-18。其中，图 6-16 为萌生于管外壁，宏观扩展方向沿管子轴向（纵向）裂纹形貌的光学显微镜观察结果；图 6-17 为萌生于管外壁，宏观扩展方向沿管子轴向（纵向）裂纹形貌的扫描电镜观察结果；图 6-18 为萌生于管内壁，宏观扩展方向沿管子环向（横向）裂纹形貌的扫描电镜观察结果。可以看出：①宏观上沿管子轴向扩展和环向扩展的裂纹的微观形貌基本相同，说明裂纹萌生及扩展的机理可能相同；②裂纹萌生主要在晶界和相界，萌生区有多个萌生点；③微裂纹扩展沿晶界和相界或穿晶，扩展不连续，扩展方向并不一定垂直于主应力；④裂纹中夹杂的成分主要为 Fe、C、O，有少量的 S、Si，裂纹中夹杂应为渗碳体或氧化物。

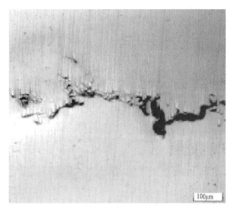

(a) 萌生于外壁的裂纹 (b) 左侧裂纹间断扩展形貌

图 6-16 萌生于管外壁宏观沿轴向扩展裂纹萌生部位及间断扩展形貌的光学显微镜分析

(a) 萌生于管外壁裂纹的尖端形貌 (b) 裂纹扩展的间断性

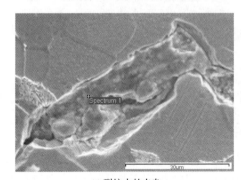 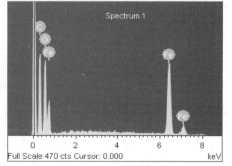

(c) 裂纹中的夹杂 (d) 裂纹中夹杂能谱分析

图 6-17 萌生于管外壁宏观沿轴向扩展裂纹萌生部位及间断扩展形貌的扫描电镜分析

6.2.3 爆破原因分析及建议

经对事故现场调查和对氨分离器及冷交换器的损坏形式分析，确认氨分出口管爆炸属正常操作压力下的物理爆破。材质劣化是引起氨分出口管粉碎性物理爆炸的直接原因。引起氨分出口管材质劣化可能的原因包括制造工艺不当造成的应变时效脆化或和第一种回火脆(蓝脆)以及管道运行过程中的应力腐蚀开裂或和氢脆，相关可能性分析如下：

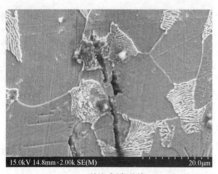
(a) 裂纹尖端形貌

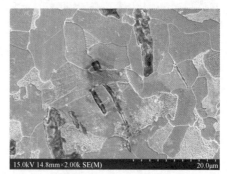
(b) 萌生于管内壁裂纹的尖端形貌

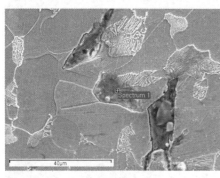
(c) 裂纹扩展的间断性

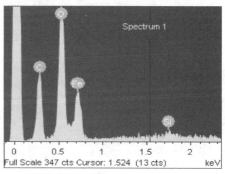
(d) 裂纹中夹杂能谱分析

图 6-18　萌生于管内壁宏观沿环向扩展裂纹萌生部位及间断扩展形貌的扫描电镜分析

1）低温回火脆化

传统上，马氏体钢在 300~350℃ 回火，室温 KV_2 值跌入低谷和最小断裂能量，称之为回火马氏体脆化（TME, Tempered Martensite Embrittlement）。如果 Q245 钢发生了低温回火脆化，其常温夏比 V 吸收能量 KV_2 也会大幅下降，其力学性能也会表现如表 6-5 中所示特征。但是，低温回火脆化产生的前提条件是组织状态为马氏体，如图 6-5 所示，事故管材料为铁素体+珠光体组织，没有发现马氏体组织存在，这就排除了低温回火脆化的可能。

2）氨应力腐蚀机理

事故管的操作介质主要有 H_2、N_2、CH_4 和少量的 NH_3、Ar 等，少量的液氨形成挂壁现象。考虑到该管子在弯制后未进行热处理，存在很大的残余应力，因此，专家组认为存在氨应力腐蚀开裂的可能性。

如果氨应力腐蚀开裂是造成事故管中裂纹产生的原因，则裂纹起始区域应位于有液氨的内壁，且扩展方向基本上垂直于第一主应力方向，并连续扩展。然而，实际裂纹的起始区、扩展方向和扩展性质却呈现如下特征：

（1）很多的陈旧裂纹并非都起始于管子内壁，裂纹的扩展呈现出显著的间断性；

（2）裂纹多不垂直于最大主应力，尤其未产生于残余应力较大的焊缝区域；

（3）在事故管中亦没有发现氨应力腐蚀裂纹的树枝状特征。

该裂纹特征不符合氨应力腐蚀的特征。

研究表明 Q245 钢的氨应力腐蚀敏感性略低于 16MnR，与事故管连接氨分离器的筒体材料为 16MnR，氨分离器有数道未经退火处理的环焊缝，该处发生氨应力腐蚀的可能性更高，环焊缝处的第一主应力水平高于事故管，氨分离器上半部分和事故管道中的介质极为相近。事故调查中未发现氨分离器有氨应力腐蚀的痕迹，佐证了事故管道发生氨应力腐蚀的可能性不大。从环境温度看，5℃以下便能抑制 Q245 钢的氨应力腐蚀，而事故管的工作温度在 -2～3℃，低于氨应力腐蚀的抑制温度。

基于以上分析，完全可以排除氨应力腐蚀开裂的可能性。

3）应变时效脆化（蓝脆）

常温下，刃位错由于被 C、N（或第二相质点）钉扎，形成 Cottrell 气团，表现出较低的塑性及韧性。在温度升高的过程中，由于变形作用和温度升高提供的驱动能，使位错可以挣脱间隙溶质原子的钉扎而滑移，钢材表现出塑性和韧性升高，当升高到一定的温度范围（蓝脆温度）时，C、N 原子的扩散速度增加较快，赶上了位错的滑移速度，在该温度做拉伸试验，发生了 C、N 原子对位错的反复钉扎-脱钉-钉扎，因而位错始终难以滑移，形成了所谓的蓝脆现象。

大多数铁素体-珠光体组织的合金钢，韧性随温度升高，在 300℃ 左右韧性降低。它发生在钢表面有蓝色氧化膜的温度范围，因此称为蓝脆。蓝脆发生在合金元素很低的退火或正火的低合金钢中。在下列 3 种情况下均可观察到蓝脆：①在 150～350℃ 温度范围测定钢的强度和韧性；②在 150～350℃ 温度范围进行温加工，然后在室温测定钢的强度和韧性；③室温进行冷加工后，再经 150～350℃ 温度范围加热，在室温测定钢的强度和韧性。产生蓝脆的原因是碳和氮间隙原子的形变时效。在 150～350℃ 温度范围内形变时，已开动的位错迅速被可扩散的碳、氮原子所锚定，形成柯垂耳气团（柯氏气团）。为了使形变继续进行，必须开动新的位错，结果钢中在给定的应变下，位错密度增高，导致强度升高和韧性降低。

事故调查发现事故管的弯管为冷弯工艺，弯管最大伸长率为 17%，在弯制过程中有 300～400℃ 伴随预热，弯制后未做热处理。总结：①事故管的应变时效敏感性高达 89.5%；②冷加工最大伸长率 17%；③伴热 300～400℃（C、N 间隙原子可在该温度下扩散）。这 3 点完全满足 Q245 钢应变时效脆化的产生条件，在铁素体内观察到大量的 $Fe_{2.5-4}N$ 偏析物，也间接证明该钢的确发生了（过）应变时效脆化（蓝脆）。

4）氢致开裂机理的确定

通过事故管的调查报告和后续工作，可以得出：①事故管的宏观断口为脆性断口；②管外壁附近有多处裂纹萌生；③直管外壁附近（近表面）的环向应力约为内壁的环向应力的 50%，内壁虽也有裂纹萌生，但其扩展方向与主应力方向未呈现对应性，说明裂纹萌生和扩展对应力不敏感；④裂纹扩展不连续，为孔洞长大再贯穿模式，裂尖没有分叉现象；⑤管子为临 H 工作状态。以上 5 点大体符合氢致开裂的特点。基本可以确定管子起爆前裂纹萌生及扩展为氢致开裂机理。尽管如此，多年的合成氨工程实践表明该工艺条件下运行的正常 Q245 钢高压厚壁管未发生氢致开裂或氢脆，所以，应变时效脆化究竟在多大程度上促使了管子氢致开裂（或氢脆）的发生是一个值得弄清楚的问题。

5）结论

（1）事故管 Q245 钢韧性的下降是应变时效脆化所致，不是低温回火脆；

（2）事故管过早产生应变时效脆化的直接原因是管子轧制阶段终轧温度控制过低并替代正火处理，以及管子预制时错误地伴热（300～400℃）和预制成型后未做消除应力退火；

（3）事故管起爆前的裂纹萌生是氢脆所致，不是氨应力腐蚀所致，由于应变时效脆化的存在，导致氢脆门槛值大幅降低。

6）建议

（1）严格按照规范要求，保证钢管轧制完后的正火处理和预制后的去应力退火，进行Q245钢高压管的轧制、预制，是预防应变时效脆化的基础；

（2）完善Q245钢高压管加工、检验的标准规范，以便有效预防应变时效脆化事故的再次发生；

（3）深入开展应变时效脆化产生的定量规律以及应变时效脆化和其他失效模式（如氢致开裂）的交互作用规律研究。

6.3　疲劳断裂——螺旋板换热器开裂

6.3.1　失效概况

螺旋板式换热器3E-1607B用于PTA母液冷却。PTA是芳香族二羧酸中的一种，它主要用于与乙二醇酯化聚合，生产聚酯切片、长短涤纶纤维，广泛用于纺织。冷却的目的是降低PTA母液的温度以便尽可能多地结晶出PTA和PT酸，在PTA母液过滤机3M-1603中回收并再循环回到氧化单元，冷却最大程度减少了生化污水处理装置所需处理的COD和有机物。换热器3E-1607A/B/C材料为316L，每台换热器的传热面积都为336m²，并联安装，设计将母液从70℃左右冷却到50℃。

换热器3E-1607A/B/C由VAAHTO公司2005年8月制造，2006年11月投用，从2007年4月开始接连发现三台母液冷却器发生泄漏，确认为螺旋板开裂造成。该螺旋板的技术特性见表6-6。

表6-6　螺旋板换热器技术特性

技术参数	壳程	管程
设计压力/MPa	1.3	0.7
设计温度/℃	150	150
水压试验压力/MPa	1.69	0.91
工作温度（进/出）/℃	70/50	33/43
介质	PTA母液	冷却水
压力降（允许/计算）/kPa	200/204	150/149.8
容积/L	2200	3810
通道	2	
换热面积/m²	336	
材料	316L	

螺旋板换热器3E-1607B方位图如图6-19所示，从 $b=21$mm 通道敞开侧观察，漏点在通道敞开侧第21圈（从中心圆向外第40圈螺旋板）180°方向处。从端面向内900mm处开始出现裂缝，最长裂纹约600mm，裂缝处存在明显弯折，如图6-20、图6-21所示，正常板的弧度如图6-22所示。在该裂纹的同一轴线上还存在多条小裂纹，如图6-23所示。漏点外侧螺旋板是4mm（实际厚度2.90~3.24mm不等）接6mm板处，接板处也出现明显弯折，该

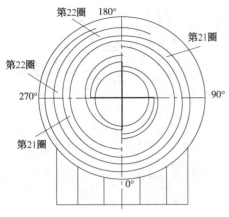

图 6-19　螺旋板换热器方位示意图

位置通道宽度明显超常，定距柱与螺旋板之间的间隙达 10~23mm，受损板两面的定距柱均没有起到支撑作用。

第 21 圈螺旋板 180°方向，有 10 排定距柱未能顶抵相邻螺旋板，通道最大宽度 22.3mm、最大间隙 10.3mm。同时，该通道内侧相邻封闭的 21mm 通道包含螺旋板厚度总宽度为 50mm，考虑去除螺旋板厚度和通道宽度，间隙为 23mm。该通道外侧相邻封闭的 21mm 通道包含螺旋板厚度总宽度为 41.5mm，考虑去除螺旋板厚度和通道宽度，间隙为 14.5~16.5mm，见图 6-24（此处为 4mm+6mm 接板处）。12mm 通道封闭侧第 21 圈实测宽度 46mm，间隙 28mm。22 圈通道宽度 39mm，间隙 20mm，见图 6-25。该部位正是已确定的螺旋板漏损处，该部位 3mm 螺旋板相邻侧定距柱均未能顶上。

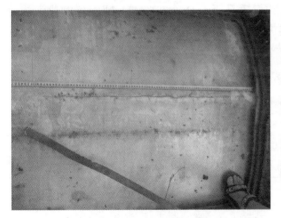

图 6-20　螺旋板上最长裂纹

图 6-21　螺旋板裂纹所处位置存在明显弯折

图 6-22　定距柱歪倒的未弯折螺旋板

图 6-23　与最长裂纹同一轴线上的小裂纹

图 6-24　从 $b=12$ mm 侧看是裂缝所处位置

图 6-25　从 $b=21$ mm 侧看裂缝板所处位置

6.3.2　试验分析

1）螺旋板化学成分分析

螺旋板换热器中螺旋板设计材质为 316L，对应我国不锈钢牌号 022Cr17Ni12Mo2，采用直读光谱仪对换热管的化学成分进行检验，判断材质是否符合标准要求。螺旋板的化学成分（质量分数）分析结果见表 6-7。根据分析结果可知，螺旋板化学成分完全符合《不锈钢冷轧钢板和钢带》（GB/T 3280—2007）中对 022Cr17Ni12Mo2 钢的成分要求，其中 S、P 含量更是远好于标准要求。

表 6-7　螺旋板化学成分　　　　　　　　　　　　　　　　　　%

元素	C	Si	Mn	S	P	Cr	Ni	Mo
含量	0.028	0.552	1.127	0.001	0.009	17.26	10.94	2.26
标准值	≤0.03	≤0.75	≤2.00	≤0.030	≤0.045	16.0~18.0	10.0~14.0	2.0~3.0

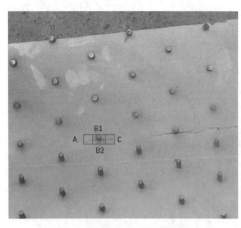

图 6-26　小裂纹位置取样图

2）金相组织

针对螺旋板（图 6-23）定距柱附近长约 5mm 小裂纹，沿其长度方向取 3 个试样，如图 6-26 所示。左侧带裂纹尖端的 A 试样观察其表面金相，右侧带裂纹尖端的 C 试样观察与 B 试样相连的侧面金相。由于裂纹中间已裂透厚度方向，B 试样切取后沿裂纹断裂成 B1 和 B2 两个试样，定距柱位于 B1 试样上，为方便起见，观察断口时选用 B2 试样。

试样 A 的表面裂纹形态如图 6-27 所示，有多个裂纹源，裂纹不连续、无分叉，基本都平行于换热器的轴向，裂纹向两侧扩展，多条小裂纹可以连接成一条大裂纹。用王水腐蚀后，裂纹显示为穿晶裂纹，如图 6-28 所示。

试样 C 裂纹沿板厚方向扩展形貌如图 6-29 所示，可以看出，裂纹沿 $b=12$ mm 侧向 $b=21$ mm 侧扩展，裂纹无分叉，除一条主裂纹外，还有多条小裂纹，裂纹为穿晶。

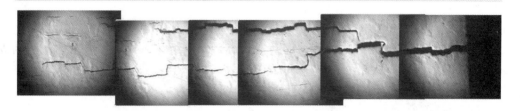

图 6-27　试样 A 表面裂纹金相

(a) 200×　　　　　　　　　　　　　　　(b) 400×

图 6-28　试样 A 表面裂纹

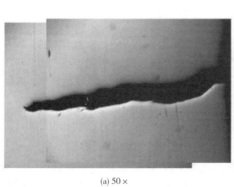 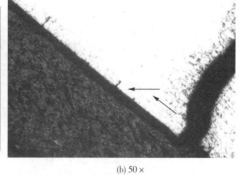

(a) 50×　　　　　　　　　　　　　　　(b) 50×

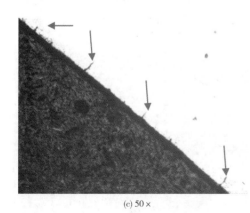 

(c) 50×　　　　　　　　　　　　　　　(d) 200×

图 6-29　试样 C 厚度方向裂纹

3）断口分析

图 6-26 中含裂纹样块 B2 打开后，用酒精对裂纹断面进行超声波清洗，使其显露出断口的真实形貌。在扫描电镜下对清洗后的断口进行观察。裂纹源以定距柱为中心，向 $b=21mm$ 侧扩展，显示为典型的疲劳断口形貌。

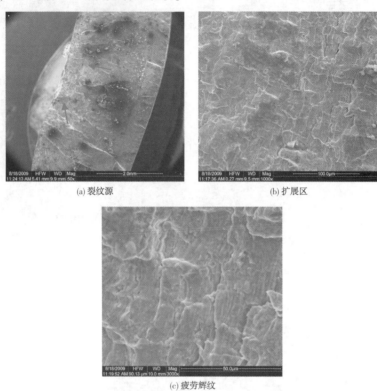

(a) 裂纹源　　　　　　　　　　(b) 扩展区

(c) 疲劳辉纹

图 6-30　试样 B2 断口形貌

图 6-20 所示约 600mm 长的裂纹沿着一排定距柱开裂，在裂纹长度方向的中间部分分别切取两个定距柱周围试样 1、2，在长裂纹的裂尖处取试样 3，沿裂纹打开，如图 6-31 所示，用扫描电镜观察裂纹断面。在试样 1 和试样 2 中都观察到了裂纹源和疲劳辉纹，而且试样中都有大量的二次裂纹，如图 6-32、图 6-33 所示。试样 3 中显示疲劳扩展，没有看到明显的疲劳源，如图 6-34 所示，疑此裂纹是从离此最近的定距柱处起源扩展所致。

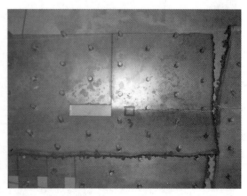

图 6-31　裂纹断面观察取样位置图

(a) 试样1中的二次裂纹

(b) 试样1中疲劳源

图 6-32 试样 1 断面形貌

(a) 试样2中的疲劳源

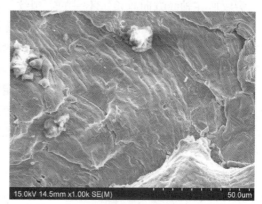

(b) 试样2中的疲劳纹

图 6-33 试样 2 断面形貌

4）拉伸试验

按照《钢及钢产品 力学性能试验取样的位置及试样制备》（GB/T 2975—1998）及《金属材料室温拉伸试验方法》（GB/T 228—2002）对裂纹所在的螺旋板取样进行拉伸试验，取样位置见图 6-35，性能指标见表 6-8。该力学性能指标均符合《不锈钢冷轧钢板和钢带》（GB/T 3280—2007）的要求，在使用过程中没有发生劣化。

图 6-34 试样 3 断口形貌

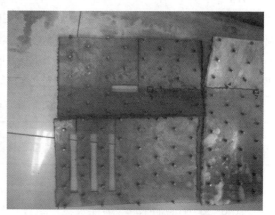

图 6-35 拉伸试样取样位置图

表 6-8 4mm 厚螺旋板机械性能

性能指标	$R_{t0.5}$/MPa	R_m/MPa
试样 1	261.9	476.2
试样 2	259.5	519.0
试样 3	271.1	504.8
均值	246.2	500.0
标准值	170	485

6.3.3 螺旋板换热器开裂原因分析

通过对螺旋板的化学成分分析，证明材料是 316L，成分完全符合标准规定要求。

从截取的带裂纹螺旋板试样外观形貌看出该块螺旋板裂纹所在轴线存在极严重的弯折。沿长裂纹所在轴线方向有长短不一的短裂纹。螺旋板金相组织为单相奥氏体晶粒，属于正常的 022Cr19Ni10 固溶处理后的组织形貌，裂纹无分叉，穿晶裂纹，从长裂纹和短裂纹位置取样用扫描电镜观察到清晰的裂纹源，裂纹一般起源于轴线与定距柱的相交处。拉伸试验表明材料的力学性能完全符合标准。

综上分析可以得到设备的失效原因很可能是：设备制造不规范，卷制过程中出现曲率突变，给螺旋板造成损伤。设备带缺陷运行，运行过程中需要碱洗而存在交变载荷，液体可能会引起缺陷处螺旋板颤动，疲劳裂纹起源于螺旋板曲率突变处与定距柱相交的应力集中处，向两侧和板厚方向扩展，连接成长裂纹。

另外，极大的可能是螺旋板设计壁厚偏低，刚度不足，定距柱顶抵不到位，在螺旋板通道中流体流动的带动下，产生共振，致使螺旋板在定距柱焊点处萌生裂纹，发生疲劳扩展和螺旋板开裂失效。

6.4 疲劳断裂——双螺杆泵轴断裂

6.4.1 失效概况

2016 年 6 月 20 日，某公司物流车间 1301 罐区卧式双螺杆泵驱动轴发生断裂。该双螺杆泵 2015 年 5 月采购，共采购 3 台(两开一备)，螺杆泵输送介质为原油，设计运行参数如表 6-9 所示。2015 年 9 月投运，2016 年 6 月 20 日首台泵发生驱动轴断裂，2016 年 7 月 3 日第二台发生相同模式的驱动轴断裂，螺杆泵累计运行时间 3~4 个月(2000~3000 h)。由于短时间内两台泵连续发生驱动轴断裂，严重影响了物流车间罐区的正常运行，为避免类似事故再次发生，委托中国石油大学(华东)对首台断裂的螺杆泵驱动轴进行失效原因分析。

表 6-9 双螺杆泵设计运行参数

规格	流量/m³/h	压力/MPa	轴功率/kW	转速/(r/min)	黏度/(mm²/s)	温度/℃
W7.2ZK-85Z2M3W75B	200	1.8	137.4	1450	380	80

6.4.2 断裂形貌分析

图 6-36 为拆解后的双螺杆泵转子组件(从动轴及螺旋套、驱动轴及其螺旋套)，可知该螺杆泵为双吸泵，两端吸入中间排液，自动平衡轴向力。由图可见，发生断裂的为驱动轴的

驱动端螺旋套键槽处，断裂位置处于键槽半圆角过渡处（两台泵断裂位置相同），此处为泵轴横截面的截面尺寸过渡处。将泵轴沿断面近处的横截面切割，并用清洗剂清洗除油，然后用无水乙醇清洗吹干，通过肉眼对断裂主轴进行宏观分析，并用数码相机拍照记录。

图 6-36 双螺杆泵轴断裂宏观形貌

螺杆泵驱动轴的断裂的宏观形貌，如图 6-37（a）、图 6-37（b）所示，断口横断面状况如图 6-37（c）、图 6-37（d）所示。

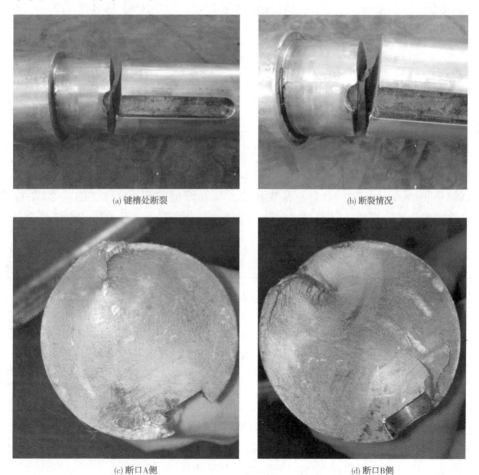

(a) 键槽处断裂   (b) 断裂情况

(c) 断口A侧   (d) 断口B侧

图 6-37 双螺杆泵轴现场断裂状况

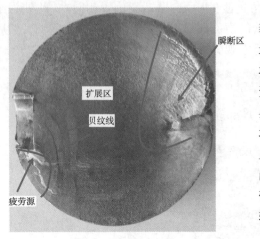

图 6-38　断口宏观形貌

如图 6-38 所示，泵轴断口整体呈脆性形貌，无明显塑性变形，断口总体光滑齐平，在最后瞬断区有相对较为粗糙、向外凸出的区域，应为瞬断时撕裂造成。断口表面呈典型疲劳断裂特征，裂纹源区、裂纹扩展区及瞬断区界限明显，并且扩展区的区域大，瞬断区的区域小。此外，扩展区可以看到明显的贝纹线，且贝纹线以键槽半圆角过渡处最外侧为源，呈凸起弧状向瞬断区方向扩展。该宏观断口符合带缺口轻微应力集中轴在低名义应力疲劳下旋转弯曲断裂的特征，如图 6-41 所示。

6.4.3　试验分析

1）螺杆泵轴化学成分分析

螺杆泵轴的设计材质为沉淀硬化型马氏体不锈钢 0Cr17Ni4Cu4Nb，采用直读光谱仪对其化学成分进行检验，判断材质是否符合标准要求。泵轴的化学成分（质量分数）分析结果见表 6-10。根据分析结果可知，螺杆泵轴化学成分符合《不锈钢棒》（GB/T 1220—2007）中对 0Cr17Ni4Cu4Nb 钢的成分要求。

表 6-10　螺杆泵 0Cr17Ni4Cu4Nb 钢化学成分　%

元素	C	Si	Mn	P	S	Ni	Cr	Cu	Nb
实测值	0.054	0.381	0.648	0.037	0.0037	4.289	15.99	3.349	0.299
标准值	≤0.07	≤1.00	≤1.00	≤0.040	≤0.030	3.00~5.00	15.00~17.50	3.00~5.00	0.15~0.45

2）硬度测试

采用显微硬度计对断口附近横截面进行硬度测试，由心部到边缘处等距选择 3 个测试点，测试结果见表 6-11。根据测试结果可知，泵轴硬度符合 GB/T 1220—2007 标准中对 0Cr17Ni4Cu4Nb 钢 550℃ 及其以上温度时效处理后的硬度要求，不满足 480℃ 时效处理后的硬度要求。

表 6-11　硬度测试结果

性能指标	HBW	性能指标	HBW
测试点 1	354		（480℃时效）≥375
测试点 2	348	标准值	（550℃时效）≥331
测试点 3	360		（580℃时效）≥302
均值	354		（620℃时效）≥277

3）金相组织分析

分别切取泵轴心部和靠近表面处试样，经镶嵌、磨抛和化学试剂侵蚀后置于光学显微镜下观察。如图 6-39 所示，轴靠近表面处金相组织为 M（马氏体）+少量块状 F（铁素体）。如图 6-40 所示，轴心部金相组织为 M（马氏体）+少量块状 F（铁素体）。由此可知，泵轴热处理后的金相组织正常，未见异常组织和缺陷，冶金质量优良，热处理工艺合格。

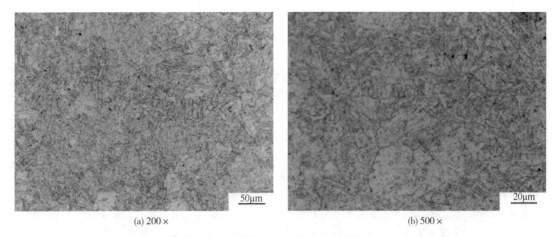

(a) 200×   (b) 500×

图 6-39 轴靠近表面处金相显微组织

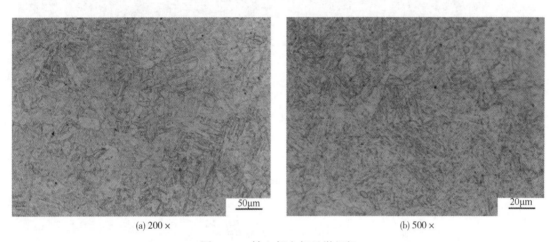

(a) 200×   (b) 500×

图 6-40 轴心部金相显微组织

4）微观断口分析

用酒精对裂纹断面进行超声波清洗，使其显露出断口的真实形貌。在扫描电镜（SEM）下对清洗后的断口进行观察。

如图6-41（a）所示，裂纹源较为明显，位于键槽半圆角过渡处外表面侧，如图中箭头所指方位。疲劳辉纹为疲劳断口所特有的形貌特征，位于断口扩展区，如图6-41（b）所示。疲劳辉纹条带由裂纹源向瞬断区扩展，显示为典型的疲劳断口形貌。扩展区除疲劳辉纹外，还存在较多的二次裂纹，如图6-41（b）、图6-41（c）所示。瞬断区可观察到明显的韧窝，说明该处为韧性断裂，但区域较小，如图6-41（d）所示。

6.4.4 螺杆泵驱动轴断裂原因分析及建议

1）失效原因分析

（1）断裂特征分析

通过对双螺杆泵轴的化学成分分析，证明材料是0Cr17Ni4Cu4Nb，成分符合标准规定要求。通过硬度测试仪测试泵轴硬度，发现硬度满足550℃时效处理及其以上温度时效处理的要求，不满足480℃时效处理的要求。从泵轴金相组织来看，属于正常的0Cr17Ni4Cu4Nb固溶+时效处理后的组织形貌。通过观察断口宏观形貌以及通过扫描电镜观察断口形貌可知，

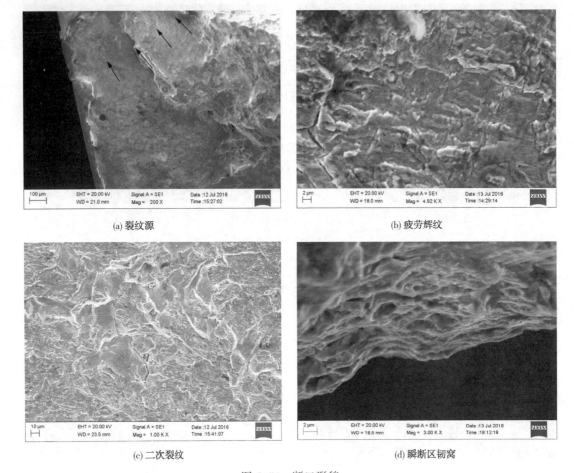

(a) 裂纹源　　　　　　　　　　　　　　　　(b) 疲劳辉纹

(c) 二次裂纹　　　　　　　　　　　　　　　(d) 瞬断区韧窝

图 6-41　断口形貌

键槽半圆角过渡处外表面侧为裂纹源，扩展区有明显的疲劳辉纹及二次裂纹，为典型的疲劳断口。

由于断口上疲劳裂纹扩展区的区域大，瞬时断裂区的区域小，故泵轴的失效形式属于低应力疲劳断裂。最后断裂区域相对较小，靠近泵轴边缘，说明泵轴在工作过程中承受了不太大的弯曲应力。

（2）螺杆泵变工况对驱动轴安全的影响分析

查阅该螺杆泵的设计选型资料以及车间运行记录可知，该螺杆泵选型时给定原油介质参考黏度为 $380mm^2/s$，而实际运行过程中由于该公司原油来源多元化，原油黏度远小于设计参考黏度，仅为 $6\sim20.4mm^2/s$，严重偏离设计工况。螺杆泵属于容积式泵，在运行过程中靠阴阳转子的啮合与泵体之间形成的容积的周期性变化实现对输送介质的增压。由于双螺杆泵的规格选型有个压力极限问题，即流量、压力、导程、黏度之间存在一定的匹配关系。当黏度太低时，泵的内漏增加，原泵的压力极限已降到 $0.8MPa$（黏度 $6mm^2/s$）以下，由于装置的管路系统特性是不变的，故双螺杆泵的实际运行压力为 $1.4MPa$，此时一方面螺杆泵阴阳转子之间的润滑作用减弱；另一方面螺杆泵的内漏（从排出端向吸入端泄漏）量增加，导致螺杆泵流量明显下降（由 $190m^3/h$ 降至 $140\ m^3/h$）；同时黏度减小导致泄漏阻力的减小，最终使泵轴上的载荷分布发生明显变化(图6-42),泵轴的弯曲载荷明显增大,故而泵轴的弯曲应力明显增加,薄弱的地方比如存在应力集中的键槽结构处,会在增大的旋转弯曲交变应力作用下,大大缩短轴的疲劳寿命,致使螺杆泵轴产生过早疲劳断裂。

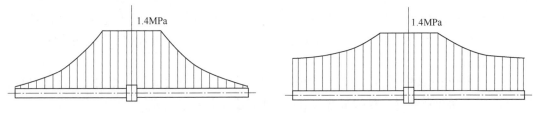

图6-42 介质黏度对泵轴载荷分布的定性影响(左:高黏度;右:低黏度)

由于物流车间罐区螺杆泵的介质黏度低导致的泵轴弯曲在拆解的螺旋套表面可以得到印证,如图6-43所示,在拆解的三台泵螺旋套表面均存在明显的摩擦痕迹,而且泵螺旋套与泵体内表面的摩擦只在泵体的下半周,说明泵轴在工作时只向下弯曲,再与泵轴传递扭矩作用叠加后会产生旋转弯曲工况;同时螺杆泵的排液具有周期性(非连续排液)的特点,故而螺杆泵轴处于疲劳工况下工作,因此螺杆泵泵轴处于典型的旋转弯曲疲劳工况下工作。

图6-43 螺杆泵螺旋套的摩擦痕迹

(3)螺杆泵泵轴断裂过程分析

螺杆泵运行过程中,泵轴主要承受着扭转与弯曲疲劳的交变载荷,且以扭转为主。轴的表面所受应力最大,而心部几乎为零。疲劳裂纹源优先在轴表面的薄弱点键槽圆角处成核。在交变应力作用下,整个疲劳断裂过程包括:微裂纹源产生、宏观裂纹扩展和瞬时断裂。疲劳源系在应力集中较大的尖角根部萌生,并向心部扩展。对于受扭转和弯曲疲劳的泵轴而言,危险区域在轴的表面。应力集中因素表现为轴结构形状及尺寸的急剧变化,如直径变化处的轴肩、键槽和螺纹等;当泵送介质黏度降低时,泵轴弯曲载荷增大,会加速疲劳裂纹源的产生和裂纹扩展过程,造成泵轴的过早疲劳断裂。其次,制造及使用中所造成的表面机械损伤也会加剧应力集中,如裂纹、刻痕、切削刀痕、麻坑等形成缺口效应,亦会对泵轴的疲劳断裂起到促进作用。

综上分析可以得到以下结论:

(1)螺杆泵泵轴的材质、热处理状态正常,未发现制造质量问题;

(2)螺杆泵泵轴断裂属于过早旋转弯曲疲劳断裂,主要是泵运行介质黏度太低,泵轴旋转弯曲载荷增加导致其疲劳寿命降低。

2）建议

为避免类似事故再次发生，提出以下建议：

（1）由于螺杆泵工作的特殊性，选型时尽量提供相对准确的介质特性和运行参数要求，保证螺杆泵的安全平稳运行；

（2）本次螺杆泵的选型即便是在 380mm²/s 的介质黏度下，其选型结果也是比较卡边的，在偏离设计工况的情况下，会使泵的运行工况迅速恶化，因此建议实际选用螺杆泵时要留出足够的余量；

（3）对螺杆泵泵轴的旋转弯曲疲劳断裂规律，泵厂家应联合高校或相关研究单位开展科学严谨的变工况和泵轴疲劳寿命相关性的研究工作。

6.5 蠕变断裂——高温过热器管失效分析

6.5.1 失效基本概况

某公司的锅炉高温过热器管在投入运行约 20 天(约 500h)后，管子弯曲部位外侧沿轴向开裂。该高温过热器管材质为 T91，规格为 $\phi42\times5mm$，管内介质为过热蒸汽。由于爆管的蒸汽泄漏，使周围数根管(图 6-44)被泄漏蒸汽冲刷减薄，甚至造成爆漏。

图 6-44 高温过热器爆管

6.5.2 检验过程

1）宏观检查

图 6-44 中 1#、3#、4#管表面均有冲刷痕迹，2#管爆口处有明显胀粗，据此推断 2#管为首爆管，以下重点对 2#管进行分析。

从图 6-45 可以看出，2#管爆口处开裂较小，管径胀粗，断裂面粗糙而不平整，管子表面可见明显的黑色氧化皮，并有多条平行于爆口方向的轴向裂纹，呈蠕变形貌。

选取爆口附近胀粗最大处剖开(图 6-46)，对爆口两侧部分管径进行测量，爆口左侧紧贴破口处的管径为 48.4mm，爆口右侧紧贴破口处的管径为 48.5mm，原管子公称外径为 42mm。故爆口两侧最大管径胀粗率各为 15.2%和 15.5%。

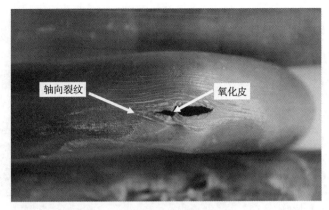

图 6-45 高温过热器 2# 管爆口

图 6-46 胀粗的过热器管(右管)与未胀粗的过热器管(左管)的横截面比较

2) 管件化学成分分析

按照《不锈钢多元素含量的测定火花放电原子发射光谱法(常规法)》(GB/T 11170—2008)对 2# 管进行光谱分析,检测结果见表 6-12,检测结果符合材料标准 ASTM A213 对 T91 材料相应元素含量的要求。

表 6-12 管件化学成分

元素	C	Si	Mn	P	S	Cr
含量/%	0.10	0.27	0.42	0.013	0.005	8.30
标准要求/%	0.07~0.14	0.20~0.50	0.30~0.60	≤0.020	≤0.010	8.0~9.5

元素	Mo	Ni	Cu	V	Nb	
含量/%	0.92	0.22	0.09	0.20	0.07	
标准要求/%	0.85~1.05	≤0.40	—	0.18~0.25	0.06~0.10	

3) 金相组织分析

对 2# 管爆口处横截面、爆口处纵截面、距爆口 250mm 处横截面及 1# 管正常部位取样,按照《金属显微组织检验方法》(GB/T 13298—1991)进行显微组织检验。检验结果如下:

(1) 2# 管爆口处横截面、纵截面金相组织均为:铁素体+碳化物。横截面上可见大量的蠕变孔洞,铁素体晶粒沿爆口开裂方向被拉长,变形明显,管壁内、外表面均覆盖有较厚的氧化皮[图 6-47(a)、(b)];纵截面金相组织亦可见大量的蠕变孔洞,且部分蠕变孔洞扩展后连为一体,形成蠕变微裂纹,裂纹方向沿管子轴向,呈沿晶开裂特征[图 6-47(c)、(d)]。

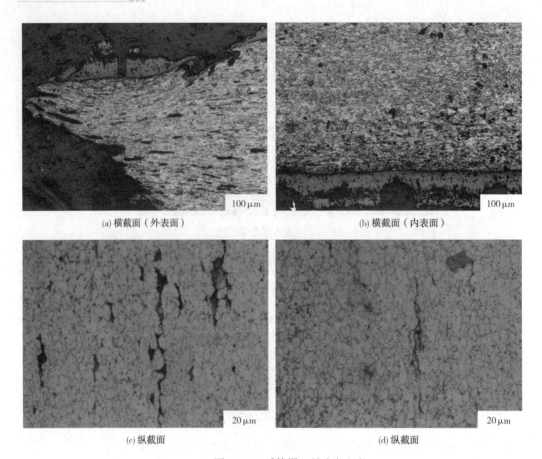

(a) 横截面（外表面）　　　　　　　　　　　　　　(b) 横截面（内表面）

(c) 纵截面　　　　　　　　　　　　　　　　　(d) 纵截面

图 6-47　2#管爆口处金相组织

靠近爆口内、外表面处，显微组织老化严重，晶界上碳化物呈链状分布，回火马氏体位相严重分散，并出现链状孔洞，根据《火电厂金相检验与评定技术导则》（DL/T 884—2004），老化评级为 4~5 级。

（2）2#管距爆口 250mm 处金相组织分布不均匀，靠近内、外表面金相组织为铁素体+碳化物，晶粒较细，向内逐渐过渡到回火马氏体组织+碳化物，马氏体位相基本完整清晰，部分区域存在铁素体+粒状贝氏体，管壁内、外表面外均覆盖有较厚的氧化皮［图 6-48(a)、(b)］。

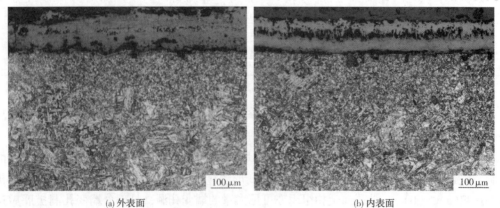

(a) 外表面　　　　　　　　　　　　　　　　　(b) 内表面

图 6-48　2#管距爆口处横截面金相组织

（3）1#管正常部位横截面上金相组织为回火马氏体，中心部位组织较为均匀，靠近内、外表面处晶粒长大，管壁内、外表面外有轻微氧化皮［图6-49（a）、（b）、（c）］。

可以判断2#管爆口处T91钢中的回火马氏体形态已经不明显，碳化物聚集长大，并且在原奥氏体的部分晶界位置出现了蠕变孔洞及微裂纹，组织明显有过热的现象。

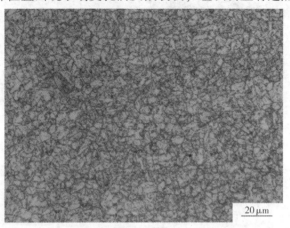

(a) 中心部位

(b) 外表面　　　　　　　　　　　　　　　　　　(c) 内表面

图6-49　1#管正常部位横截面金相组织

4）扫描电镜分析

在不污染断口的情况下，打开2#管爆口，使用无水乙醇进行超声清洗后，在扫描电镜下观测，发现断口表面仍覆盖有氧化皮，断面粗糙且不平整（图6-50）。将2#管爆口处截面试样置于电镜下观测，可看到清晰的蠕变裂纹形貌（图6-51）。

6.5.3　高温过热管爆裂原因分析

（1）高温过热器管材所检测元素符合ASTM A213对T91材料的要求。

（2）从爆口的宏观检查结果看，爆口不大，爆口断裂面粗糙不平整，表面覆盖有较厚的氧化皮，并有多条平行于爆口方向的轴向裂纹，具有长时过热爆口的特征。

（3）从金相组织来看，1#管基本为T91钢的正常组织回火马氏体，2#管爆口处组织已严重老化，并有大量的蠕变微裂纹，距爆口处250mm处内外表面组织转变，中心部位基本保持正常回火马氏体。

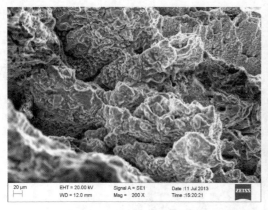

图 6-50　断口形貌

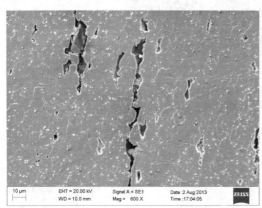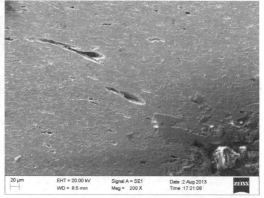

图 6-51　蠕变裂纹形貌

高温过热器管超温水平超过 T91 钢的 Ac_1 点时，则在 T91 钢中形成大量的块状铁素体，原奥氏体晶界上碳化物聚集较多，即 T91 钢爆管段组织出现 $Ac_1 \sim Ac_3$ 两相区不完全相变产物，回火马氏体特征消失。随着超温运行时间的增加，管径胀粗越来越大，组织老化日趋严重，慢慢地在各处产生蠕变晶间裂纹。这种组织转变使得 T91 钢的屈服强度和抗拉强度显著下降，组织中出现的块状铁素体和沿晶界分布的碳化物颗粒导致脆性增加，钢管在长时超温环境下宏观性能下降，从而导致爆管。断口电镜检测发现断口基本呈现脆性断裂形貌，并发现有大量的蠕变孔洞，与宏观检查及金相检验结果一致。

另外，2# 首爆管的爆口处以及距离爆口处 250mm 处管壁的内、外表面均存在较厚的氧化皮，而 1# 非首爆管的内、外表面仅发现轻微氧化皮，说明 2# 管爆管前温度较高。高温过热器管爆管原因为钢管在长时超温环境下服役，使其显微组织发生变化，并产生了蠕变微裂纹，管壁宏观强度显著下降，最终导致爆管。由此推断 2# 管爆管可能因介质堵塞流通不畅导致管壁超温。

6.6　全面腐蚀——余热锅炉管均匀腐蚀

6.6.1　失效基本概况

某公司烟气余热锅炉由三段组成：省煤段、蒸发段和对流过热段，其中过热段换热管材质为 12Cr1MoVG，规格为 φ51×4mm 螺旋翅片管，热处理状态为正火，金相组织为铁素体（F）+珠光体（P）。烟气入口温度为 509℃，入口压力为 3.0kPa；出口温度为 401℃，出口压力为 2.3kPa。过热蒸汽入口温度为 255℃，入口压力为 4.22MPa；出口温度为 348℃，出口压力为 4.02MPa。管束的设计温度为 500℃，设计压力为 4.473MPa。过热段换热管使用一年后，出现泄漏现象。停车检查，发现有 20 余根换热管存在多处穿孔。

6.6.2 宏观形貌

1）外壁宏观形貌

换热管外壁为白色或灰色，局部呈现褐色或黄褐色，外表面存在一些腐蚀孔洞，如图 6-52 所示。在翅片管段，腐蚀孔洞周围存在一些白色或者褐色的垢层，垢层中间为喇叭状，内部为管壁腐蚀小孔，有明显的被气流喷射的痕迹，见图 6-53。穿孔形状为圆形或者近似圆形，沿换热管圆周和轴线方向上随机分布，无明显的规律性。没有穿孔的区域，外壁无明显腐蚀痕迹。从外壁腐蚀形貌推断，为换热管的小孔腐蚀的形貌。

图 6-52　光管处泄漏小孔形貌

图 6-53　翅片管穿孔外壁结垢处的气流喷射痕迹

2）内壁宏观形貌

将一段换热管沿轴向中心截面剖开，可以看到换热管内壁布满大量褐色或者黑色的腐蚀产物，腐蚀产物堆积在内壁上，呈现出不规则的块状形貌，见图 6-54。腐蚀产物厚度较大的地方，沿横向截面可以看到腐蚀产物成层状分布，酷似树木的年轮，腐蚀减薄最严重的区域腐蚀产物与管内壁基体已经分离出现一条通道，如图 6-55 所示。腐蚀产物用手轻轻一掰，便会呈块状或粉末状脱落。腐蚀产物靠近蒸汽侧颜色为白色或褐色；中间部分为黑色，在强光下有细小的颗粒反光；靠近换热管内壁为黑色，局部呈现褐色，见图 6-56。去掉大块的腐蚀产物后，管内壁仍然有一层腐蚀产物附着在金属基体上，见图 6-57。

3）横截面特征

通过横截面可以看出，钢管外壁为圆形，没有受到腐蚀。内壁腐蚀严重，钢材与腐蚀介质作用生成腐蚀产物，导致壁厚减薄，呈现均匀腐蚀的形貌（图6-58）。在减薄严重的地方，将钢材基体沿径向腐蚀完毕，出现腐蚀穿孔。

图 6-54　内壁垢层的宏观形貌

图 6-55　疏松且有分层现象的管内腐蚀产物形貌

图 6-56　脱落的腐蚀产物形貌

图 6-57　垢层脱落后，管子内壁的形貌

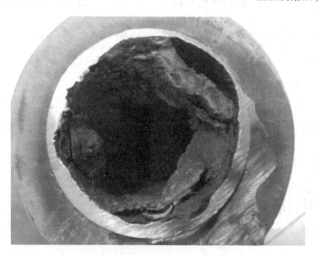

图 6-58　腐蚀产物和已减薄的换热管壁截面

　　通过以上分析，可知外壁看到的小孔腐蚀形貌只是表面现象，实质为内壁均匀腐蚀与局部腐蚀共同作用，出现穿孔现象。可以推断，该换热管的腐蚀与外壁所接触的烟气介质关系不大，而与管程过热蒸汽关系较为密切。

6.6.3 试验分析

该过热器在使用不到一年的时间便出现泄漏，需要判断材质是否符合标准要求，因此，对管材的化学成分、金相组织和非金属夹杂进行分析。

1) 换热管化学成分分析

取换热管样品，在直读光谱仪上进行化学成分分析，测试结果如表6-13所示。可以看出，换热管材质基本符合《高压锅炉用无缝钢管》（GB 5310—2008）的规定，其中Cr含量偏高。从管材的化学成分上看，材料属于12Cr1MoVG，符合设计中选材的要求，没有用错材料。

表6-13 换热管的化学成分 %

项目	C	Si	Mn	Mo	Cr	V	P	S
GB 5310—2008	0.08~0.15	0.17~0.37	0.40~0.70	0.25~0.35	0.90~1.20	0.15~0.30	≤0.025	≤0.010
元素含量百分数	0.131	0.315	0.518	0.296	1.236	0.226	0.013	0.0039

2) 金相分析

为了检查换热管的金相和非金属夹杂情况，制作两个试样进行分析，两个试样分别为横向截面试样和纵向截面试样。横向截面和纵向截面的金相组织大致相同，均为铁素体加球化的珠光体，以及少量粒状贝氏体，其中横向截面的金相见图6-59和图6-60。管子内外壁未见明显脱碳。换热管的热处理状态为正火，金相组织状态应为铁素体加珠光体（包括粒状贝氏体）。二者比较可以发现，金相基本符合标准要求，但是珠光体已经球化。参照《火电厂用12Cr1MoV钢球评级标准》（DLT 773—2001）可知，珠光体（贝氏体）区域内的碳化物已经显著分散，碳化物已全部成小球状，但仍保持原有的区域形态。球化级别为3级（中度球化）。在扫描电镜能更清晰得看到球化后的珠光体，如图6-61所示。珠光体球化说明钢管存在过热现象。珠光体球化后，会造成材料的强度指标（屈服强度和抗拉强度）明显下降。

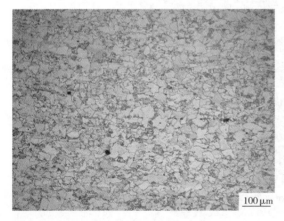

图6-59 横截面金相
（×100，4%硝酸酒精溶液浸蚀）

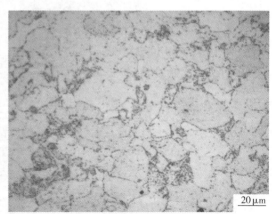

图6-60 横截面金相
（×500，4%硝酸酒精溶液浸蚀）

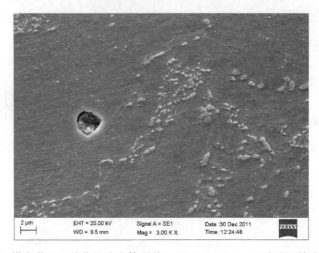

图 6-61　横向截面，球化的珠光体形貌(×3000，SEM，4%硝酸酒精溶液浸蚀)

3) 非金属夹杂分析

根据《钢中非金属夹杂物含量的测定》(GB/T 10561—2005)标准评级图显微检验法，对过热管取样观察非金属夹杂物的级别，应该取纵向截面试样进行评定。

根据 GB/T 10561—2005 对夹杂物的形态分类，氧化物夹杂一般为不变形，带角或圆形的，形态比小(一般<3)，黑色或带蓝色的，无规则分布的颗粒。在金相显微镜下观察，非金属夹杂符合标准中形态的描述。对纵向截面试样抛光后在 100 倍金相显微镜下观察夹杂物情况，如图 6-62 所示，大部分夹杂物形态与 D 类夹杂物相符合。根据 A 法检验，图中粗系 D 类夹杂物个数 > 16 个，故 $i=2$，即非金属夹杂物为 D2e 级；细系 D 类夹杂物个数 > 16 个故 $i=2$，即非金属夹杂物为 D2 级。因此，该钢管的非金属夹杂物没有超过标准要求。

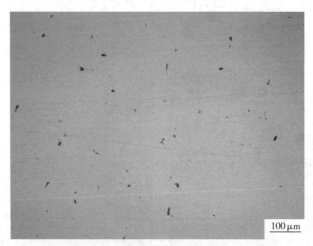

图 6-62　纵向截面非金属夹杂(×100，抛光态)

为了分析非金属夹杂物的成分，在扫描电镜下观察非金属夹杂物的形态并进行能谱分析。在横向截面内，非金属夹杂物截面为圆形，如图 6-63 所示。在纵向截面内，非金属夹杂物截面主要为三角形，如图 6-64 所示。经过扫描能谱分析，发现主要成分为氧化铝，也有一些硫化锰夹杂的存在。

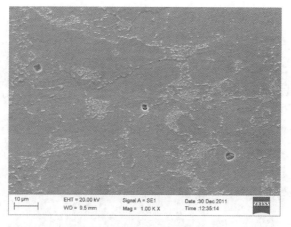

图 6-63　横向截面非金属夹杂形貌(SEM，×1000)

图 6-64　纵向截面非金属夹杂(SEM，×500)

4）内部腐蚀微观分析

（1）腐蚀产物的扫描电镜分析

选取一段带腐蚀产物的管子，取样后进行扫描电镜观测。取样区域如图 6-65 所示。在扫描电镜下，可以看到内表面腐蚀产物在 1000 倍下为泥巴状花样，如图 6-66 所示。分别选取点和区域对腐蚀产物进行扫描能谱成分分析，如图 6-67 和图 6-68 所示。根据扫描能谱结果，可以看出腐蚀产物中，含量比较高的元素为 C、O、Fe、Ca、S 和 Cl 等。

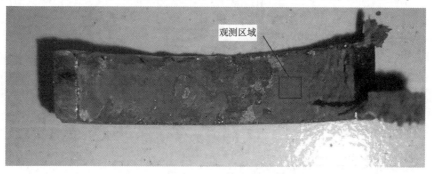

图 6-65　内壁扫描能谱取样观测区域

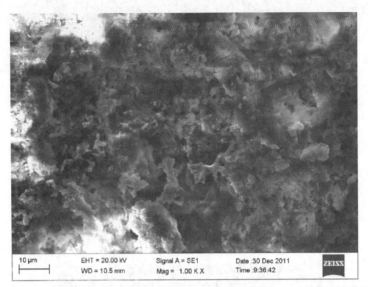

图 6-66　内壁腐蚀产物微观形貌，泥巴状花样（SEM，×1000，超声酒精清洗后）

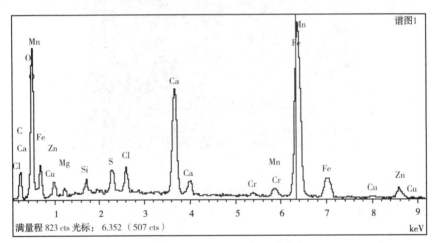

图 6-67　垢层的扫描能谱图（点扫描）

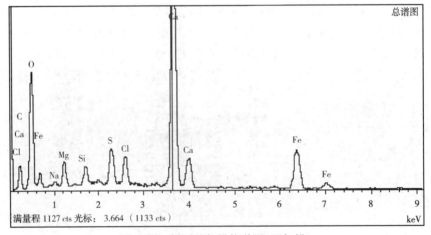

图 6-68　垢层的扫描能谱图（面扫描）

（2）腐蚀产物的 XRD 分析

扫描能谱能够方便的分析微区的元素，但是不能够分析腐蚀产物的相态。因此对图 6-56 中的两块腐蚀产物进行 X 射线衍射（XRD）产物分析。分析结果表明，靠近蒸汽侧褐色的腐蚀产物如表 6-14 所示。主要产物为 $CaSO_4$、$Ca(OH)_2$ 和 $CaCO_3$ 等产物，还有 Fe_3O_4 和 Fe_2O_3。说明蒸气侧的腐蚀产物主要是蒸汽中盐分的凝结。这与扫描能谱中发现较高的 C、O、Fe、Ca 和 S 元素相一致。但是没有发现氯化物的存在。贴近管内壁的黑色的腐蚀产物 XRD 分析表明，主要成分为 Fe_3O_4。

表 6-14　褐色腐蚀产物的 XRD 分析　　　　　　　　　　　　　　%

产物	$CaSO_4$	Fe_3O_4	$Ca(OH)_2$	Fe_2O_3	$CaCO_3$
元素含量比	73	9	8	4	6

5）余热锅炉水质分析

对锅炉水样进行化验分析，结果表明锅炉水在 9℃ 时溶解氧为 12.01mg/L。该数据会高于实际含氧量，因为在取样时水样未充满取样瓶，导致水上方有气相空间，空气中的氧气含量对此有较大的影响。水样中的离子总量为 50.6mg/L，电导率为 106.8μs/cm。

6.6.4　废热锅炉失效原因分析与建议

1）腐蚀原因分析

12Cr1MoVG 钢是国内外电力设备制造业广泛使用的一种低合金耐热钢。普遍被用于制作使用温度为 540℃ 的蒸汽导管、高压和超高压过热器蒸汽管、集箱以及其他主蒸汽管等。正常情况下，能够在高温水蒸气环境中形成一层致密的氧化膜，使钢管的金属基体远离腐蚀介质。但是，该余热锅炉过热段蒸汽入口侧的换热管出现了内部腐蚀现象，壁厚减薄，发生穿孔泄漏。综合腐蚀形貌和腐蚀产物的元素和成分，以及过热管的服役历史和运行环境，分析认为内壁腐蚀发生的机理如下：

腐蚀产物中存在铁的氧化物和硫酸钙，以及扫描能谱发现的氯元素，其形成机理为：硫酸钙等盐分为过热蒸汽中携带盐分的凝结，过热蒸汽本身会携带盐分，如果过热蒸汽带水进入过热段，则会携带更多的盐分，在过热管的入口段迅速汽化，造成过热管内壁结盐。但是，更严重的腐蚀因素是高温氧化腐蚀。造成氧化腐蚀的可能原因有氧腐蚀和高温蒸汽腐蚀。

（1）氧腐蚀

氧腐蚀发生条件是在高温潮湿的环境中，或氧化充足的潮湿环境中。若蒸汽系统存在自由氧，与蒸汽氧化腐蚀相比较而言，蒸汽中自由氧更容易与管材中的 Fe 及合金元素发生氧化反应，内表面的氧化层是疏松多孔状结构，蒸汽中可能存在的自由氧容易穿透氧化层与基体中铁及合金元素继续发生氧化反应，随氧化时间的增加氧化皮有增厚趋势。通常情况下，钢在纯水中反应生成 Fe_3O_4，钢与氧反应生成 Fe_2O_3。在腐蚀产物中有 Fe_2O_3 生成，意味着水蒸气中含有自由氧。在本例中，腐蚀产物中有 Fe_2O_3 出现，因此不能排除溶解氧的腐蚀作用。

（2）高温蒸汽腐蚀

高温水蒸气氧化是金属腐蚀的一种特殊形式。在高温条件下，因为氢离子的影响，水蒸气对过热段的管子表现为强氧化性。在温度为 450～570℃ 时，水蒸气与纯铁反应生成 Fe_3O_4，并释放出氢气。在 450℃ 左右时，铁和高温水蒸气的反应方程式如下：

$$Fe+2H_2O =\!=\!= Fe(OH)_2+H_2$$

$$Fe(OH)_2 + 2Fe + 2H_2O \Longrightarrow Fe_3O_4 + 3H_2$$

从过热管内壁存在 Fe_3O_4 腐蚀产物来看，符合高温蒸汽腐蚀的特征。

温度和钝化膜对上述腐蚀的影响讨论如下：

① 温度因素 12Cr1MoVG 为珠光体耐热钢，在低于 540℃ 时运行具有较高的抗老化能力。该过热管在使用约 1 年的时间出现珠光体中度球化的现象，说明该管道有超温的迹象。理论上，该过热管外部烟气进口温度为 509℃，出口烟气温度为 501℃。过热蒸汽入口温度为255℃，出口温度为 348℃。使用过程中，过热管应该不会超温，但是如果烟气入口温度过高，而在内壁结垢换热效果差的情况下，仍然会发生超温现象。如果钢材基体温度超过450℃，与水蒸气接触时，就会有蒸汽腐蚀的可能，并且腐蚀生成的氧化皮越多，传热效果越差，则会造成过热管温度的进一步升高。

② 钝化膜因素 该过热管发生泄漏的换热管处于过热蒸汽的入口侧，而过热蒸汽的出口处(高温段)钝化膜良好，管材没有发生腐蚀。入口侧管子的钝化膜没有形成或者是形成后遭到破坏，内壁垢层为非金属，与钢材基体的机械特性不同，二者的受热或冷却时线膨胀系数不同，当二者之间的变形到一定程度时，垢层就会脱落，露出钢材基体，将会受到蒸汽腐蚀和氧腐蚀的共同作用。

此外，如果蒸汽带水严重的话，水中的盐分也会对管壁形成点蚀。点蚀坑也将是氧腐蚀的诱发因素。

由于没有形成良好的钝化膜，后期生成的 Fe_3O_4 和 Fe_2O_3 氧化皮与管材因受热或者冷却时线膨胀系数的差异而层层剥落，造成局部管材腐蚀严重。

综上所述，通过腐蚀宏观形貌检查，换热管材质的分析，非金属夹杂物的评级和腐蚀垢层的成分分析，过热段服役历史和运行环境的调查，初步得出导致泄漏失效结论如下：

① 管材在运行初期没有形成良好的钝化膜，造成氧腐蚀和高温水蒸气腐蚀持续进行，管壁减薄，最后造成腐蚀穿孔。

② 造成氧腐蚀和高温水蒸气腐蚀的影响因素有三个：一是过热蒸汽带水及溶解氧进入过热段，造成高温潮湿环境；二是过热段换热管内壁金属基体温度过高，使得蒸汽腐蚀得以发生；三是锅炉水溶解氧和盐分可能超标。

2）建议

① 调整烟气的入口温度，使过热段温度能够有所降低。

② 提高锅炉水品质，严格控制溶解氧和盐分。尤其是对于冷凝水和脱盐软水联合给水的情况，应设法控制冷凝水的品质。

③ 提高汽液分离装置的除液能力，防止过热蒸汽带水进入过热段换热管。

④ 对于蒸发段和省煤段在用的 20G 螺旋翅片管，在适当的时候应停车测厚，判断内壁的腐蚀情况，以防泄漏和爆管的再次发生。

6.7 点蚀——天然气管道点蚀

6.7.1 失效概况

2013 年 9 月 24 日某天然气有限公司委托某省特检院对一管道的泄漏原因进行分析。泄漏管道于 2011 年 12 月 17 日竣工，之后分别经过了水压试验、泄压、扫水、深度扫水、通球、气密性试验等过程，2013 年 7 月 20 日，在长期空气憋压试验阶段，管道发生泄漏。根据资料，管道执行的标准是《石油天然气工业输送钢管交货技术条件第 2 部分：B 级钢管》（GB/T 9711.2—1999），管道材质为 L415MB，规格为 $\phi508×7.1mm$，设计压力 6.3MPa。

6.7.2 试验分析

1）宏观检查

泄漏管道长约 1.2m，通过对管道外表面的检查发现，管段外表面上有 4 处防腐层破裂点，见图 6-69。在每一个破裂点处各发现一个泄漏孔，泄漏孔呈针状，穿孔方向与管壁壁厚垂直，见图 6-70(a)~(d)。可以看出四个泄漏孔对称的分布在钢管底部两侧，且两两一组分别处于与管体母线大致平行的两条直线上，见图 6-69。

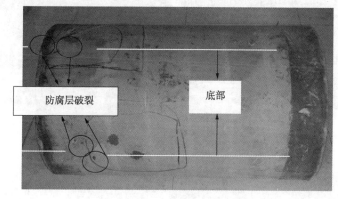

图 6-69 泄漏钢管

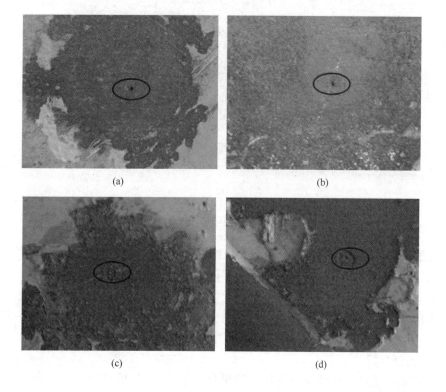

(a)   (b)

(c)   (d)

图 6-70 管道外壁的泄漏孔

对泄漏管道内表面进行观察发现，管道内表面被一层腐蚀产物覆盖，说明管道内壁发生了一定程度的全面腐蚀，见图6-71(a)~(c)。图6-71所示腐蚀产物呈现两种截然不同的状态：一部分呈橘黄色的粉末状，见图6-71(a)和图6-71(c)；其余的呈红褐色的片状结构，图6-71(b)和图6-71(c)。进一步观察发现两种不同状态腐蚀产物的分布与管道的安装位置存在一定的关系：橘黄色的腐蚀产物位于管道底部，约110mm宽，见图6-71(a)；红褐色的腐蚀产物遍布于管道内壁的其他部位，图6-71(b)；推测是由于管道在安装、使用过程中引入了液态水，水在管道底部聚集引起的。

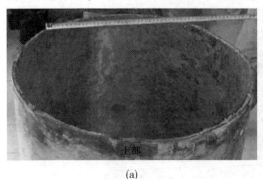
(a)

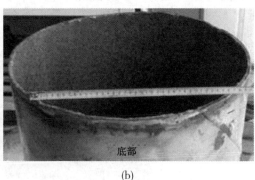
(b)

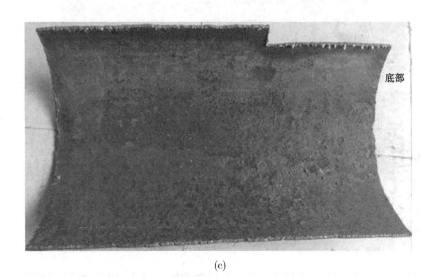
(c)

图6-71 管道内表面腐蚀产物

将管道解剖后观察内壁泄漏孔的形态，见图6-72(a)~(d)。可以看出，泄漏孔在内壁的形态同外壁的形态基本相同，也呈针状，穿孔方向与管壁壁厚垂直。

机械法去除管道内壁的腐蚀产物，检查其腐蚀状况。发现管道内壁中部和底部的腐蚀产物下存在大量开放性的点蚀坑，点蚀坑的大小、深浅不一，见图6-73(a)和图6-73(b)。仔细观察发现，相比较而言泄漏孔所处的直线(图6-69)附近点蚀更加严重。

2) 化学成分分析

取样对泄漏管道进行化学成分分析，结果见表6-15。分析结果表明，管道的化学成分符合 GB/T 9711.2—1999 的规定。

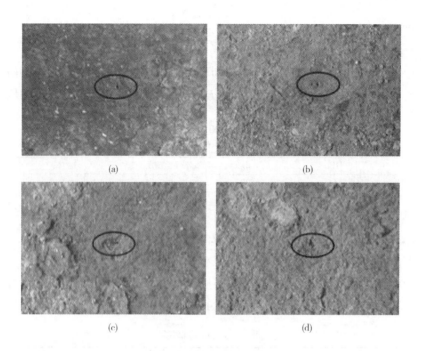

(a) (b)

(c) (d)

图 6-72 管道内壁的泄漏孔

(a) (b)

图 6-73 管道内壁的点蚀坑

表 6-15 化学成分 %

元素	C	Si	Mn	P	S	V	Nb
GB/T 9711.2—1999	≤0.16	≤0.45	≤1.6	≤0.025	≤0.02	≤0.08	≤0.05
泄漏管道	0.09	0.20	1.41	0.008	<0.005	0.018	0.032
元素	Ti	Cu	Ni	Cr	Mo	V+Nb+Ti	CEV
GB/T 9711.2—1999	≤0.06	≤0.25	≤0.30	≤0.3	≤0.10	≤0.15	≤0.42
泄漏管道	0.016	<0.005	<0.005	0.016	0.007	0.066	0.334

3）力学性能试验

（1）拉伸试验

按 GB/T 9711.2—1999 在泄漏管道上分别取管体横向和焊缝横向拉伸试样进行拉伸试验，结果见表6-16。试验结果表明：管道的 $R_{t0.5}$（规定总延伸率为 0.5% 时的应力）不满足 GB/T 9711.2—1999 的要求。

表6-16 拉伸性能

样品名称	$R_{t0.5}$/MPa	R_m/MPa	$R_{t0.5}/R_m$	A/%	断裂部位
GB/T9711.2—1999	415~565	≥520	≤0.85	≥18	—
管体-1	387	578	0.67	26.0	—
管体-2	375	575	0.65	26.5	—
焊缝	—	588	—	—	焊缝

（2）冲击试验

按 GB/T 9711.2—1999 分别测定管体、焊缝和热影响区在0℃时的冲击功，结果见表6-17。试验结果表明：管道的冲击性能满足 GB/T 9711.2—1999 的要求。

表6-17 冲击性能

样品名称	冲击功/J			
	试样1	试样2	试样3	平均值
GB/T 9711.2—1999	≥30	≥30	≥30	≥40
管体	116	123	119	119
焊缝	96	87	91	91
热影响区	73	56	71	67

（3）弯曲试验

按 GB/T 9711.2—1999 对管道焊缝进行正面弯曲试验和背面弯曲试验。试验结果表明：弯曲试验后弯曲试样表面未见超标缺陷，满足 GB/T 9711.2—1999 的要求。

4）金相组织分析

在管体及泄漏孔处分别取样，进行金相检测。两者组织均为铁素体+珠光体，组织正常，见图6-74和图6-75。

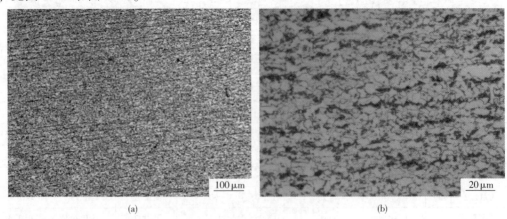

(a)   (b)

图6-74 管体金相组织

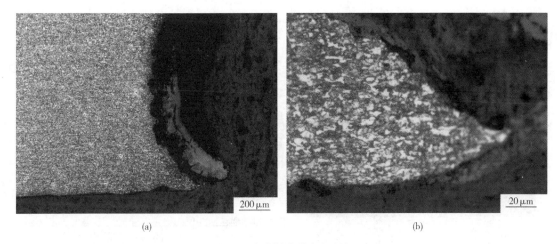

(a) 200 μm   (b) 20 μm

图 6-75　泄漏孔处金相组织

5）扫描电镜分析

对管道内壁泄漏孔处进行扫描电镜检测，发现其内壁被腐蚀产物覆盖，腐蚀产物上可见龟裂裂纹，未见裸露金属表面，检测结果见图 6-76。

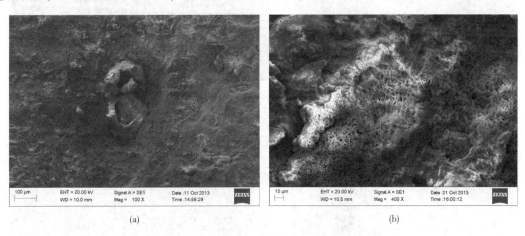

(a)   (b)

图 6-76　管道内壁泄漏孔处 SEM 形貌

6）能谱分析

对附着于管道内壁泄漏孔处的腐蚀产物进行能谱分析，结果见图 6-77。发现管道内壁泄漏孔处的腐蚀产物中含有 C、O、Fe、Cl、Si 等元素，各元素的含量见表 6-18。其中氯元素的最大含量达到 6.61%，而氯元素是引起管线钢发生点蚀破坏的敏感性物质。

表 6-18　能谱检测结果　　　　　　　　　　　　　　　　w%

元素	C	O	Si	Cl	Fe
图谱 18	4.65	34.55	0.29	6.61	53.91
图谱 46	—	12.16	—	2.84	84.99
图谱 63	4.49	43.28	—	2.18	49.50

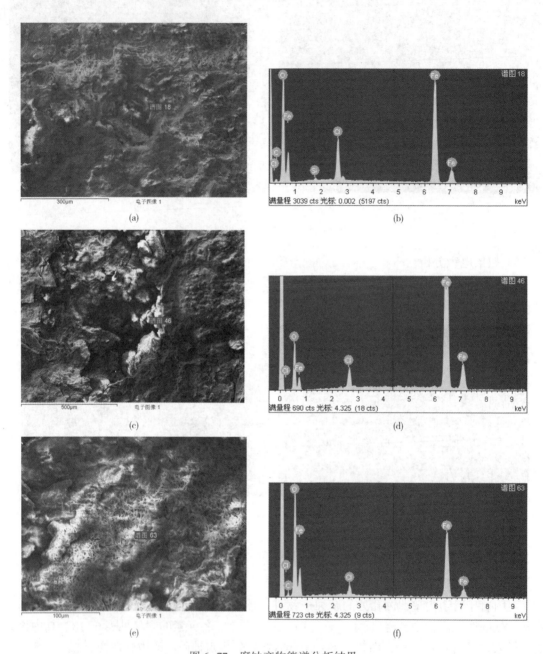

图 6-77　腐蚀产物能谱分析结果

7）XRD 物相分析

为确定腐蚀产物的结构，对管道内壁泄漏孔处的腐蚀产物进行了 XRD 物相分析。检测结果表明，腐蚀产物的主要物相为 Fe_3O_4、$\alpha-Fe_2O_3$ 和 FeO，见图 6-78。

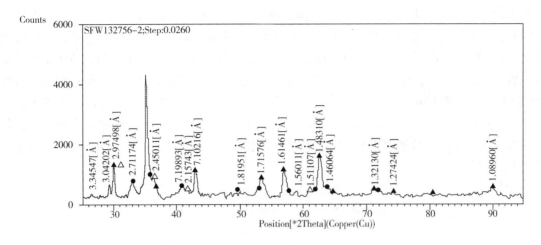

图 6-78　腐蚀产物 XRD 物相分析结果

8）水质分析

取泄漏管道沿线的 7 组水样进行氯离子含量测定，结果显示氯离子含量最高处达 6522.80mg/L，具体的检测结果见表 6-19。

表 6-19　氯离子含量检测结果

样品名称	小清河阀室西侧entered水沟	清河柴油厂友谊桥下	卧铺路南侧 375m	双王城阀室西侧小河	荣乌高速南侧问题管处排碱沟	牛头镇 S226 定向钻两侧入土点	台头阀东侧路边沟
氯离子含量/（mg/L）	922.00	1099.11	1269.29	6522.80	1170.02	794.01	248.82

6.7.3　点蚀原因分析与建议

1）点蚀原因分析

根据前面的了解、分析和讨论可知，管道在泄漏前处于一个非常恶劣的环境。首先，管道底部可能残留有 Cl$^-$ 含量很高的液态水；其次管道在安装完成后，长期接触富含 CO_2 和 O_2 的空气。在上述因素的影响下，在管道内壁发生了复杂的电化学腐蚀过程，最终导致管道内壁的点蚀和全面腐蚀的发生。

相关研究表明，在潮湿的环境中，CO_2 的存在既可造成全面腐蚀，也可能造成局部腐蚀。其中 Cl$^-$ 和温度是影响 CO_2 腐蚀形态最重要的两个因素。排除其他因素的影响，根据温度的不同可将 CO_2 腐蚀分为三类：低温区（<60℃），材料发生全面腐蚀；中温区（60～150℃），材料发生局部腐蚀（点蚀）；高温区（>150℃），形成钝化膜抑制腐蚀的发生。在本案例中，显然管道内部是处于低温区，因此假如只存在 CO_2 的话，管道会发生全面腐蚀，不会导致管道在短时间内穿孔泄漏。

Cl$^-$ 在金属材料的腐蚀过程中是一个非常特殊、非常重要的离子，它是诱发点蚀和促进点蚀的重要因素。首先，当腐蚀产物膜的保护性较差时，溶液中的 Cl$^-$ 会降低材料表面钝化膜形成的可能性或加速钝化膜的破坏，促进局部腐蚀损伤；其次，Cl$^-$ 能优先吸附于金属缺陷的内应力所诱发腐蚀产物膜中产生的各种缺陷处，或者挤掉吸附的其他阴离子，或者穿过膜的孔隙直接与金属接触后发生作用，形成可溶性的化合物，引起金属表面的微区溶解而产生点蚀核心；再者，Cl$^-$ 的自催化效应会加速金属的溶解，导致金属一直处于活化态；最后，为维持点蚀坑内的电中性，Cl^- 还会在点蚀坑内富集，造成局部 pH 值下降，而且 Cl^- 在蚀坑内外的浓度差也会导致局部电偶腐蚀，闭塞电池效应很强，形成孔外大阴极、孔内小阳极促进孔内铁的溶解，最终导致局部腐蚀速率很高，形成点蚀坑。但是在 CO_2 的腐蚀体系中并不是存在 Cl^- 就会发生点蚀，Cl^- 的浓度只有到达一定程度以上点蚀才会发生。根据文献，对管线钢 Cl^- 浓度达到 30mg/L 以上时点蚀才会发生。在本案例中，Cl^- 浓度最低的水样也远远超过了 30mg/L；加上 CO_2 的腐蚀处于低温区，管道内壁产生的 $FeCO_3$ 膜疏松且无附着力，甚至不能成膜，不能有效地阻止 Cl^- 渗透到腐蚀层内部，最终导致点蚀的发生。具体的电化学腐蚀机理如下：

阳极反应：

$$Fe+Cl^-+H_2O \Longrightarrow [FeCl(OH)]^-_{ad}+H^++e$$

$$[FeCl(OH)]^-_{ad} \longrightarrow FeClOH+e$$

$$FeClOH+H^+ \Longrightarrow Fe^{2+}+Cl^-+H_2O$$

阴极反应：

$$CO_2+H_2O \Longrightarrow H_2CO_3$$

$$H_2CO_3+e \longrightarrow H_{ad}+HCO_3^-$$

$$HCO_3^-+H^+ \Longrightarrow H_2CO_3$$

$$H_{ad}+H_{ad} \Longrightarrow H_2$$

由前面的分析知管道内部是一个富氧环境，O_2 的存在也会对 CO_2 的腐蚀起到促进作用。首先，O_2 作为去极化剂在有氧的条件下会与前面生成的 Fe^{2+} 直接反应生成 Fe^{3+}，Fe^{3+} 再与 O_2 去极化生成的 OH^- 反应生成 $Fe(OH)_3$ 沉淀。若 Fe^{2+} 迅速氧化成 Fe^{3+} 的速度超过 Fe^{3+} 的消耗速度，腐蚀过程就会加速进行。在管道内壁气液交界处，充足的 O_2 会不停的将 Fe^{2+} 氧化成 Fe^{3+}，超过 Fe^{3+} 沉淀的速度，腐蚀过程就会加速进行，进而加快了气液交界处点蚀坑的生长速度。再者，随着点蚀坑内腐蚀反应的进行，蚀坑内部 O_2 逐渐被消耗，而外部 O_2 浓度一直较高，蚀坑内外形成 O_2 浓差电池，氧浓度大的区域电位低，为阴极；氧浓度小的区域电位高，为阳极；再一次导致孔外大阴极、孔内小阳极的形成，促进蚀坑的发展。具体的电化学反应机理如下：

$$Fe^{2+}+\frac{1}{2}O_2+H_2O \Longrightarrow Fe^{3+}+2OH^-$$

$$Fe^{3+}+3OH^- \Longrightarrow Fe(OH)_3$$

另外，残留水中 Ca^{2+}、Mg^{2+} 等也会促进管道内壁点蚀的形成；内部载荷的作用同样会促进点蚀的生长。

分析结果显示，管道泄漏是由于在 CO_2、Cl^-、O_2 和水的共同作用下，金属内壁发生了严重的点蚀引起的。尤其是高浓度 Cl^- 的存在对点蚀的快速发展起到了关键的促进作用。

2）建议

（1）严格控制水压试验用水的水质，尤其是水中 Cl^- 的含量；

（2）严格按标准法规的要求进行施工，避免在施工过程中管道接触 Cl^- 等腐蚀性介质；

（3）严格按照标准法规的要求对管线进行扫水，防止在管线中出现积水；

（4）建议企业对泄漏管段所在管线开展普查工作，消除安全隐患；

（5）企业应加强安全检查和巡检工作，保证管线安全运行；

（6）建议企业加强事故应急救援演练，增强事故处理能力，降低事故损失。

6.8 电偶腐蚀——溶剂罐排污管裂口失效分析

6.8.1 溶剂罐排污管失效概况

某生物科技有限公司通过有机溶剂浸泡提取植物中的有机色素，该有机溶剂的主要成分为丙烷和丁烷。在提取结束后，通常采用降压使有机色素中的丙烷和丁烷汽化，进而与有机色素分离，分离出的丙烷和丁烷经压缩冷凝后变成液态，回收至溶剂罐循环利用。

事故调查结果显示，事故发生前该公司浸出车间 1184# 溶剂罐内介质自底部排污管泄漏（图 6-79），并在厂区地面不断聚集，达到爆炸极限，遇明火发生爆燃，在事故处理过程中，1196# 溶剂罐排污管亦发生泄漏。

6.8.2 失效分析过程

1）资料审查

（1）溶剂罐

根据资料，1184# 溶剂罐于 2007 年 10 月按照《钢制压力容器》（GB 150—1998）设计，2008 年 1 月制造完成，设计压力 1.4MPa，设计温度 50℃，几何容积为 50.7m³，腐蚀裕度为 2mm。该罐与 1196# 溶剂罐利用连通管并联于工艺系统中。

泄漏发生在 1184# 溶剂罐下方的排污管，见图 6-79。排污封头上端通过罐体接管与罐体相连，下端与排污管连接，排污管下端与法兰连接。为方便起见，连接焊缝编号见图 6-80。排污管材质为 20 钢，规格 φ38×3.5mm，长 70mm；排污封头，材质 16MnR，规格 EHB159×6mm；法兰材质 16MnR。

图 6-79 1184# 溶剂罐

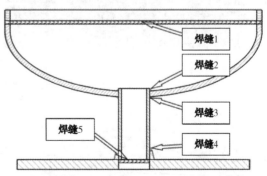

图 6-80 1184# 排污管局部示意图

（2）罐内介质

溶剂罐盛装介质为 4 号溶剂（主要成分为丁烷和丙烷），目的是用来浸泡提取辣椒红颗粒和万寿菊颗粒中的辣椒红色素或叶黄素，4 号溶剂循环利用。浸出工序完成后，降压使辣椒红色素和叶黄素中的 4 号溶剂汽化，从而完成辣椒红色素或叶黄素与 4 号溶剂的分离，分离出的溶剂气体经压缩冷凝后变成液态，回收至溶剂罐循环利用。

2) 宏观检查

切割取样前，对1184#溶剂罐泄漏部位进行宏观检查，在排污封头与排污管连接焊缝（焊缝3）下侧的热影响区发现一泄漏孔，长约6mm，见图6-81。排污管和排污封头外表面可见明显锈蚀，排污封头外表面有着火痕迹。除去排污管外表面的锈层后，在排污管与法兰颈部焊缝（焊缝4）的热影响区附近发现数处泄漏孔，见图6-82。

图6-81　1184#溶剂罐排污管泄漏孔

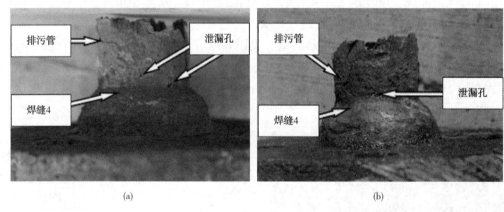

(a)　　　　　　　　　　　　　　(b)

图6-82　1184#溶剂罐排污管锈层下泄漏孔

图6-83　1184#溶剂罐排污封头内垢状物

自焊缝1上部将排污封头取下，发现封头内部有大量淤泥状垢，焊缝两侧的热影响区发生严重的沟槽状腐蚀，如图6-83所示。切割取样时，现场工作人员不慎将图6-81所示的泄漏孔处将排污管从排污封头上掰下，说明焊缝3下侧热影响区部位环状沟槽腐蚀严重，除泄漏孔外，整圈范围内管壁剩余壁厚严重不足。

将1184#溶剂罐的排污管及法兰进行分段解剖（图6-84），发现排污管内壁被一层亮黑色腐蚀产物覆盖；排污管内壁存在大量点蚀坑，其中排污管与法兰颈部焊缝(焊缝4)上部的点蚀坑已形成穿孔；排污管与法兰连接焊缝腐蚀较轻，其热影响区附近均呈现严重沟槽状腐蚀，最深处达 3.74mm[图 6-85(a)]，而该处管壁厚度约 2.00mm[图 6-85(b)]，说明排污管整体减薄明显，且焊缝 4 下侧管壁热影响区处已腐蚀贯穿至法兰颈部。

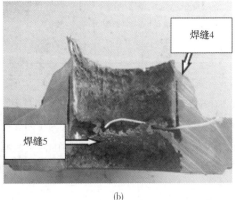

(a)　　　　　　　　　　　　(b)

图 6-84　1184#溶剂罐排污管解剖图

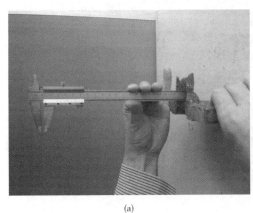

(a)　　　　　　　　　　　　(b)

图 6-85　1184#溶剂罐排污管壁厚测量图

将排污封头进行解剖、去除垢状物后清洗，发现其内壁除热影响区沟槽状腐蚀外，热影响区外母材上亦存在大量点蚀坑，见图 6-86。自图 6-86 剖面处测量，焊缝 1 上侧腐蚀沟槽处罐体接管剩余壁厚约 2.20mm，均匀腐蚀处罐体接管剩余壁厚约 6.94mm；焊缝 1 下侧腐蚀沟槽处排污封头剩余壁厚约 5.50mm，均匀腐蚀处封头剩余壁厚约 9.32mm。

3）排污管化学成分分析

对 1184#溶剂罐的排污管进行化学成分分析，检测结果见表 6-20。GB 150—1998 规定，输送流体用无缝钢管应符合 GB/T 8163—1987

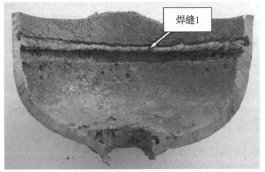

图 6-86　1184#溶剂罐排污封头解剖图

的要求，而 GB/T 8163—1987 中规定，20 钢化学成分应符合 GB 699—65 的要求。检测结果表明，排污管的化学成分符合 GB 150—1998 关于输送流体用无缝钢管的要求。

表 6-20　排污管化学成分　　　　　　　　　　　　　　　%

元素	C	Si	Mn	Cr	Ni	Cu	P	S
GB 699—65	0.17~0.24	0.17~0.37	0.35~0.65	≤0.25	≤0.25	≤0.25	≤0.04	≤0.04
排污管	0.18	0.24	0.44	0.070	0.014	0.014	0.022	0.029

4）金相组织分析

按图 6-87 所示位置取样进行金相检测。发现排污管母材区金相组织为 F+P，组织正常；热影响区中的正火区金相组织为 F+P，且晶粒度更小；热影响区中的过热区组织为 F+P，呈严重的魏氏组织形貌；焊缝组织呈柱状晶，为树枝状先共析 F+向晶内生长的针状 F+共析 P。热影响区（过热区）腐蚀减薄程度明显比其他区域严重，见图 6-88。

图 6-87　金相检测取样位置图

5）扫描电镜分析

为排除长时间置换清洗对排污封头及排污管内的腐蚀形貌及腐蚀产物化学成分的影响，同时对 1184# 溶剂罐液位计液相管、排污管和排污封头进行取样分析。

对液位计液相管内壁进行扫描电镜检测，发现其内壁较为平滑，被腐蚀产物覆盖，腐蚀产物上可见龟裂裂纹，见图 6-89（a），机械法去除表面腐蚀产物后，可见颗粒状腐蚀产物及沿晶界分布的白色网状物。晶粒内可见大量蚀孔，见图 6-89（b）。

对排污封头及排污管内壁进行扫描电镜检测，发现排污管内表面有较多大尺寸腐蚀坑，见图 6-90（a），且两者内表面均被腐蚀产物覆盖，见图 6-90（b）、图 6-91（a）。机械法去除表面腐蚀产物后，发现两者表面均附着有大量腐蚀产物，未显露金属本体形貌，见图 6-90（c）、图 6-91（b）。用断口清洗液对排污管内表面进行清洗后，发现腐蚀表面以沿晶为主，并伴有部分穿晶形貌，可见沿晶界分布的白色网状物以及向晶内延伸的白色片层状结构，具有典型环境腐蚀形貌特征，见图 6-90（d）。

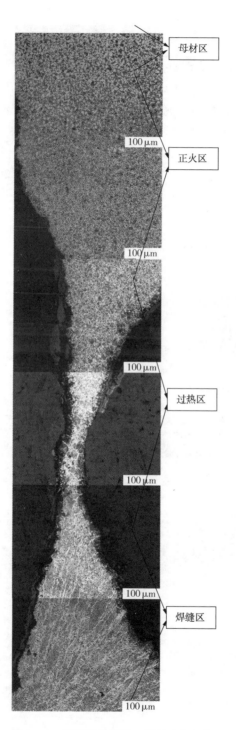

图 6-88　排污管及焊缝 4 处的金相组织

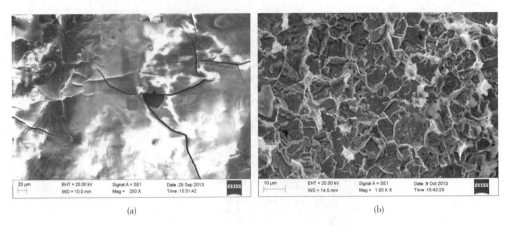

(a)   (b)

图 6-89　液位计液相管内壁 SEM 形貌

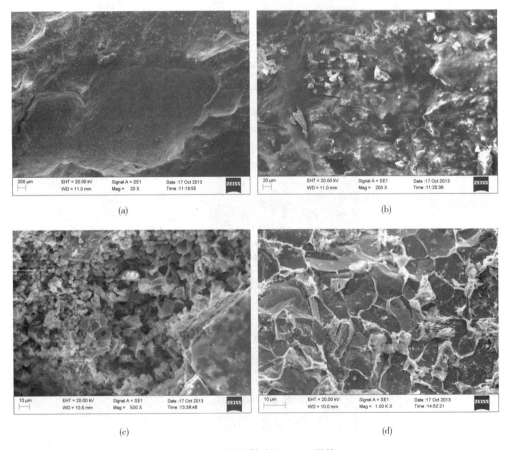

图 6-90　排污管内壁 SEM 形貌

(a)　　　　　　　　　　　　　　　　　　(b)

图 6-91　排污封头内壁 SEM 形貌

6）能谱分析

将 1184#液位计液相管和排污封头内壁的表面腐蚀产物用机械法去除后，对附着于内壁的腐蚀产物进行能谱分析，结果见图 6-92、图 6-93 和表 6-21。可见液位计液相管和排污封头内壁腐蚀产物中均含有 S 元素。液位计液相管 S 元素质量分数一般为 0.2%～0.4% 左右，而液位计液相管晶内蚀孔附近 S 含量高达 2.16%；排污封头内 S 元素质量分数为 0.3% 左右。

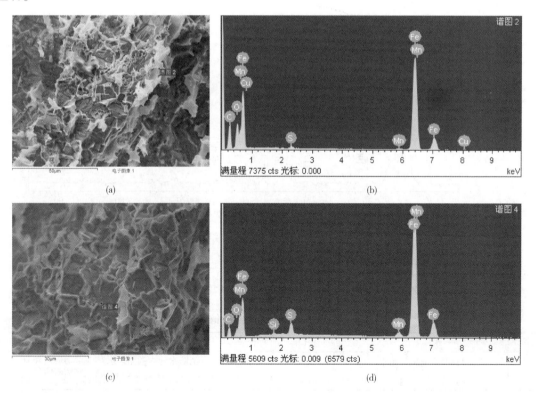

(a)　　　　　　　　　　　　　　　　　　(b)

(c)　　　　　　　　　　　　　　　　　　(d)

图 6-92　液位计液相管能谱分析

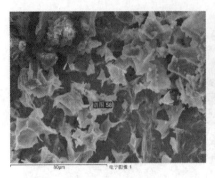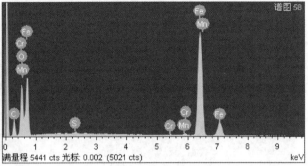

图6-93 排污封头能谱分析

表6-21 液位计液相管能谱检测结果   *w%*

元素		C	O	Si	S	Mn	Fe	Cr	Cu
液位计	图谱2	14.53	2.20	0.34	2.16	2.55	78.22	—	—
液相管	图谱4	26.84	13.36	—	0.41	0.47	58.53	—	0.40
排污封头		15.46	20.05	—	0.31	1.00	62.94	0.24	

7）XRD 物相分析

对1184#溶剂罐排污封头内腐蚀产物中的无机物进行了 XRD 物相分析，检测结果见图6-94。检测结果表明，1184#溶剂罐排污封头内腐蚀产物的主要物相为 Fe_3O_4 和 FeOOH（水合氢化铁）。

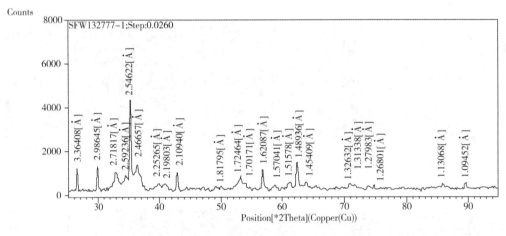

图6-94 XRD 物相分析结果

8）水质分析

对在事故现场提取的水样进行 pH 值检测，检测结果见表6-22。

表6-22 水样的 pH 值

序号	水样名称	pH 值	序号	水样名称	pH 值
1	1184#溶剂罐内污水	3.97	3	消防水池内的循环水	6.80
2	1184#溶剂罐罐内置换水	6.15	4	4号溶剂经过的冷凝器壳程内的污水	4.23

注：由于2#和3#水样经过了消防灭火、循环使用等过程，已经不能真实反映罐内污水的性质，因此这两组数据仅供参考，不作为分析依据。

pH 值检测结果显示 4 种水样均呈现酸性，为确定水样中的酸性物质，对 1# 和 4# 水样进行了水质分析。两种水样中均含有大量的有机酸，具体检测结果见表 6-23 和表 6-24。

表 6-23 1184# 溶剂罐内污水

序号	检测项目	单位	检测结果
1	乙酸	%	4.09
2	丙酸	%	1.23
3	2-二甲氨基乙基乙酸酯	%	1.58
4	戊酸	%	0.48

表 6-24 4 号溶剂经过的冷凝器壳程内的污水

序号	检测项目	单位	检测结果
1	月桂酸	mg/L	2.1
2	棕榈酸	mg/L	3.4
3	硬脂酸	mg/L	2.7
4	乙酸	%	9.81
5	丙酸	%	1.21
6	2-二甲氨基乙基乙酸酯	%	2.99
7	戊酸	%	0.56

6.8.3 溶剂罐排污管失效原因分析及建议

1）失效原因分析

宏观检查结果显示排污管和排污封头的内外壁均发生了腐蚀。排污管和排污封头内壁腐蚀状况比较复杂，在焊缝的热影响区发生了严重的沟槽状腐蚀，在热影响区外的母材上以点蚀和全面腐蚀为主，相比较而言焊缝腐蚀较轻，排污管和排污封头内壁的腐蚀具有明显的选择性。进一步检查发现，在热影响区的沟槽处，排污管的剩余壁厚已经严重不足，并且排污管上出现的几个泄漏孔均位于沟槽底部，说明排污管泄漏是由焊缝热影响区的沟槽状腐蚀引起的。

排污管和排污封头外壁已全面腐蚀为主，主要表现为腐蚀减薄。由于排污管和排污封头外壁没有防腐层的保护，直接暴露于大气环境中，而且在夏天要经受喷淋水的冲洗，外壁经常处于湿润的状态，导致外壁的金属发生电化学腐蚀，引起全面腐蚀，这是引起排污管泄漏的原因之一。

为确定引起排污管内壁腐蚀的物质对排污管内的污水进行了分析。pH 值测试结果表明，经排污管排出的污水呈酸性，经水质分析确定污水中的酸性物质包括乙酸、丙酸、戊酸、月桂酸、硬脂酸、棕榈酸等多种有机酸。但是 1184# 溶剂罐的罐内介质 4 号溶剂本身并不含水和有机酸，通过工艺分析，推断 4 号溶剂中的水和酸来自浸出工序的万寿菊颗粒和辣椒粉颗粒，在 4 号溶剂回收的过程中随着 4 号溶剂进入溶剂罐，形成酸性溶液并在排污管处聚集，构成了排污管及排污封头内壁腐蚀的电化学环境。

众多研究表明，在焊接接头的多电极体系中，热影响区主要为粗大魏氏组织，在腐蚀性环境中自腐蚀电位最负，自腐蚀电流密度最大；焊缝区的自腐蚀电位最正，自腐蚀电流密度相对最小；母材区域的自腐蚀电位和自腐蚀电流密度介于它们之间。因此，在焊接接头的多电极体系中，热影响区将作为电化学原电池的阳极，最可能遭受到优先的腐蚀溶解；而焊缝和母材则是原电池中的阴极，腐蚀敏感性低且在一定程度上受到阴极保护。

本次事故中，排污管及其焊缝和排污管内积存的酸性污水就构成了这样一个焊接接头的多电极腐蚀体系。排污管上的热影响区自腐蚀电位最负，自腐蚀电流密度最大，腐蚀最快；焊缝的自腐蚀电位最正，自腐蚀电流密度相对最小，腐蚀最慢，焊缝腐蚀较轻；母材区域的自腐蚀电位、自腐蚀电流密度、腐蚀速度介于它们之间。在酸性腐蚀介质长期作用下，排污管焊接接头热影响区出现腐蚀沟槽，最终穿透管壁发生泄漏。

2）建议

（1）事故储罐设计介质为 4 号溶剂，建议根据生产工艺中存在对排污管产生腐蚀的酸性介质的实际情况，对储罐进行重新设计；

（2）建议使用单位在设备运行过程中加强对排污管等易腐蚀部位的检查，保证压力容器安全运行；

（3）建议对辖区内类似工艺的设备开展普查，消除安全隐患；

（4）建议企业加强事故应急救援演练，增强事故处理能力，降低事故损失。

6.9 氢腐蚀——20 钢异径管断裂失效分析

6.9.1 失效概况

2000 年 12 月某化肥厂 1m 氨合成塔底部用于调整塔内床层触媒温度的副线 20 钢异径管发生爆破，并造成火灾和人员伤亡的重大事故。该副线的正常进气温度在 140~160℃，管内压力为 32MPa，介质为 N_2、H_2 和少量 NH_3。与之相连的是合成塔内底部废热锅炉，温度为 350℃左右。由于触媒老化，床层温度不会偏高，副线长时间停止进行调温，使得靠近合成塔底部的异径管段存在死气层，并因热传导可能将废热锅炉处的热量部分传递至这一管段，使 20 钢异径管处于 200℃以上氢腐蚀敏感温度。

6.9.2 检验过程

1）爆破口宏观特征

异径管爆破口呈椭圆形，长轴约 200mm，短轴约 100mm。由图 6-95 可见，将椭圆形爆破口分为 A、B、C、D 四个区，B 区断口凹凸不平，无金属光泽呈黑色（与爆破后气体燃烧有关），与 B 区断口相连，有近半周的环向开裂由内壁向外扩展至螺纹根部，见图 6-96。此部位裂纹深，爆破时先开裂的可能性较大；C 区与 D 区断口特征相似，断口凹凸不平，呈颗粒状，断口周边无塑变；A 区断口燃烧污染较重，断口与螺纹相接。在异径管内表面亦分布着轴向裂纹，裂纹长短不等，都是中间粗，两头尖，属于应力引起的开裂特征。

2）显微组织检验

分别在爆破口附近区域进行取样制成金相试样，在扫描电镜进行显微组织观测。在扫描电镜下，铁素体呈暗色，而珠光体呈现亮白色。管子外表面处金相如图 6-97 所示，为正常的铁素体与珠光体相间分布的金相组织。管壁内壁侧脱碳严重，如图 6-98 所示。试样脱碳层深达 16mm，占管壁厚的 2/3（管壁厚 24mm），脱碳层组织为铁素体，并分布着沿晶裂纹。管壁中间处组织部分脱碳，有沿晶裂纹存在，如图 6-99 所示。内壁与介质氢气侧发生严重脱碳，脱碳程度由内而外逐渐减弱，显示出氢腐蚀的明显特征。

图 6-95　爆破口宏观形貌

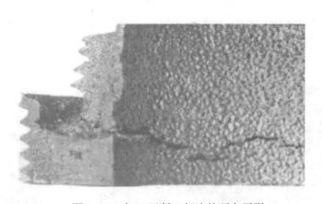
图 6-96　与 B 区断口相连的环向开裂

图 6-97　外壁正常组织：铁素体+珠光体

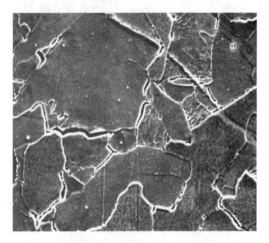
图 6-98　内壁严重脱碳组织

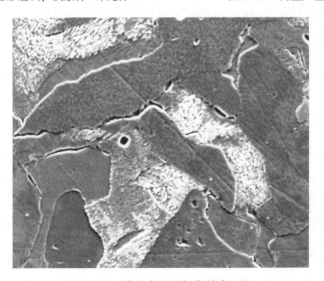
图 6-99　管壁中间的部分脱碳组织

3）室温冲击试验与扫描电镜分析

沿轴向靠内壁侧截取爆破口附近管材加工成夏比 V 形缺口（缺口沿壁厚切取）冲击试样（一组 3 件）。GB 6479—86 规定正火态 20 钢管材 A_{kv} 值为 39J。测定结果表明，失效 20 钢管材室温 A_{kv} 值为 8.2J、11.9J 和 14J，冲击值仅为正火态的 1/5～1/3。将冲击断口放在扫描电镜下观测，如图 6-100 所示。可以看出断口为典型的沿晶及穿晶解理断口，断口中能明显观察到大量的沿晶和部分穿晶裂纹。

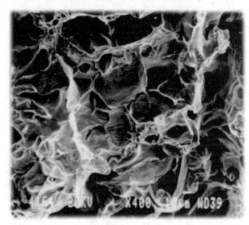 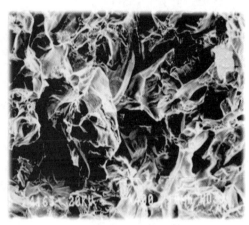

(a) 沿晶及穿晶解理断口　　　　　　　　　　(b) 断面上的二次裂纹

图 6-100　冲击断口形貌

6.9.3　爆破原因分析

低碳钢在高温高压的氢气环境中使用时，钢中的碳或 Fe_3C 能和 H_2 反应生成甲烷 CH_4，其反应式为：

$$2H_2+Fe_3C \longrightarrow 3Fe+CH_4$$
$$2H_2+C \longrightarrow CH_4$$

以上反应生成的甲烷，在钢中的扩散能力很小，它们聚集在晶界原有的微观空隙内，形成局部高压，造成应力集中，使这些微观空隙发展成为裂纹。同时，反应面附近的钢被脱碳，珠光体分解，由于碳的损失，形成了钢中碳的浓度梯度，推动了渗碳体分解并向反应面扩散。裂纹的扩散又为氢和碳的扩散提供了有利条件，这样使反应不断地进行下去，脱碳层与裂纹深度不断增加，导致钢的强度和塑性降低，材料脆化。尽管对低碳钢来说，在 100℃ 就会产生氢腐蚀，但一般认为，温度大于 200℃ 时，氢腐蚀才显得重要（即性能明显下降）。异径管的正常使用温度为 140～160℃，但由于氨合成塔内床层触煤老化，异径管所在的副线长时间停止进行调温，异径管温度升高至 200℃ 以上，致使氢腐蚀发生，由于管道中除 H_2、NH_3 外还有一定比例的 N_2，N_2 的存在将加剧氢腐蚀的发展。检测表明，异径管爆破前与 N_2、H_2 气氛接触的管内壁已严重脱碳、开裂，力学性能恶化，在管内高压的作用下，发生爆破。

根据以上分析讨论，可以得到以下结论：

（1）显微断口为典型的沿晶或穿晶解理断口，材料内部基本严重脱碳，晶界发生严重开裂。

（2）由于钢材长期处于 200℃ 左右工作，极利于介质中的游离氢向钢材中扩散，并在晶界处与碳结合形成甲烷等，导致晶界严重开裂和脱碳，并最终引起材料的严重脆化和强度降低，这是导致事故发生的根本原因。

（3）我国目前运行着大量中小氮肥装置，按照原设计要求，仍有相当多装置的氨合成塔底部副线管材为20钢。由于技术改造等原因，普遍使这一管线的工作温度有了提高。该化肥厂的事故说明，应当极为重视这一管线的氢脆化或氢腐蚀的安全隐患问题。

6.10 应力腐蚀开裂——MTP反应预热器不锈钢换热管泄漏失效分析

6.10.1 失效基本概况

某公司"碳四裂解制烯烃装置改造为二甲醚制烯烃装置"中的MTP反应预热器（E101/E102）在开工过程中换热管发生泄漏。部分发生泄漏的换热管位置如图6-101所示。

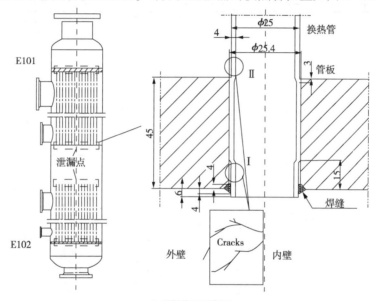

(a) 泄漏位置示意图

(b) E101泄漏位置

(c) E102泄漏位置

图6-101 管板处泄漏管的位置

6.10.2 检验过程

1）资料审查

预热器总装图局部如图 6-102 所示，基本设计参数见表 6-25。通过对图纸的审查，未发现影响换热管泄漏的不合理结构设计。

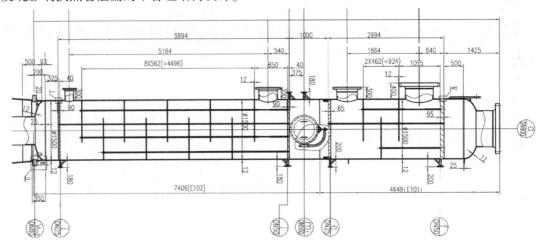

图 6-102 MTP 反应预热器的总装图（局部）

表 6-25 预热器的基本设计数据

	E101		E102	
容器类别	Ⅱ		Ⅱ	
	壳程	管程	壳程	管程
介质名称	水、二甲醚等	水、丙烯等	水、甲醇	水、丙烯等
设计压力/MPa	0.8	0.35	0.8	0.35
工作压力/MPa	0.33	0.13	0.431	0.125
设计温度/℃	450	550	200	420
工作温度/℃	155/340	483.5/383	150.7/150.7	383/383
水压试验压力/MPa	1.26	0.66	1.03	0.66
气密性试验压力/MPa	0.8	0.35	0.8	0.35
换热面积/m²	336.5		918.4	
换热管材料	S30409 管材		S30408 管材	
筒体、封头材料	S30408 板材			
管板、法兰材料	S30408 Ⅱ			

2）宏观检查

对委托方提供的预热器上拆下的换热管段进行宏观检查，发现换热管上存在环向裂纹，如图 6-103 所示。其中图 6-103（a）所示的 E101 的 1# 换热管裂纹距离管板内侧约 200mm，已明显裂穿，两断裂面自然分开，呈现脆性断裂的形貌。图 6-103（b）和（c）为 2# 换热管断开后的两个断面，无明显塑性变形（显示大变形为拆管时撕裂所致），腐蚀较为严重。管子内表面部位有较多腐蚀产物，呈棕黄色或褐色；外表面较为光洁，呈现出不锈钢钝化后的光

180

泽。图6-103(d)为2#换热管与管板焊接热影响区外表面的裂纹形态。裂纹断续分布，沿环向扩展。与此相对应，该处内表面存在裂纹，且在主裂纹旁存在更多细小裂纹，呈网状分布，如图6-103(e)所示。初步判断裂纹起源于内表面，逐渐扩展至外壁导致换热管裂穿泄漏。

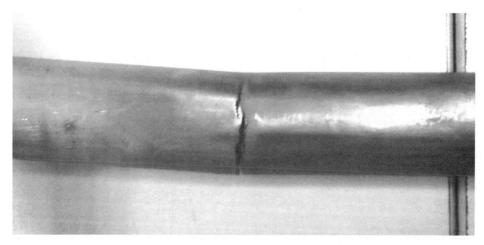

(a) 1#换热管裂纹形貌

(b) 2#换热管断口形貌

(c) 2#换热管断口处内表面裂纹

(d) 2#换热管管口处外表面裂纹

(e) 2#换热管管口处内表面裂纹

图6-103 换热管断裂的宏观形貌

3）化学成分分析

根据委托方提供的预热器图纸，E101 换热管的材质为 S30409 管材，即 1Cr19Ni9《锅炉、热交换器用不锈钢无缝钢管》（GB 13296—2007）。E102 换热管的材质为 S30408 管材，即 0Cr18Ni9《锅炉、热交换器用不锈钢无缝钢管》（GB 13296—2007）。分别对 E101 和 E102 的换热管取样进行化学成分分析，结果见表 6-26 和表 6-27。对照 GB 13296—2007，结合《钢的成品化学分析允许偏差》（GB/T 222—2006），可知 E101 换热管的化学成分符合标准要求。E102 换热管的 P 元素超出标准要求的上限。

表 6-26　E101 换热管化学成分　　　　　　　　　　　　　　　%

元素	C	Si	Mn	P	S	Cr	Ni
GB 13296—2007（1Cr19Ni9）	0.04~0.1	≤1.00	≤2.00	≤0.035	≤0.030	18.0~20.0	8.00~11.0
GB/T 222—2006 允许偏差	±0.01	±0.05	±0.04	+0.005	+0.005	±0.20	+0.15/-0.1
样品	0.038	0.398	1.131	0.0386	0.0033	18.681	7.944

表 6-27　E102 换热管化学成分　　　　　　　　　　　　　　　%

元素	C	Si	Mn	P	S	Cr	Ni
GB 13296—2007（0Cr18Ni9）	≤0.07	≤1.00	≤2.00	≤0.035	≤0.030	17.00~19.00	8.00~11.0
GB/T 222—2006 允许偏差	±0.01	±0.05	±0.04	+0.005	+0.005	±0.20	+0.15/-0.1
样品	0.032	0.486	1.018	0.0531	0.0075	17.602	8.170

4）力学性能检测

为了判断材料力学性能是否劣化，对换热管进行力学性能测试。由于换热管尺寸较小，管壁较薄，无法制成标准拉伸试样进行检测，因此采用宏观应力应变探针 SSM-4000 进行连续球压痕近似估计材料的屈服强度和抗拉强度。对 E101 的换热管选取了 3 个点进行自动球压痕试验，测量得到材料屈服强度和抗拉强度如表 6-28 所示。对 E102 的换热管选取了 3 个点进行自动球压痕试验，测量得到的材料屈服强度和抗拉强度如表 6-29 所示。根据测试结果可以看出，E101 和 E102 的换热管屈服强度和抗拉强度均高于标准要求，有应变强化的发生，从而说明换热管不是因为材料力学性能劣化产生的过载断裂。

表 6-28　E101 换热管力学性能　　　　　　　　　　　　　　MPa

位置	点 1	点 2	点 3	平均值	GB 13296—2007
抗拉强度	586	622	614	607	520
屈服强度	395	423	428	415	205

表 6-29　E102 换热管力学性能　　　　　　　　　　MPa

位置	点 1	点 2	点 3	平均值	GB 13296—2007
抗拉强度	674	691	670	678	520
屈服强度	378	363	451	397	205

5）金相检测

对 E101 和 E102 的换热管分别取样进行金相检测和裂纹的微观形貌检测。可见 E101 和 E102 的金相组织为单一奥氏体，并有孪晶出现，见图 6-104。其中，如图 6-104（a）所示，E101 换热管晶粒较为粗大，但是尚未超出标准对 1Cr19Ni9 规定晶粒度为"4~7 级"要求；而近内表面处部分晶粒存在较为明显的滑移线，如图 6-104（b）所示。与 E101 相比，E102 晶粒稍细，外壁处晶粒可见明显的孪晶现象，如图 6-104（c）、（d）所示。

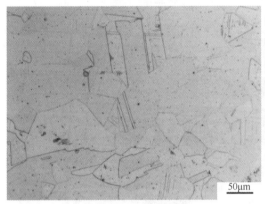
(a) E101换热管近外表面金相组织

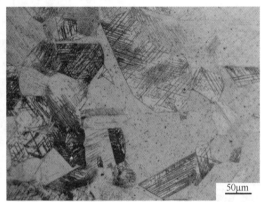
(b) E101换热管近内表面金相组织

(c) E102换热管横截面金相组织

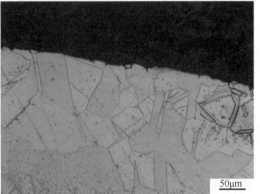
(d) E102换热管近外表面金相组织

图 6-104　换热管的金相组织（抛光，王水浸蚀）

取 E101 的 1# 管断裂处的裂纹尖端制成金相试样，抛光后在显微镜下观察，可见主裂纹尖端附近存在尚未裂穿的细小裂纹，如图 6-105（a）所示。将图 6-105（c）所示样品的轴向截面制成金相试样后，抛光后可见许多起源于内壁的裂纹，裂纹长短不一，如图 6-105（b）所示。显示了这些裂纹不是同时产生，具有不同的孕育和扩展时间。

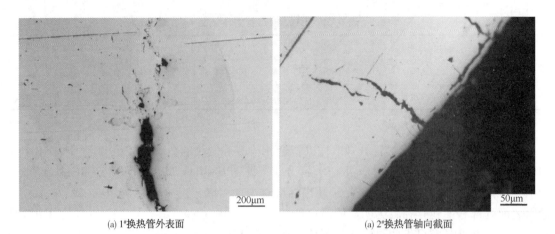

(a) 1#换热管外表面　　　　　　　　　　　　(a) 2#换热管轴向截面

图 6-105　E101 换热管的裂纹微观形貌(抛光)

E101 中 3#换热管无肉眼可见的宏观裂纹，取其横截面制成试样后做金相检查。发现该管内壁布满了裂纹，裂纹呈树枝状，由内壁向外壁扩展，如图 6-106(a)、(b)所示。裂纹主要为穿晶扩展，呈现出极强的方向性，如图 6-106(c)所示。从图 6-106(d)中可明显看出，裂纹起源于内壁点蚀坑处，且该点蚀坑处具有长短不一的多条裂纹。

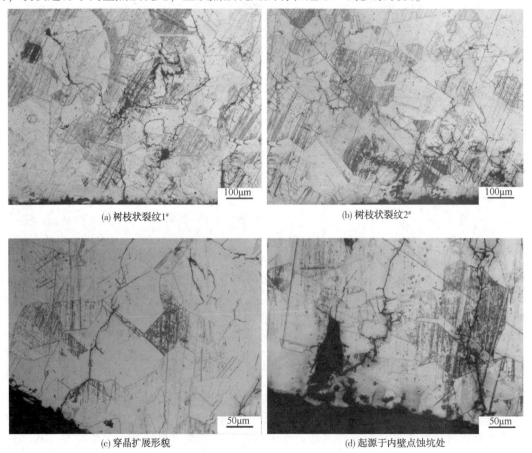

(a) 树枝状裂纹1#　　　　　　　　　　　　(b) 树枝状裂纹2#

(c) 穿晶扩展形貌　　　　　　　　　　　　(d) 起源于内壁点蚀坑处

图 6-106　E101 的 3#换热管的裂纹微观形貌(抛光，王水浸蚀)

将委托方提供的 E102 的换热管试样横截面制成金相试样，可见内表面存在较为明显的点蚀。点蚀坑内的裂纹开始孕育，如图 6-107(a)、(b)所示。

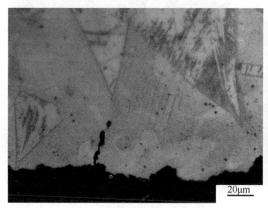 

(a) 内壁微裂纹　　　　　　　　　　　(b) 处于萌生期的内壁裂纹

图 6-107　E102 换热管的内壁微观形貌(抛光，王水浸蚀)

6) 介质环境分析

该预热器尚未投用，经调查，制造后其介质环境如下：

预热器制作完毕后，2014 年 5 月 1 日进行耐压试验。耐压试验完毕，设备使用单位于 5 月 7 日 22：00 安装完毕，于 2014 年 6 月 7 日再次进行耐压试验。试验过程如下：2014 年 6 月 7 日 23：50 注满水，6 月 8 日 8：00 开始打压，10：30 升压至 0.66MPa，保压 15min，11：00 开始排水。开工预热时，E101/E102 在 2014 年 6 月 21 日 11：00 开始升温，6 月 25 日 4：20 升温至 320℃，6 月 26 日 6：00 开始降温。6 月 28 日 4：00 时开始通入水蒸气，在 6：00 时为 9.5t/h，10：00 时为 11t/h，之后一直到催化剂老化结束，蒸汽都基本为 11t/h，直到 7 月 2 日 21：00 通蒸汽结束。

调查显示，耐压试验用水 Cl^- 含量为 32mg/L；设备使用单位耐压试验用水 Cl^- 含量为 11mg/L，软水中未检测到 Cl^- 存在。预热器泄漏后，在与其相连的管道内发现大量的腐蚀产物，呈粉末状或块状，红褐色(图 6-108)。经 XRD 分析显示，该腐蚀产物的主要成分为 Fe_2O_3。将该腐蚀产物溶于水后，滤掉不溶成分，并滴入 $AgNO_3$ 检验 Cl^-，发现明显的絮状沉淀生成。证明该腐蚀产物中具有易溶于水的氯化物存在。经进一步电位试验测定，固体粉末中氯化物的质量分数为 1.292%。但是试压用水不至于导致奥氏体不锈钢在短短 10 天内发生应力腐蚀开裂。用户自查系统发现，进入换热器的蒸汽先经过反应器的催化剂床层，而催化剂中的氯元素严重超标。系统停车后，采集蒸汽冷凝液检测，其 Cl^- 含量为 7000mg/L。同时，发现管线及弯头上也有裂纹的出现，进一步验证了系统中 Cl^- 严重超标是造成泄漏的根本原因。

6.10.3　原因分析

由以上分析结果可知，该换热管材质为奥氏体不锈钢，起源于内壁的裂纹呈树枝状穿晶扩展，调查中发现 Cl^- 严重超标。由此可以推断，换热管的开裂是与 Cl^- 有关的应力腐蚀开裂。

(a) 红褐色产物   (b) 产物部分成块状

图 6-108 腐蚀产物形貌

换热管冷拔成形后晶粒较粗大，有滑移线出现，存在组织内应力；换热管管口和管板焊接后贴胀，存在较大的焊接和塑性变形残余应力；在开工预热过程中，换热管可能受热不均，导致一部分管子受压，而另一部分管子受拉，在高温作用下，存在拉伸热应力的管子的应力腐蚀将会加速。这三类应力为奥氏体不锈钢应力腐蚀提供了应力条件。

通过以上分析，可以得到以下结论：

（1）预热器换热管的泄漏是奥氏体不锈钢换热管在拉伸应力和腐蚀性环境下产生穿晶应力腐蚀开裂造成的；

（2）E102 换热管的 P 元素超出标准要求的上限，E101 和 E102 的管子奥氏体晶粒较为粗大，但是未超出标准要求；

（3）从预热器的服役历史看，所接触的蒸汽介质中 Cl^- 严重超标是奥氏体不锈钢短时间应力腐蚀开裂的主要原因。

6.11 应力腐蚀开裂——制氢转化炉过热段炉管开裂失效分析

6.11.1 失效概况

制氢转化炉过热段炉管直管段和弯头材质均为 TP304H，管子规格为 $\phi114\times8mm$，内部介质为过热蒸汽，外部介质为烟气。炉管工作压力和温度参数如下：过热段蒸汽压力为 3.5MPa。蒸汽侧入口温度约为 260℃，蒸汽侧出口温度约为 440℃；烟气侧入口温度约为 870℃，出口温度约为 650℃。

2016 年 4 月 6 日，制氢转化炉过热段弯头箱有大量蒸汽泄漏，停车检查发现蒸汽入口段（低温段）第 4 排有 2 根炉管与弯头的焊缝外侧约 5~10mm 处出现裂纹，1 个弯头上出现贯穿性裂纹。抢修期间共发现十多处裂纹，均在低温段焊缝两侧的炉管和弯头上，而高温段炉管、弯头及焊缝均完好无损。将部分开裂管子补焊后，继续运行至 2016 年 7 月 20 日装置停车。

从现场割取泄漏的炉管 79# 和相邻炉管弯头试样，图 6-109（a）为炉管的整体布局，图 6-109（b）为出现裂纹的炉管。

(a) 炉管79#所在位置

(b) 开裂失效的炉管79#

图 6-109　制氢转化炉炉管

6.11.2　失效过程分析

1）裂纹宏观形貌分析

切割泄漏炉管，获得两个试样，进行宏观检查，图 6-110(a) 和图 6-110(b) 为直管段裂纹处的试样，裂纹位于环焊缝的热影响区，约为 1/4 炉管周长。图 6-110(c) 为弯头裂纹处的试样，表面共有 3 条裂纹，其中 1 条裂纹平行于环焊缝，另外 2 条裂纹平行于补焊焊缝，且裂纹均处于热影响区，而焊缝上未发现裂纹。将图 6-110(c) 中平行于环焊缝处裂纹沿四周切割并打断，得到其断口形貌如图 6-110(d) 所示。由图可知，断口较为齐平，呈脆性断裂形貌，整个断口陈旧发暗，可知裂纹已完全裂穿。

对其内外表面进行渗透检测[图 6-110(e) 和图 6-110(f)]，由图可知，内外壁均有裂纹，且内壁裂纹较长，外壁裂纹较短。此外，纵向截面上还存在沿壁厚方向由内向外扩展的裂纹，初步判断，裂纹起于内壁。

2）炉管化学成分

炉管的设计材质为奥氏体不锈钢 TP304H，采用直读光谱仪对其化学成分进行检验，判断材质是否符合标准要求。炉管的化学成分(质量分数)分析结果见表 6-30。根据分析结果可知，炉管化学成分除 C 元素含量偏低外，其余元素均符合 ASTM A-312M 中对钢的成分要求。

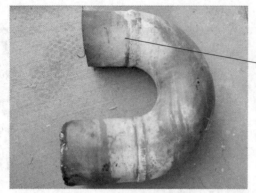
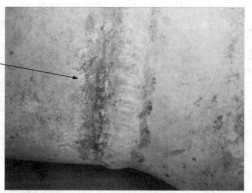

(a) 直管段裂纹形貌　　　　　　　　　　(b) 焊缝侧裂纹

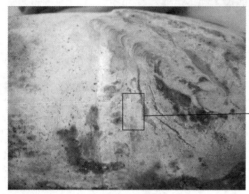

(c) 弯管段裂纹形貌　　　　　　　　　　(d) 裂纹打开后的断口形貌

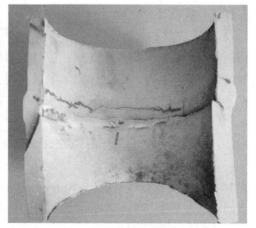

(e) 外壁裂纹形态　　　　　　　　　　　(f) 内壁裂纹形态

图 6-110　开裂炉管和弯头的宏观形貌

表 6-30　炉管化学成分　　　　　　　　　　　　　　　%

元素	C	Si	Mn	P	S	Ni	Cr
实测值	0.031	0.417	1.128	0.033	0.012	8.494	18.24
标准值	0.04~0.10	≤1.00	≤2.00	≤0.045	≤0.030	8.00~11.00	18.00~20.00

3）金相组织分析

对位于炉管弯头的裂纹取样进行金相检测，分别取远离焊缝无裂纹处母材、内壁裂纹端部、外壁裂纹端部以及沿壁厚扩展裂纹试样。如图6-111（a）和图6-111（b）所示，王水浸蚀后，炉管金相组织均为奥氏体，且两处晶粒尺寸相差不大。为了观测热影响区与母材的敏化状态，根据《不锈钢10%草酸浸蚀试验方法》（GB/T 4334.1—2000），对敏化情况进行检验。其中，图6-111（c）为母材草酸浸蚀后的金相组织，图6-111（d）为热影响区草酸浸蚀后的金相组织，可以明显看出，热影响区晶界粗大，发生了严重的敏化。

图6-111（e）和图6-111（f）为内、外壁裂纹端部情况，图6-111（g）为抛光状态下裂纹沿壁厚方向扩展形貌，具有强力的方向性。可知裂纹由内壁向外壁扩展，表现出树枝状特征，并为明显的沿晶开裂，具有应力腐蚀开裂的特征。

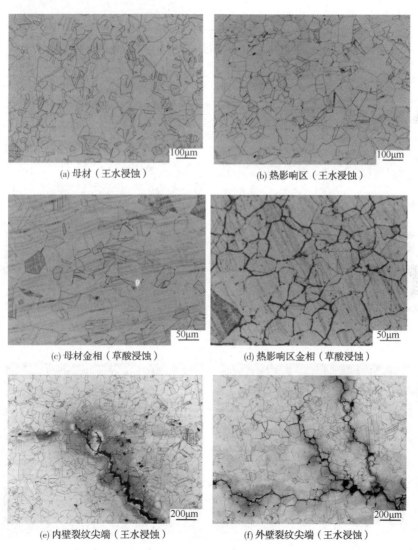

(a) 母材（王水浸蚀）　　　　　　　　(b) 热影响区（王水浸蚀）

(c) 母材金相（草酸浸蚀）　　　　　　(d) 热影响区金相（草酸浸蚀）

(e) 内壁裂纹尖端（王水浸蚀）　　　　(f) 外壁裂纹尖端（王水浸蚀）

图6-111　金相组织和裂纹扩展形态

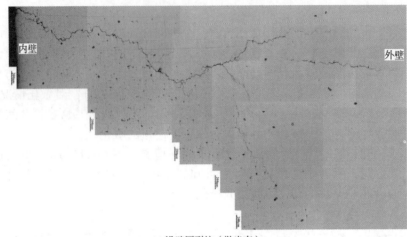

(g) 沿壁厚裂纹（抛光态）

图 6-111　金相组织和裂纹扩展形态（续）

4）断口微观形貌分析

将两个断口试样中的其中一个用酒精进行超声波清洗，使其显露出断口的真实形貌，另外一个不作处理，保留其原始形貌。在扫描电镜(SEM)下对断口进行观察，如图 6-112 所示。

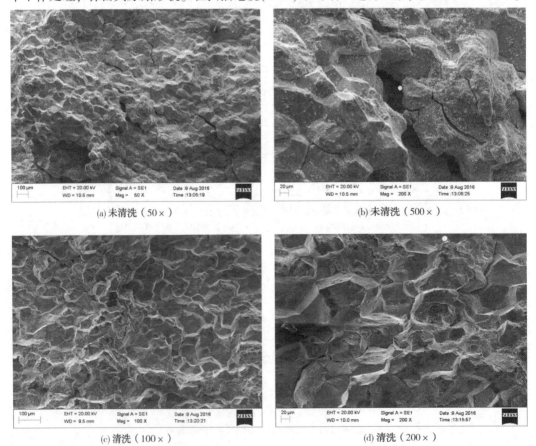

图 6-112　断口形貌

图 6-112（a）和图 6-112（b）为未清洗的裂纹断口形貌，断口上有明显腐蚀产物，图 6-112（c）和图 6-112（d）为清洗后的裂纹断口形貌。断口呈冰糖状花样，为典型沿晶断口，断面上可见多处沿晶二次裂纹，具有典型的沿晶型应力腐蚀断口特征。

5）能谱分析

对未清洗的裂纹断口表面进行能谱检测，扫描位置如图 6-113 所示，能谱检测如图 6-114 所示。各成分所占百分数如表 6-31 所示。由表 6-31 可知腐蚀产物中含有较多 Na 元素和 O 元素，表明介质中有奥氏体不锈钢应力腐蚀开裂敏感的碱性物质 NaOH。

(a) 扫描位置1　　　　　　　　(b) 扫描位置2

图 6-113　扫描区域

表 6-31　断口能谱分析结果（质量分数）　　　　　　%

元素	C	P	O	Na	Si	Ti	Ca	Cr	Mn	Fe	Ni
位置1	4.11	0.30	31.36	2.30	0.88	0.23	0.28	10.62	1.02	45.69	3.21
位置2	4.11	0.35	36.84	3.45	1.44	0.20	0.30	9.33	0.87	38.12	4.99

6.11.3　原因分析及建议

1）开裂模式

根据检测结果，材料成分和金相基本符合标准要求，部分晶界上有碳化物析出。断口宏观呈现脆性，微观上裂纹窄而深，起源于过热蒸汽侧，呈树枝状，沿奥氏体晶界扩展穿透管壁至烟气侧。微观上裂纹断面呈冰糖状，断面上具有钠盐腐蚀产物。因此，该开裂模式可归结为奥氏体不锈钢在敏感介质中的沿晶型应力腐蚀开裂。

2）开裂原因

（1）材料和结构因素

从金相分析可知，焊缝的热影响区晶粒粗大，裂纹周围的晶界较粗，局部具有黑色碳化物析出，表明该炉管热影响区的材料处于敏化状态，在敏感介质作用下已发生晶间腐蚀和沿晶型应力腐蚀开裂。

当炉管材料在 450~850℃温度区间较长时间停留时，其晶粒内部的 C 元素会向晶界附近迁移并与晶界附近的 Cr 结合，生成 $Cr_{23}C_6$，从而使晶界附近贫铬，导致不锈钢发生敏化。奥氏体不锈钢焊缝热影响区敏化的原因可能如下：

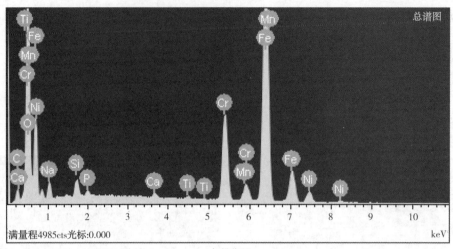

(a) 扫描位置1

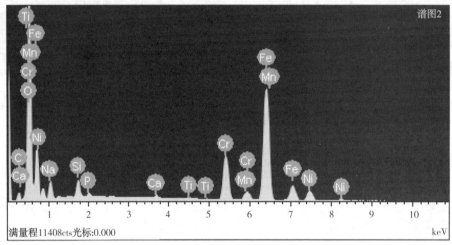

(b) 扫描位置2

图 6-114　断口能谱检测成分谱图

① 运行温度因素

蒸汽侧入口温度约为 260℃，蒸汽侧出口温度约为 440℃；烟气侧入口温度约为 870℃，出口温度约为 650℃。由于内外介质均为气体，可以估计发生开裂的低温段炉管外壁金属温度处于 450℃ 以上的温度状态中。

② 焊接热循环因素

不锈钢炉管在焊接过程中，如果不及时冷却，热影响区温度在 450～850℃ 温度区间停留时间较长，也会增加炉管材料发生敏化的可能性。

在该案例中，由于裂纹仅存在热影响区，而远离焊缝的区域未见裂纹。因此可以判断，焊接余热导致热影响区敏化是应力腐蚀开裂发生的材料方面的原因。

此外，直管和弯头焊接处存在焊接不均匀、未焊透、管内壁未对齐等缺陷，易产生残余应力和介质积聚，为奥氏体不锈钢应力腐蚀提供了条件。弯头处的介质流动阻力降较大，流速变慢，也有利于敏感介质的积聚。

（2）介质因素

蒸汽成分方面，调取 2016 年 03 月 01 日至 2016 年 04 月 07 日的蒸汽成分记录。可知，大汽包蒸汽介质中 pH 值最大达到 11.35，碱性较强，因而介质中含有较多 OH^-。中压蒸汽中，3 月 5 日和 3 月 28 日检测出钠离子含量异常，分别为 $720\mu g/L$ 和 $290\mu g/L$。介质中的碱性元素与断口能谱检测结果相符。此外，蒸汽介质中还存在少量氯离子以及磷酸根。

蒸汽中杂质元素含量较高的原因可能与锅炉汽包的气液分离器分离效果不好有关。锅炉中一般加入药剂调节 pH 值并软化水质，为了防止药剂进入蒸汽中，通过气液分离器分离出蒸汽中的液滴。如果气液分离器分离效果不佳，蒸汽携带液滴进入过热段入口，在烟气的加热下，液滴迅速蒸发，造成液滴中的盐分在炉管内壁浓缩。所以，过热段炉管中蒸汽入口低温段的盐分浓度比出口侧要高。

温度方面，应力腐蚀裂纹在 $60\sim300℃$ 最为敏感。蒸汽侧入口温度为 $265℃$，前面四排的管内温度较低，因此内壁温度处于该温度敏感区间。综合蒸汽中盐分浓度和温度原因，在低温段出现了应力腐蚀开裂，而高温区域未发生开裂。

蒸汽中碱性物质易引起奥氏体不锈钢应力腐蚀开裂，同时氯离子也会引发奥氏体不锈钢管的应力腐蚀开裂。考虑到在断口扫描中未发现氯离子存在，且蒸汽介质中氯离子含量较低，因此认为氯离子为引起该应力腐蚀开裂的次要原因，而蒸汽中的碱性物质是引起本案中炉管应力腐蚀开裂的主要介质方面的原因。

（3）应力因素

奥氏体不锈钢应力腐蚀开裂的前提之一是拉伸应力的存在。炉管在焊接过程中有残余应力产生，运行过程中有温差应力和内压引起的机械应力。这三类应力的存在为应力腐蚀的开裂提供了便利条件。

3）分析结论

（1）根据裂纹产生位置均为焊接热影响区，而其他部位未见开裂，可以判定焊接过程中导致的热影响区材料耐蚀性能劣化是产生应力腐蚀开裂的材料方面的原因；

（2）介质中含有碱性介质和氯离子是产生应力腐蚀介质方面的原因，其中含有碱性介质引发的开裂是介质方面的主要原因。蒸汽中 pH 值较高，可能与气液分离器失效而导致的蒸汽带液有关。

（3）由于拉伸应力只是应力腐蚀开裂的一个保证，且研究表明较低的拉伸应力也能引起应力腐蚀开裂。且由于焊接残余应力，温差应力和内压载荷引起机械应力无法避免。因此，应力并非发生本次应力腐蚀开裂的直接原因。

4）建议措施

为避免类似开裂再次发生，提出以下预防措施：

（1）焊接工艺

《石油化工管式炉高合金炉管焊接工程技术条件》（SH/T 3417—2007）条文说明第 8 款：

奥氏体不锈钢焊接接头的焊后处理一般有固溶化或稳定化处理、焊后消除应力热处理和表面酸洗、钝化处理等。轧制炉管及管件的焊接接头焊后应进行表面酸洗、钝化处理，这一点作为由于介质原因选择奥氏体不锈钢材料时，作为奥氏体不锈钢焊接接头的通用要求在本标准中没有提及，但并不等于不要求。奥氏体不锈钢焊接接头一般不要求做焊后消除应力热处理，但如使用介质对材料具有应力腐蚀破裂危害及厚壁联箱或集箱上有大开空或焊有较多管嘴时，对于 304、309、310、316 系列奥氏体不锈钢轧制管，对其焊接接头进行焊后消除应力热处理也是适宜的，但本标准未做出明确规定，此时，施焊单位应按设计文件或图样的要求执行。

在本案例中，300℃ 左右的蒸汽中不可避免会携带微量的碱和氯离子，奥氏体不锈钢 TP304H 对此具有应力腐蚀开裂的敏感性。因此，作为设计人员，应该意识到焊接接头焊后消除应力热处理和稳定化处理的必要性，在设计文件或图样中加提出消除应力和稳定化处理的要求。

（2）水质控制

做好蒸汽中有害成分的检测和控制，重点关注气液分离器的分离效果，避免蒸汽带液，提高蒸汽品质。严格执行操作规程，提高操作水平，避免管网内混入其他有害物质。

（3）管材选择

由于水质软化处理工艺，蒸汽中不可避免的存在碱性介质和微量氯离子，且过热段的入口侧恰好处在奥氏体不锈钢应力腐蚀敏感的温度范围内，因此过热段采用奥氏体不锈钢存在应力腐蚀开裂的潜在危险，建议将炉管材料更换为 Cr-Mo 型耐热钢。

6.12　应力腐蚀开裂——层板包扎尿素合成塔爆炸失效分析

6.12.1　事故概况

2005 年 3 月 21 日，某公司尿素合成塔发生重大爆炸事故，造成 4 人死亡，32 人重伤，经济损失惨重。

事故尿素合成塔于 1999 年制造，2000 年投入使用。该塔设计工作压力 21.57MPa，设计温度 195℃，试验压力 27.26MPa，公称容积 37.5m³，工作介质为尿素溶液和氨基甲酸铵溶液。该容器为立式高压反应容器，由 10 节筒节和上、下封头组成。筒节内径 1400mm，壁厚 110mm，总长 262210mm。筒节为多层包扎结构，层板为 15MnVR（该牌号在 GB 713—2008 已废止）及 16MnR（新牌号 Q345R）板，内衬为 8mm 厚 316L 尿素级不锈钢板。尿素合成塔塔身炸成三节。如图 6-115 所示，事故第一现场为残存塔基、下封头和第 10 节筒节（自上而下数起，下同），且整体向南偏西倾斜约 15°。南侧 5m 处六层主厂房坍塌；西北侧 20m 处二层厂房坍塌；北侧、东北侧装置受爆炸影响，外隔热层脱落；东侧 2 个碱洗塔隔热层全部脱落，冷却排管系统全部损坏。

第二现场在尿素合成塔南侧主厂房二层房顶即原三层楼上。如图 6-116 所示，第 9 筒节破墙而入，落在主厂房三层的一个房间内。筒体两端的多层包扎板局部变形成为平板，层与层之间分离，筒节环缝处多数层板上有明显的纵向裂纹，爆口呈多处不规则裂纹。

第三现场为造气炉前飞出塔段的落地处。如图 6-117 所示，第 8 筒节以上至上封头向北偏东方向飞过一排厂房，上封头朝下、第 8 筒节朝上斜插入土中，落地处距塔基约 86m。在朝上的第 8 筒节环焊缝处，可见长约 350mm 的纵向撕裂，撕裂处无纵焊缝，长约 850mm 的环向多层板分层，断裂处焊缝呈现不规则状态。

图 6-115　爆炸后残存的尿素合成塔

图 6-116　向西南方向飞入操作楼二层的
中间塔段(内壁外翻)

图 6-117　向东边方向飞出的上部塔段

6.12.2　失效部位形貌分析

1）层板宏观形貌

该尿塔在爆炸中断裂为三段，其中中段(第9筒节)在巨大的爆炸能量作用下沿纵向撕开并反卷，成马鞍状。处于该筒节的热电偶恰好通过盲板层上的蒸汽导流槽。该筒节在热电偶上方和下方纵向断口形貌明显不同。热电偶上方纵向断口相当平齐，呈现出明显的撕裂裂纹形貌，如图6-118(a)所示。该纵向断口通过盲板层的蒸汽导流槽，见图6-118(b)。热电偶下方断口则明显凹凸不平，如图6-118(c)所示。在失效分析过程中对该热电偶下方层板进行了取样，如图6-119所示。在纵向断裂面的附近区域出现大量纵向穿透性裂纹。用肉眼或借助放大镜观察这类裂纹，发现宏观上具有多源的特点，并且裂纹数目较多。裂纹两侧凹凸不平，耦合自然。宏观总体走向与最大主应力基本相垂直。

2）裂纹微观形貌

由于裂纹边缘已经锈蚀，无法直接观测断口形貌。因此，截取热电偶下方层板宏观裂纹的尖端部分制成金相试样。对试样进行扫描电镜观察，发现了每一个试块上都存在许多微观

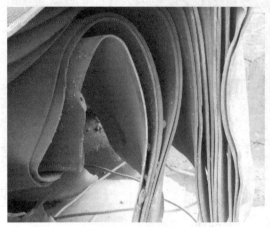

(a) 热电偶上方层板断口

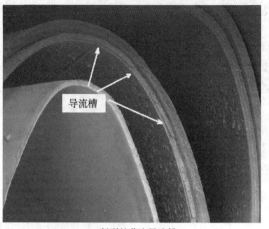

(b) 断裂的蒸汽导流槽

(c) 热电偶下方层板断口

图 6-118 尿塔热电偶孔附近层板纵向断口

(a) 层板试样1~7

(b) 层板试样9~14

图 6-119 热电偶下方层板试样裂纹的宏观形貌(第二位数字表示自外向内的层数)

裂纹。这些裂纹多数走向曲折，并且以沿晶开裂为主。下面选取较为典型的裂纹形貌分析如下：

通过对第6层板(由外向内数，下同)的金相试样的观察，裂纹区域组织形貌和正常的无裂纹区域没有明显差别，没有出现脱碳和变形的晶粒，说明该裂纹不是爆炸产生的裂纹，且在爆炸中没有受到影响，见图6-120(a)、(b)。裂纹局部放大图像中，可以看到裂纹以沿晶扩展为主，不分叉或分叉较少，为碱脆引起的应力腐蚀裂纹典型形貌。部分晶界已经完全腐蚀，晶粒呈孤立状态，如图6-120(c)所示。裂纹尖端较为尖锐，且穿开了珠光体晶粒，见图6-120(d)。

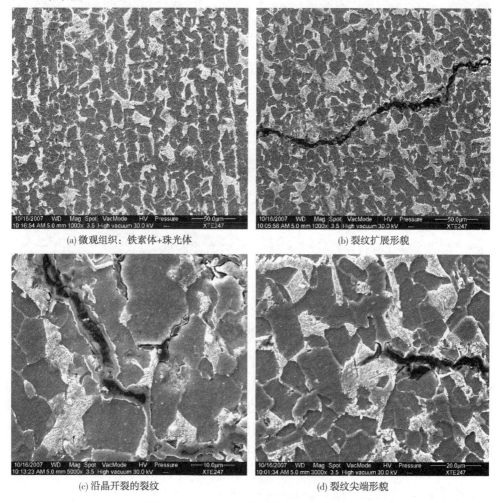

(a) 微观组织：铁素体+珠光体　　　　　　　　(b) 裂纹扩展形貌

(c) 沿晶开裂的裂纹　　　　　　　　　　　(d) 裂纹尖端形貌

图6-120　第6层板微观组织和裂纹形貌

第7层板中同样存在较多走向曲折的裂纹，裂纹区域存在腐蚀痕迹。裂纹沿晶界扩展，在裂纹周围区域的组织与没有裂纹的正常区域组织一样，说明不是因爆炸而产生的裂纹，如图6-121(a)、(b)和(c)所示，其中图6-121(c)为图6-120(b)的裂纹尖端放大形貌。可以认为这类裂纹是应力腐蚀裂纹。在该层板上同样存在短粗的裂纹，裂纹尖端晶粒细化，珠光体带呈放射状分布，该种类型的裂纹是应力腐蚀裂纹受爆炸冲击载荷的影响而扩展产生的，如图6-121(d)所示。

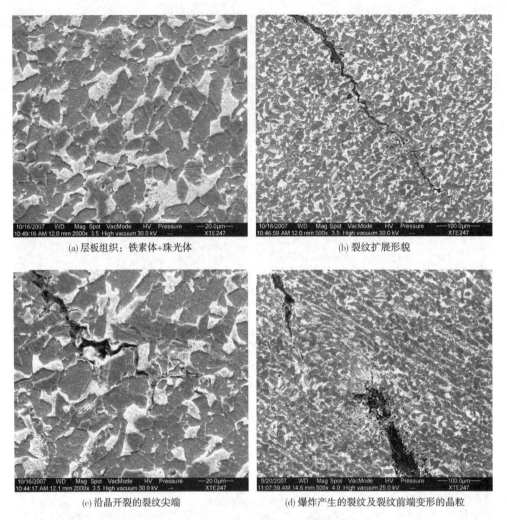

(a) 层板组织：铁素体+珠光体

(b) 裂纹扩展形貌

(c) 沿晶开裂的裂纹尖端

(d) 爆炸产生的裂纹及裂纹前端变形的晶粒

图 6-121　第 7 层板微观组织和裂纹形貌

第 12 层板上裂纹形貌如图 6-122(a)所示，裂纹沿晶界扩展，分叉较少，分叉处的放大形貌如图 6-122(b)所示，可以清晰的看到裂纹沿珠光体和铁素体的晶界扩展，为应力腐蚀裂纹典型形貌。此外，该层板上相对较为短粗的裂纹如图 6-122(c)所示，且裂纹两侧的晶粒严重变形，且大小不均，珠光体带随裂纹走向弯曲，为爆炸过程中已经存在的裂纹扩展所致。此外，在该层板中，珠光体呈带状分布，且有分布不均匀产生偏析的现象，这种组织的存在会削弱钢板的承载性能，见图 6-122(d)。

综合以上分析，爆炸断口附近存在两种类型的裂纹：应力腐蚀裂纹和爆炸生成裂纹。两种裂纹形态截然不同，并且具有不同的形成原因。

6.12.3　应力腐蚀裂纹成因分析

金属材料的应力腐蚀在材质、敏感介质和应力(主要是拉应力)三个因素的共同作用才会发生。尿塔层板在工作中处于拉应力状态，并且热电偶管处的开孔造成了局部应力集中，这是造成应力腐蚀开裂的应力因素。

根据尿塔的结构特点，造成尿塔层板应力腐蚀的介质因素是层板与某种应力腐蚀敏感的

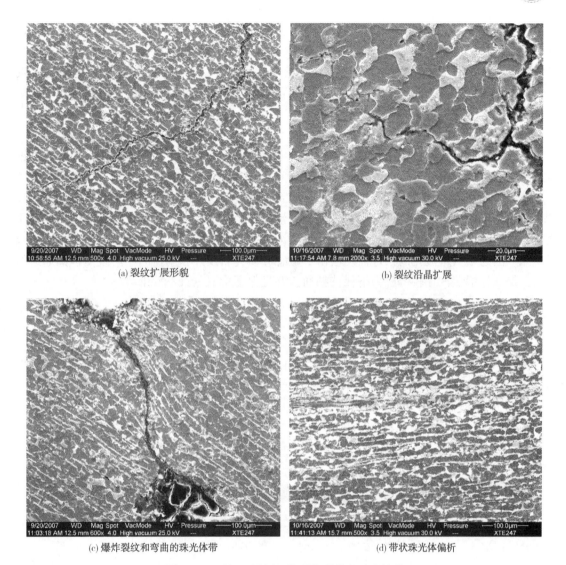

(a) 裂纹扩展形貌   (b) 裂纹沿晶扩展

(c) 爆炸裂纹和弯曲的珠光体带   (d) 带状珠光体偏析

图 6-122 　第 12 层板上的裂纹形貌和珠光体带

介质接触。氨检过程或向层板间泄漏的检漏蒸汽可能会导致有害介质在层板间残留并且浓缩。为此，对事故发生后所封存的脱盐水样、底部塔段筒节透气孔排出残留物进行了分析。脱盐水样中检出 Cl^- 5.4mg/L、CO_3^{2-} 13.02mg/L、NH_4^+ 15.82mg/L、K^+ 0.013mg/L，Na^+ 0.181mg/L，存在对低合金钢应力腐蚀敏感的易产生碱性的 K^+、Na^+ 离子。底部塔段筒节透气孔排出残留物检出 Na^+ 浓度为 22.1%，K^+ 浓度为 0.12% 等其他离子。钠离子含量极高，充分说明从层板缝隙中排出的液体有着很高的碱浓度。现场勘查平阴尿塔用户，其水处理系采用反渗透工艺，并经过阴离子和阳离子处理，最后通过 Na_2CO_3 调整脱盐水中的 pH 值。因此在蒸汽中带入 Na^+。因此，可以认为碱脆是造成该尿塔层板开裂的主要原因。

虽然蒸汽中存在有容易引起应力腐蚀的有害元素，但是在层板之间富集也需要不断冷凝和蒸发的相变过程。经调查，该厂是采用 1MPa 左右蒸汽进行检漏，此时蒸汽的露点温度为 182℃。平阴尿塔的塔底温度操作温度为 178℃，塔顶操作温度为 188℃。由于塔壁的散热作用，外壁实测温度为150℃。此外，由于热电偶有部分伸出塔外，与外界换热导致该处附近温度进一步下降。由于热电偶恰好通过导流槽，在热电偶套管与层板的焊缝泄漏或检漏管与层板的管锥螺纹密封实效的情况下，该处层板内就会存在检漏蒸汽，且检漏蒸汽会出现液化，存在相变的过程。因此，此为该处存在层板应力腐蚀开裂的介质因素。

通过以上分析，可以得出如下结论：

（1）尿塔起爆源处断口附近在爆炸前已经存在大量的由碱脆引起的应力腐蚀裂纹。

（2）导致应力腐蚀裂纹的敏感介质的产生主要有两方面原因。其一，该尿塔的检漏管锥螺纹的松动或热电偶套管焊缝的泄漏导致层板间充满了检漏蒸汽；其二，操作中检漏蒸汽压力过高和检漏蒸汽中有害离子浓度的存在，导致了层板间应力腐蚀敏感介质的富集。

（3）为了消除尿塔的层板应力开裂，就要消除产生应力腐蚀的介质条件可能性，如在用尿塔提高检漏蒸汽的品质、降低检漏蒸汽的压力。即使由于结构上的不合理导致蒸汽向层板间泄漏，因为不具备液化的条件而不会留下敏感介质；新设计和制造的尿塔改变检漏通道的结构，保证检漏蒸汽在较低压力下保持畅通，并且保证检漏蒸汽不发生泄漏。

参　考　文　献

［1］孙智，江利，应鹏展.失效分析：基础与应用［M］.北京：机械工业出版社，2005.

［2］廖景娱.金属构件失效分析［M］.北京：化学工业出版社，2003.

［3］张栋.失效分析［M］.北京：国防工业出版社，2004.

［4］杨川，高国庆，崔国栋.金属零部件失效分析基础［M］.北京：国防工业出版社，2014.

［5］王志文，徐宏，关凯书，等.化工设备失效原理与案例分析［M］.上海：华东理工大学出版社，2010.

［6］William T. Becker, Roch J. Shipley. ASM Handbook Volume 11 Failure Analysis and Prevention：10th Edition
［M］. ASM International，2002.

［7］涂铭旌，鄢文彬.机械零件失效分析与预防［M］.北京：高等教育出版社，1993.

［8］杨武，顾濬祥，黎樵燊，等.金属的局部腐蚀［M］.北京：化学工业出版社，1994.

［9］孙跃，胡津.金属腐蚀与控制［M］.哈尔滨：哈尔滨工业大学出版社，2003.

［10］梁成浩.现代腐蚀科学与防护技术［M］.上海：华东理工大学出版社，2007.

［11］刘道新.材料的腐蚀与防护［M］.西安：西北工业大学出版社，2005.

［12］阎康平，陈匡民.过程装备腐蚀与防护：第2版［M］.北京：化学工业出版社，2009：64-65.

［13］赵麦群，雷阿丽.金属的腐蚀与防护［M］.北京：国防工业出版社，2002：108-110.

［14］魏宝明.金属腐蚀理论与应用［M］.北京：化学工业出版社，2002：158-159.

［15］宋晓芳.环境因子对304不锈钢缝隙腐蚀的影响［D］.保定：华北电力大学，2005.

［16］郭丽芳.超级奥氏体不锈钢254SMO点蚀及晶间腐蚀行为研究［D］.上海：复旦大学，2014.

［17］卢亿，游革新，刘钧泉.蜡油催化裂化装置放空管失效分析［J］.石油化工设备技术，2010，31（4）：
13-15.

［18］胡庆斌，朱正伟，王军，等.一起在役工业管道中不锈钢三通开裂的失效分析［J］.中国特种设备安
全，2015，31（02）：48-51.

［19］谈平庆.硫磺装置S-Zorb烟气管线失效分析［J］.石油化工腐蚀与防护，2015，32（06）：61-64.

［20］陈相.凝结水弯头穿孔原因及对策［J］.石油化工腐蚀与防护，2016，33（02）：44-46+51.

［21］袁涛，宋明大，岳明，等.有机热载体炉蛇形管失效原因分析［J］.理化检验（物理分册），2013，49
（03）：200-203.

［22］闫纪宪，曹怀祥，张号，等.排污管裂口失效分析［J］.中国特种设备安全，2015，31（S1）：81-87.

［23］吴连生.失效分析技术及其应用：第六讲　韧性与脆性断裂的显微形貌特征［J］.理化检验（物理分
册），1995，31（06）：57-61+47.

［24］吴连生.失效分析技术及其应用：第七讲　疲劳断裂失效分析［J］.理化检验（物理分册），1996，32
（01）：57-61+64.

［25］杨春，钟振前，司红，等.汽车缸盖螺栓断裂原因分析［J］.金属热处理，2016，41（11）：175-177.

［26］许适群.关于露点腐蚀及用钢的综述［J］.石油化工腐蚀与腐蚀，2000，17（01）：1-4.

［27］隋水强，梁成浩，丛海涛，等.裂解炉对流管硫酸露点腐蚀原因分析和防护措施［J］.石油化工设备技
术，2004，25（6）：48-50.

［28］张建.高强度钢氢脆机理研究进展［J］.莱钢科技：2009，141（03）：3-7.

［29］陈瑞，郑津洋.金属材料常温高压氢脆研究进展［J］.太阳能学报：2008，29（4）：502-508.

［30］Shugen Xu, Chong Wang, Weiqiang Wang. Failure analysis of stress corrosion cracking in heat exchanger
tubes during start-up operation［J］. Engineering Failure Analysis, 2015, 51：1-8.

［31］陈鹭滨，王威强，张炳胜，等.φ1m氨合成塔20钢异径管失效分析［J］.机械工程材料，2002，26
（04）：40-42.

［32］徐书根，王威强，李梦丽，等.平阴尿素合成塔起爆源处层板应力腐蚀开裂分析［J］.金属热处理，

2009, 34(1): 104-107

[33] Haoxuan Cui, Weiqiang Wang, Aiju Li, et al. Failure analysis of the brittle fracture of a thick-walled 20 steel pipe in an ammonia synthesis unit[J]. Engineering Failure Analysis, 2010, 17(6): 1359-1376.

[34] Limeng Li, Weiqiang Wang, Jie Tang, et al. Failure Analysis of Spiral Plate Heat Exchanger[J]. Applied Mechanics and Materials, 2011, (79): 276-281.

[35] 宋明大，曹怀祥，汪立新. 承压设备失效分析思路及方法[J]. 中国特种设备安全，2010, 26(12): 9-12.

[36] 范植金，罗国华，冯文圣，等. 120t 转炉-LF-VD-CC 流程生产 GCr15 轴承钢的夹杂物[J]. 金属热处理，2011, 36(11): 37-41.